高等教育安全科学与工程类系列规划教材



# 压力容器安全

主　编　张礼敬　张明广
副主编　朱常龙
参　编　王凯全　张宗国　吕保和　乔建江
　　　　陈网桦　王林元　刘英学　陈国明
主　审　涂善东

机械工业出版社

本书主要内容包括压力容器基础知识、压力容器应力分析、压力容器选材与设计、压力容器制造及检修、压力容器安全装置、压力容器失效形式及安全性分析、压力容器安全管理和压力容器破裂事故调查分析等。

本书系统地介绍了压力容器的设计、制造、安装、检验等方面的技术知识及安全管理知识，并结合大量的压力容器事故实例，阐述了事故发生的原因及压力容器的失效机理，并对容器爆炸等连锁事故开展了定量风险评价。

本书理论结合实践，重点突出，难易得当，可作为高等院校安全工程、化学工程、过程装备与控制工程及相关工程类专业的本科教材，也可供压力容器安全监管人员及其他有关人员学习参考。

**图书在版编目（CIP）数据**

压力容器安全/张礼敬等主编. —北京：机械工业出版社，2012.9（2025.9 重印）

高等教育安全科学与工程类系列规划教材

ISBN 978-7-111-39295-8

Ⅰ.①压… Ⅱ.①张… Ⅲ.①压力容器安全-高等学校-教材 Ⅳ.①TH490.8

中国版本图书馆 CIP 数据核字（2012）第 172254 号

机械工业出版社（北京市百万庄大街 22 号 邮政编码 100037）

策划编辑：冷 彬 责任编辑：冷 彬 张丹丹

版式设计：纪 敬 责任校对：陈立辉

封面设计：张 静 责任印制：常天培

河北虎彩印刷有限公司印刷

2025 年 9 月第 1 版第 7 次印刷

169mm×239mm · 19 印张 · 358 千字

标准书号：ISBN 978-7-111-39295-8

定价：45.00 元

电话服务

客服电话：010-88361066

010-88379833

010-68326294

网络服务

机 工 官 网：www.cmpbook.com

机 工 官 博：weibo.com/cmp1952

金 书 网：www.golden-book.com

机工教育服务网：www.cmpedu.com

# 序

“安全工程”本科专业是在1958年建立的“工业安全技术”、“工业卫生技术”和1983年建立的“矿山通风与安全”本科专业基础上发展起来的。1984年，国家教委将“安全工程”专业作为试办专业列入普通高等学校本科专业目录之中。1998年7月6日，教育部发文颁布《普通高等学校本科专业目录》，“安全工程”本科专业（代号：081002）属于工学门类的“环境与安全类”（代号：0810）学科下的两个专业之一㊀。据“高等院校安全工程专业教学指导委员会”1997年的调查结果显示，自1958～1996年年底，全国各高校累计培养安全工程专业本科生8130人。近年，安全工程本科专业得到快速发展，到2005年年底，在教育部备案的设有安全工程本科专业的高校已达75所，2005年全国安全工程专业本科招生人数近3900名㊁。

按照《普通高等学校本科专业目录》（1998）的要求，原来已设有与“安全工程专业”相近但专业名称有所差异的高校，现也大都更名为“安全工程”专业。专业名称统一后的“安全工程”专业，专业覆盖面大大拓宽。同时，随着经济社会发展对安全工程专业人才要求的更新，安全工程专业的内涵也发生很大变化，相应的专业培养目标、培养要求、主干学科、主要课程、主要实践性教学环节等都有了不同程度的变化，学生毕业后的执业身份是注册安全工程师。但是，安全工程专业的教材建设与专业的发展出现尚不适应的新情况，无法满足和适应高等教育培养人才的需要。为此，组织编写、出版一套新的安全工程专业系列教材已成为众多院校的翘首之盼。

机械工业出版社是有着悠久历史的国家级优秀出版社，在高等学校安全工程学科教学指导委员会的指导和支持下，根据当前安全工程专业教育的发展现状，本着“大安全”的教育思想，进行了大量的调查研究工作，聘请了安全

---

㊀ 按《普通高等学校本科专业目录》（2012版），“安全工程”本科专业（专业代码：082901）属于工学学科的“安全科学与工程类”（专业代码：0829）下的专业。

㊁ 各高校安全工程本科每年的招生数量可以通过高等学校安全工程学科教学指导委员会主办的“全国高等院校安全工程学科教育数据和信息系统”查询（www. cosha. org. cm）

科学与工程领域一批学术造诣深、实践经验丰富的教授、专家，组织成立了“安全工程专业教材编审委员会”（以下简称“编审委”），决定组织编写“高等教育安全工程系列‘十一五’规划教材”㊀。并先后于2004年8月（衡阳）、2005年8月（葫芦岛）、2005年12月（北京）、2006年4月（福州）组织召开了一系列安全工程专业本科教材建设研讨会，就安全工程专业本科教育的课程体系、课程教学内容、教材建设等问题反复进行了研讨，在总结以往教学改革、教材编写经验的基础上，以推动安全工程专业教学改革和教材建设为宗旨，进行顶层设计，制订总体规划、出版进度和编写原则，计划分期分批出版30余门课程的教材，以尽快满足全国众多院校的教学需要，以后再根据专业方向的需要逐步增补。

由安全学原理、安全系统工程、安全人机工程学、安全管理学等课程构成的学科基础平台课程，已被安全科学与工程领域学者认可并达成共识。本套系列教材编写、出版的基本思路是，在学科基础平台上，构建支撑安全工程专业的工程学原理与由关键性的主体技术组成的专业技术平台课程体系，编写、出版系列教材来支撑这个体系。

本套系列教材体系设计的原则是，重基本理论，重学科发展，理论联系实际，结合学生现状，体现人才培养要求。为保证教材的编写质量，本着“主编负责，主审把关”的原则，编审委组织专家分别对各门课程教材的编写大纲进行认真仔细的评审。教材初稿完成后又组织同行专家对书稿进行研讨，编者数易其稿，经反复推敲定稿后才最终进入出版流程。

作为一套全新的安全工程专业系列教材，其“新”主要体现在以下几点：

体系新。本套系列教材从“大安全”的专业要求出发，从整体上考虑、构建支撑安全工程学科专业技术平台的课程体系和各门课程的内容安排，按照教学改革方向要求的学时，统一协调与整合，形成一个完整的、各门课程之间有机联系的系列教材体系。

内容新。本套系列教材的突出特点是内容体系上的创新。它既注重知识的系统性、完整性，又特别注意各门学科基础平台课之间的关联，更注意后续的各门专业技术课与先修的学科基础平台课的衔接，充分考虑了安全工程学科知识体系的连贯性和各门课程教材间知识点的衔接、交叉和融合问题，努力消除相互关联课程中内容重复的现象，突出安全工程学科的工程学原理与关键性的

㊀ 自2012年更名为“高等教育安全科学与工程类系列规划教材”。

主体技术，有利于学生的知识和技能的发展，有利于教学改革。

知识新。本套系列教材的主编大多由长期从事安全工程专业本科教学的教授担任，他们一直处于教学和科研的第一线，学术造诣深厚，教学经验丰富。在编写教材时，他们十分重视理论联系实际，注重引入新理论、新知识、新技术、新方法、新材料、新装备、新法规等理论研究、工程技术实践成果和各校教学改革的阶段性成果，充实与更新了知识点，增加了部分学科前沿方面的内容，充分体现了教材的先进性和前瞻性，以适应时代对安全工程高级专业技术人才的培育要求。本套教材中凡涉及安全生产的法律法规、技术标准、行业规范，全部采用最新颁布的版本。

安全是人类最重要和最基本的需求，是人民生命与健康的基本保障。一切生活、生产活动都源于生命的存在。如果人们失去了生命，一切都无从谈起。全世界平均每天发生约68.5万起事故，造成约2200人死亡的事实，使我们确认，安全不是别的什么，安全就是生命。安全生产是社会文明和进步的重要标志，是经济社会发展的综合反映，是落实以人为本的科学发展观的重要实践，是构建和谐社会的有力保障，是全面建设小康社会、统筹经济社会全面发展的重要内容，是实施可持续发展战略的组成部分，是各级政府履行市场监管和社会管理职能的基本任务，是企业生存、发展的基本要求。国内外实践证明，安全生产具有全局性、社会性、长期性、复杂性、科学性和规律性的特点，随着社会的不断进步，工业化进程的加快，安全生产工作的内涵发生了重大变化，它突破了时间和空间的限制，存在于人们日常生活和生产活动的全过程中，成为一个复杂多变的社会问题在安全领域的集中反映。安全问题不仅对生命个体非常重要，而且对社会稳定和经济发展产生重要影响。党的十六届五中全会提出“安全发展”的重要战略理念。安全发展是科学发展观理论体系的重要组成部分，安全发展与构建和谐社会有着密切的内在联系，以人为本，首先就是要以人的生命为本。“安全·生命·稳定·发展”是一个良性循环。安全科技工作者在促进、保证这一良性循环中起着重要作用。安全科技人才匮乏是我国安全生产形势严峻的重要原因之一。加快培养安全科技人才也是解开安全难题的钥匙之一。

高等院校安全工程专业是培养现代安全科学技术人才的基地。我深信，本套系列教材的出版，将对我国安全工程本科教育的发展和高级安全工程专业人才的培养起到十分积极的推进作用，同时，也为安全生产领域众多实际工作者提高专业理论水平提供了学习资料。当然，由于这是第一套基于专业技术平台课程体系的教材，尽管我们的编审者、出版者夙兴夜寐，尽心竭力，但由于安全学科具有在理论上的综合性与应用上的广泛性相交叉的特性，开办安全工程专业的高等院校所依托的行业类型又涉及军工、航空、化工、石油、矿业、土木、交通、能源、环境、经济等诸多领域，安全科学与工程的应用也涉及人类生产、生活和生存的各个方面，因此，本套系列教材依然会存在这样和那样的缺点、不足，难免挂一漏万，诚恳地希望得到有关专家、学者的关心与支持，希望选用本套教材的广大师生在使用过程中给我们多提意见和建议。谨祝本系列教材在编者、出版者、授课教师和学生的共同努力下，通过教学实践，获得进一步的完善和提高。

"嘤其鸣矣，求其友声"，高等院校安全工程专业正面临着前所未有的发展机遇，在此我们祝愿各个高校的安全工程专业越办越好，办出特色，为我国安全生产战线输送更多的优秀人才。让我们共同努力，为我国安全工程教育事业的发展作出贡献。

中国科学技术协会书记处书记[1]
中国职业安全健康协会副理事长
中国灾害防御协会副会长
亚洲安全工程学会主席
高等学校安全工程学科教学指导委员会副主任
安全工程专业教材编审委员会主任
北京理工大学教授、博士生导师

2006年5月

[1] 现任中国科学技术协会副主席。

# 前　　言

压力容器是一类广泛使用的特种设备，所承载的显著压力和复杂介质构成危险源，一旦发生事故，必将导致恶劣的事故后果，且在压力容器的设计、制造、安装、使用、维护、检修和改造等众多环节中存在的缺陷都可能成为引发事故的潜在隐患。因此，压力容器安全一直是相关行业安全的重点研究内容和管理对象。

近年来，针对我国压力容器安全的严峻形势，《特种设备安全监察条例》（2009 年修订版）、《固定式压力容器安全技术监察规程》（TSG R0004—2009）及《移动式压力容器安全技术监察规程》（TSG R0005—2011）等压力容器安全法律法规陆续出台，相关安全技术也获得了长足的发展，对我国压力容器安全管理产生了深刻的影响。本书在详细讲述压力容器安全相关基本理论的基础上，更多地介绍了压力容器安全法律法规及工程技术应用的新变化及发展趋势。

本书共分 8 章，具体的编写分工为：第 1 章由张明广和王凯全编写，第 2 章由朱常龙和张宗国编写，第 3 章由朱常龙和吕保和编写，第 4 章由张明广和乔建江编写，第 5 章由张明广和陈网桦编写，第 6 章由张礼敬和王林元编写，第 7 章由朱常龙和刘英学编写，第 8 章由张明广和陈国明编写。全书由张礼敬教授负责统稿。

特别感谢主审涂善东教授对本书的指导和修正。感谢所有参编人员，在本书编写过程中给予的帮助和建设性意见；在本书编写过程中还得到了南京工业大学、华东理工大学、南京理工大学、江苏省特种设备安全监督检验研究院、江苏省安全生产科学研究院、中国石化扬子石油化工有限公司等单位有关专家的大力支持，在此一并表示感谢！

由于编者水平有限，且时间仓促，本书难免存在错误和不当之处，恳请广大读者和专家批评指正。

**编　者**

# 目　录

# 1

# 第1章　压力容器基础知识

## 1.1　压力容器的定义、分类及其结构

### 1.1.1　压力容器的定义

压力容器泛指承受流体介质压力的密闭壳体，所以从广义上来讲，所有承受压力载荷的容器都应该算作压力容器。从安全角度考虑，压力并不是表征压力容器安全性能的唯一指标。在相同压力下，容器容积的大小不同，意味着容器内积蓄的能量也不同，一旦发生破裂或爆炸，造成的危害也不同。此外，容器内盛装的介质特性也影响了设备的安全性能。因此，工作压力、容器的容积以及工作介质的种类是关联到压力容器安全的三个重要指标。

《特种设备安全监察条例》（2009年修订版）规定：压力容器是指盛装气体或者液体，承载一定压力的密闭设备，其范围规定为最高工作压力大于或者等于0.1MPa（表压），且压力与容积的乘积大于或者等于2.5MPa·L的气体、液化气体和最高工作温度高于或者等于标准沸点的液体的固定式容器和移动式容器；盛装公称工作压力大于或者等于0.2MPa（表压），且压力与容积的乘积大于或者等于1.0MPa·L的气体、液化气体和标准沸点等于或者低于60℃液体的气瓶、氧舱等。

TSG R0004—2009《固定式压力容器安全技术监察规程》前言中说明，将原1999年版《压力容器安全技术监察规程》改为《固定式压力容器安全技术监察规程》，另行制定《移动式压力容器安全技术监察规程》，并且暂时保留超高压容器、简单压力容器、非金属压力容器等近年颁布的有关压力容器安全技术监察规程。故在此将《固定式压力容器安全技术监察规程》及《移动式

压力容器安全技术监察规程》中的定义阐述如下。

《固定式压力容器安全技术监察规程》规定：固定式压力容器是指安装在固定位置使用的压力容器。对于为了某一特定用途，仅在装置或者场区内部搬动、使用的压力容器以及移动式空气压缩机的储气罐，按照固定式压力容器进行监督管理。其适用范围如下：

（1）最高工作压力大于或者等于0.1MPa。工作压力是指压力容器在正常工作情况下，其顶部可能达到的最高压力（表压力）。

（2）工作压力与容积的乘积大于或者等于2.5MPa·L。容积是指压力容器的几何容积，即由设计图样标注的尺寸计算（不考虑制造公差）并且圆整。一般应当扣除永久连接在压力容器内部的内件的体积。

（3）盛装介质为气体、液化气体以及最高工作温度高于或者等于其标准沸点的液体。当容器内介质为最高工作温度低于其标准沸点的液体时，如果气相空间的容积与工作压力的乘积大于或者等于2.5MPa·L时，也属于固定式压力容器。

TSG R0005—2011《移动式压力容器安全技术监察规程》规定：移动式压力容器是指由压力容器罐体与走行装置或者框架采用永久性连接组成的罐式运输装备，包括铁路罐车、汽车罐车、长管拖车、罐式集装箱和管束式集装箱等。其适用范围如下：

（1）具有装卸介质功能，并且参与铁路、公路或者水路运输。仅在装置或者场区内移动使用，不参与铁路、公路或者水路运输的压力容器按照固定式压力容器管理。

（2）罐体工作压力大于或者等于0.1MPa。工作压力是指移动式压力容器在正常工作情况下，罐体顶部可能达到的最高压力（表压力）。

（3）罐体容积大于或者等于450L。容积是指移动式压力容器单个罐体的几何容积，由设计图样标注的尺寸计算（不考虑制造公差）并且圆整。一般应当扣除永久连接在容器内部的内件的体积。

（4）充装介质为气体以及最高工作温度高于或者等于其标准沸点的液体。当罐体内介质为最高工作温度低于其标准沸点的液体时，如果气相空间的容积与工作压力的乘积大于或者等于45MPa·L时，也属于移动式压力容器。

### 1.1.2 压力容器的分类

压力容器的种类繁多，不同类别压力容器的结构特性，其存在的危险程度也不同。考虑到压力容器的差别性，为了对压力容器的设计、制造、安装使用和维护、检验等的各个环节按类别进行全过程的管理追踪，必须对压力容器进行分类。

出于不同的管理目的，压力容器有多种分类方法。例如，按容器壁厚不同可分为薄壁容器和厚壁容器，薄壁容器是指器壁的厚度不大于容器内径的1/10的容器，厚壁容器是指器壁的厚度大于或等于容器内径的1/10的容器；按壳体承压方式的不同可分为内压容器（壳体内部承压）和外压容器；按容器的工作壁温不同可分为高温容器（壁温达到蠕变温度，对碳素钢或低合金钢容器，温度超过420℃，对合金钢容器超过450℃，对奥氏体不锈钢容器，超过450℃）、常温容器（$-20℃<$壁温$t<450℃$）和低温容器（壁温$t\leqslant -20℃$）；按壳体的几何形状不同可分为球形容器、圆筒形容器和其他特殊形状容器；按容器的制造方法不同可分为焊接容器、锻造容器、铆接容器、铸造容器、有色金属容器和非金属容器；按容器的安放形式不同可分为立式容器和卧式容器等。总之，各种不同的分类方法是从各个不同需要的角度来考虑的。例如，按壁厚和承压方式分类便于容器的设计计算；按制造方法和制造材料分类则比较便于容器的制造管理。

从压力容器的使用特点和安全管理方面考虑，压力容器一般分为固定式和移动式两大类（图1-1）。这两类容器由于使用方法不同，对它们的技术管理要求也不完全一样。我国和其他许多国家对这两类容器都分别制定了不同的管理规程和技术法规。

#### 1.1.2.1 固定式

固定式容器是指除了用于运输储存气体的盛装容器以外的所有容器。这类容器有固定的安装和使用地点，工艺条件和使用操作人员也比较固定，容器一般不是单独装设，而是用管道与其他设备相连接。固定式容器还可以按照介质、压力和用途等因素进行分类。

1. 按介质类别划分

压力容器介质在压力容器发生事故时的危害程度，取决于介质的物理、化学特性。因此，介质危害性指压力容器在生产过程中因事故致使介质与人体大量接触，发生爆炸或者因经常泄漏引起职业性慢性危害的严重程度，用介质毒性程度和爆炸危害程度表示。《固定式压力容器安全技术监察规程》中注明，压力容器中介质毒性危害程度和爆炸危险程度的确定，参照HG 20660—2000《压力容器中化学介质毒性危害和爆炸危险程度分类》的规定。

参照GBZ 230—2010《职业性接触毒物危害程度分级》的规定，综合考虑毒物的急性毒性、扩散性、蓄积性、致癌性等9项指标，将职业性接触毒物危害程度分为以下四级：

1）极度危害（Ⅰ）级。$THI\geqslant 65$。

2）高度危害（Ⅱ）级。$50\leqslant THI<65$。

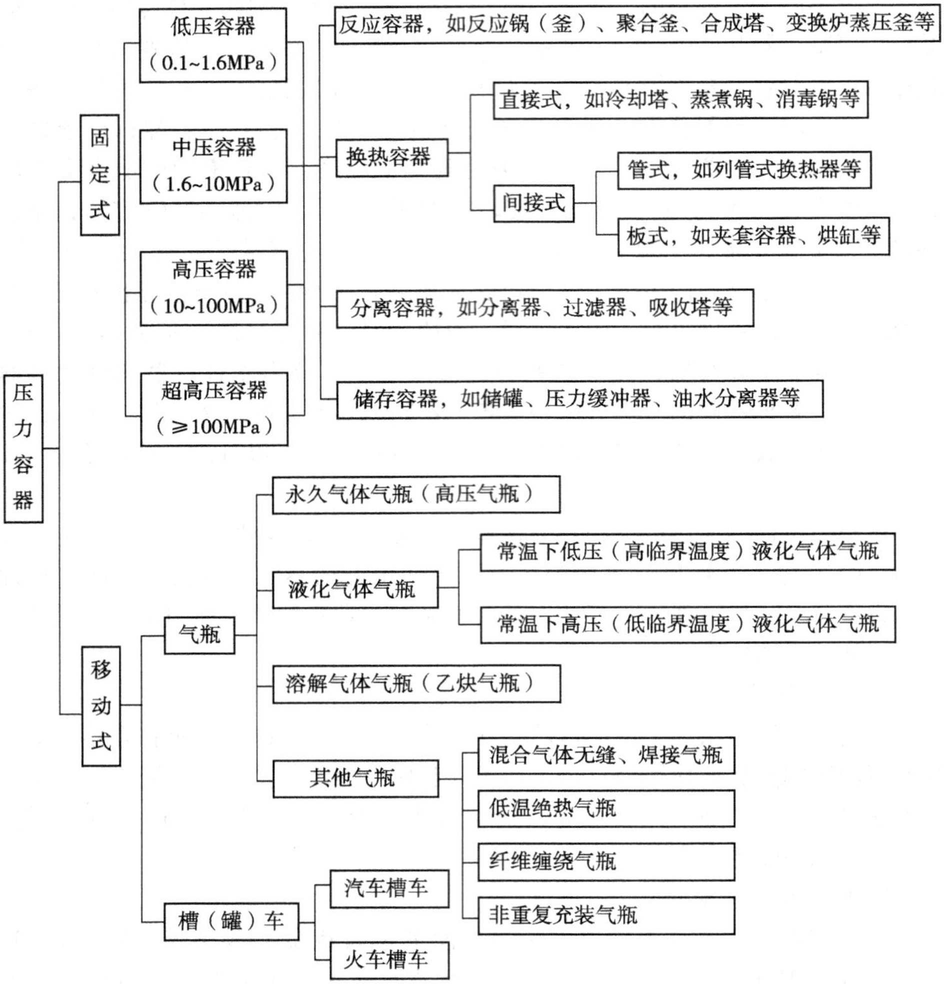


图 1-1　压力容器的分类

3）中度危害（Ⅲ）级。35≤THI＜50。

4）轻度危害（Ⅳ）级。THI＜35。

易爆介质是指气体或者液体的蒸气、薄雾与空气混合形成的爆炸混合物，并且其爆炸下限小于 10%，或者爆炸上限和爆炸下限的差值大于或者等于 20% 的介质。如一甲胺、乙烷、乙烯氯甲烷、环氧乙烷、环丙烷、氢、丁烷、三甲胺、丁二烯、丁烯、丙烷、丙烯、甲烷等。

压力容器的介质分为以下两组，包括气体、液化气体或者最高工作温度高于或者等于标准沸点的液体。

第一组介质：毒性程度为极度危害、高度危害的化学介质、易爆介质和液化气体。

第二组介质：除第一组以外的介质。

压力容器中的介质为混合物质时应以介质的组分，并按上述毒性危害程度或爆炸危害程度的划分原则，按毒性危害程度或爆炸危害程度最高的介质确定。

2. 按压力等级分类

压力是压力容器最主要的一个工作参数。从安全角度考虑，容器的工作压力越大，发生爆炸事故时的危险也越大。因此，必须对其设计压力进行分级，以便对压力容器进行分级管理与监督。根据 TSG R0004—2009《固定式压力容器安全技术监察规程》，按设计压力（$p$）不同，压力容器可划分为低压、中压、高压和超高压四个等级，具体的划分标准如下：

1）低压（代号 L）：$0.1\mathrm{MPa} \leqslant p < 1.6\mathrm{MPa}$。

2）中压（代号 M）：$1.6\mathrm{MPa} \leqslant p < 10\mathrm{MPa}$。

3）高压（代号 H）：$10\mathrm{MPa} \leqslant p < 100\mathrm{MPa}$。

4）超高压（代号 U）：$p \geqslant 100\mathrm{MPa}$。

3. 按压力容器工艺用途划分

固定式压力容器虽然在各种工业中的具体用途非常繁杂，但根据其在生产工艺过程中所起的作用原理可以归纳为四大类，即反应压力容器、换热压力容器、分离压力容器和储存压力容器。按工艺用途将容器分类，可以根据它的种类大体了解容器在生产中的主要作用，工艺条件的稳定情况，压力控制的难易，以及万一发生爆炸时可能造成危害的严重程度等，这对于压力容器的管理和技术监督都是有利的。

（1）反应压力容器（代号 R）。反应压力容器主要用于完成介质的物理、化学反应。这类容器的压力源于两种，即加压反应和反应升压。

加压反应是指压力容器内的压力由容器外产生，工作介质经过加压后才进入容器内进行反应。通过加压，容器内部的介质才能进行和维持物理、化学反应，或是通过加压才能使容器内部的介质加速反应，以提高生产率和设备利用率。这种加压反应一般都使容器内部维持一定的压力，因此这样的反应压力容器的工艺过程一般都是连续的，压力比较稳定，没有频繁的压力和温度的周期性变动。反应升压是指压力容器内的压力是容器内产生的，即通过容器内的介质反应而产生压力，介质在容器内发生体积增大的化学反应，使容器升压。这类反应压力容器，旧式的多为间歇式，容器内压力和温度都有较频繁的周期性变动。许多反应器内工作介质发生化学反应的过程是既放热又吸热的过程。为了保持一定的反应温度，常常需要装设一些加热、冷却和搅拌等附属装置。

常用的反应容器有反应器、反应釜、超高压釜、合成塔、变换炉、蒸煮锅、蒸球、蒸压釜和煤气发生炉等。

（2）换热压力容器（代号 E）。换热压力容器主要用于完成介质的热量交换，达到生产工艺过程所需要的将介质加热或冷却的目的。其主要工艺过程是物理过程，按传热的方式分为蓄热式、直接式和间接式三种，较为常用的是直接式和间接式。

直接式换热器将两种换热的介质在容器内直接接触，热量即由高温介质传给低温介质，使其中的一种介质被加热，另一种被冷却。这种换热器的效率一般较高，但只适用于两种介质不会互相混合或允许相互掺和的场合。间接式换热器使参与换热的两种介质在容器内被隔离而不能相互接触，热量交换通过两种介质之间的隔离壁（管壁或板壁）间接完成，适用于两种介质不允许相互掺和、相互混合的场合。这种换热器根据传热壁的结构不同，可分为管壳式换热器和板式换热器两大类。管壳式换热器有许多种，属于压力容器的有蛇管式、列管式、排管淋洒式等。蛇管式换热器常用于两种状态的相同介质的热交换（如液氨与气氨），达到介质被冷却或蒸发的目的。列管换热器是使用最为普遍的一种换热器，形式也较多。压力容器中较为常见的板式换热器有夹套容器和烘缸等。

常用的换热压力容器有管壳式余热锅炉、换热器、冷却器、冷凝器、蒸发器、加热器、消毒锅、染色器、烘缸、蒸炒锅、预热锅、溶剂预热器、蒸锅、蒸脱机、电热蒸汽发生器、煤气发生炉和水夹套等。

（3）分离压力容器（代号 S）。分离压力容器主要用于完成介质的流体压力平衡、缓冲和气体净化分离。介质在分离容器内通过降低流速、改变流动方向或用其他物料吸收、溶解等方法来分离气体中的混合物，达到净化气体或提取其中有用物料的目的。在分离容器中，主要介质不参与化学反应，气体经加压后进入容器内，提高分离或净化效率。分离容器的名称较多，按容器的作用不同命名为分离器、净化塔、回收塔等；按所用的净化方法不同命名为吸收塔、洗涤塔、过滤器等。

常用的分离压力容器有分离器、过滤器、集油器、缓冲器、洗涤器、吸收塔、铜洗塔、干燥塔、汽提塔、分气缸和除氧器等。

（4）储存压力容器（代号 C，其中球罐代号为 B）。储存压力容器主要用于储存或盛装气体、液体、液化气体等介质，保持介质压力的稳定。常用的压缩气体储罐、压力缓冲器等都属于这类容器，例如各种型式的储罐、缓冲罐、消毒锅、印染机、烘缸和蒸锅等。由于工作介质在储存压力容器内一般不发生化学和物理变化，不需要装设供传热传质用的内部工艺装置（内件），所以储存压力容器的内部结构比较简单，一般由壳体、出入口接管及外部一些安全部件和必要的附件（如支座、扶梯、保温外壳和室外储罐的防雷装置等）构成。大型的储存压力容器多为球形容器，小型的储存压力容器则常为卧式圆筒形容器。

在实际生产过程中，有一些容器具有多种用途。在这种情况下，容器分类应归属于作为主要用途的一类。例如，合成氨厂的二氧化碳水洗塔，既有冷却原料气体的作用（换热），又有从原料气中溶解分离出二氧化碳的作用（分离），但它的主要作用是后者，所以它应归属于分离器。

4. 多因素综合划分方法

（1）基本划分。压力容器类别的划分应当根据介质特性，按照以下要求选择类别划分图，再根据设计压力 $p$（单位：MPa）和容积 $V$（单位：L）标出坐标点，确定容器类别。

对于毒性程度为极度危害和高度危害的第一组介质，压力容器的分类如图 1-2 所示。

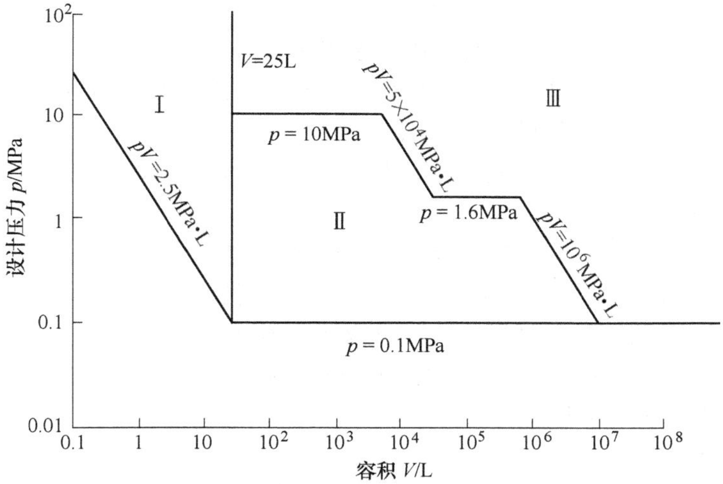


图 1-2 对于第一组介质的压力容器类别划分图

对于第二组毒性介质，压力容器的分类如图 1-3 所示。

（2）多腔压力容器类别划分。多腔压力容器（如换热器的管程和壳程、夹套容器等）将类别高的压力腔作为该容器的类别，并且按该类别进行使用管理。但应当按照每个压力腔各自的类别分别提出设计、制造技术要求。对各压力腔进行类别划定时，设计压力取本压力腔的设计压力，容积取压力腔的几何容积。

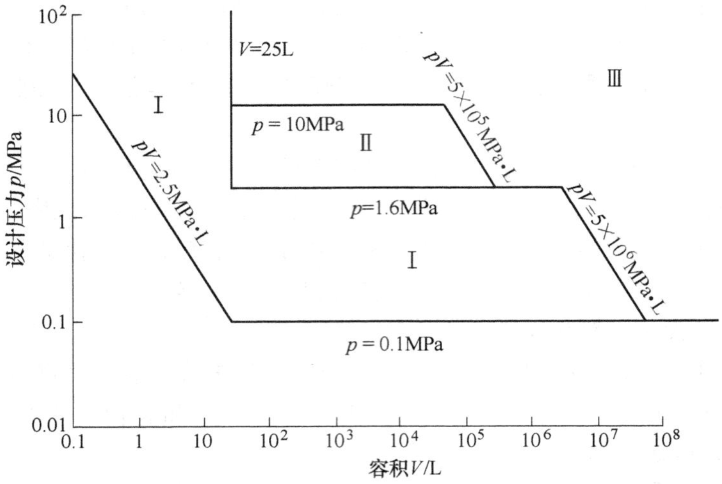


图1-3　对于第二组介质的压力容器类别划分图

（3）特殊情况类别划分。具体如下：

1）一个压力腔内有多种介质时，按组别高的介质分类。

2）当某一危害性物质在介质中含量极小时，应当按其危害程度及其含量综合考虑，由压力容器设计单位决定介质组别。

3）坐标点位于图1-2或者图1-3的分类线上时，按较高的类别进行划分。

#### 1.1.2.2　移动式

移动式压力容器属于储运容器，它与储存容器的区别在于，移动式压力容器没有固定的使用地点，一般也没有专职的使用操作人员，使用环境经常变换，不确定因素较多，管理复杂，因此容易发生事故。移动式压力容器的主要用途是盛装或运送有压力的气体或液化气体，按其容积大小及结构形状可以分为气瓶和槽（罐）车两大类。

1. 气瓶

气瓶的容积较小，一般都在200L以下，常用的为40L左右。气瓶按外形不同分为两种：一种两端不对称，分头部和底部两部分，头部缩颈收口装阀，整体形状如瓶；另一种为桶状，两端封头，一般都相互对称，容积稍大，约为200～1000L。

按盛装气体的特性、用途或结构形式不同，气瓶分为永久气体气瓶、液化气体气瓶、溶解气体气瓶和其他气瓶等。根据气温情况和实际使用情况，我国的《气瓶安全监察规程》规定的气瓶适用条件为：正常环境温度为－40～60℃，公称工作压力为1.0～30MPa，公称容积为0.4～3000L。

（1）永久气体气瓶。永久气体气瓶一般都以较高的压力充装气体，目的是增加气体的单位容积装气量，提高气瓶的利用率和运输效率。常用的充装压力为15MPa和12.5MPa，也有充装20MPa和30MPa的。所装的永久气体有氧气、氮气、空气、氢气、甲烷、一氧化碳、一氧化氮及氦、氖、氩、氪等惰性气体。

（2）液化气体气瓶。它在充装时都以低温液态灌装。但有些液化气体因临界温度较低，装入瓶后会受环境温度的影响而全部汽化，成为压缩气体储存于瓶内；而有些液化气体的临界温度较高，瓶内介质在常温下始终保持一定饱和蒸汽压力下的气液两相平衡状态。根据所装液化气体的这种特性，液化气体气瓶又有低临界温度液化气体气瓶和高临界温度液化气体气瓶之分。前一种由于在充装后瓶内介质全部汽化，因此它的工作压力取决于气体充装量。为了提高气瓶单位容积的装气量，一般都用较高的压力来充装（按气瓶公称工作压力系列分有20MPa、15MPa、12.5MPa和8MPa四种，常用的是15MPa和12.5MPa），所以这类低临界温度液化气体气瓶又称高压液化气体气瓶。后一种因为瓶内保持气液两相平衡状态，因此，它的最高工作压力就是所装气体在最高工作温度下的饱和蒸汽压力。根据我国的规定，气瓶最高工作温度应不高于60℃。所有临界温度的液化气体，在60℃时的饱和蒸汽压力都不超过5.0MPa，所以此类气瓶也称低压液化气体气瓶。高压液化气体气瓶所充装的气体常见的有二氧化碳、乙烯、乙烷和氯化氢等；低压液化气体气瓶所装的气体种类较多，最常见的是硫化氢、氨气、氯气、液化石油气、丙烷和丁烷等。

（3）溶解气体气瓶。溶解气体气瓶主要指专供盛装乙炔气的气瓶。乙炔气体极不稳定，不能像其他气体那样以压缩状态装入瓶内，必须把它溶解在溶剂（常用的是丙酮）中。这种气瓶的内部装满了多孔性物质，用以吸收溶剂。充装时，将乙炔气体加压灌装入瓶内，乙炔即被溶剂溶解储存在瓶内。一般情况下，溶解气体气瓶的最高工作压力 $p \leqslant 3.0$MPa。

（4）其他气瓶。其他气瓶是指气瓶所盛装气体介质的特性、制造工艺、结构形式和使用要求等不同于上述三类的气瓶。这类气瓶的产品技术要求因介质而异，它的主要类型有混合气体的无缝、焊接气瓶，低温绝热气瓶，纤维缠绕气瓶和非重复充装气瓶等。其中，最常用的是空分行业中的低温、超低温液化气体的气瓶，它的外壳包裹着绝热夹套或绝热保温层。此外，液氧、液氮瓶（罐）等均属于此类。

2. 槽（罐）车

槽（罐）车是固定安装在流动车架上的一种卧室储槽（罐），有火车槽车和汽车槽车两种。它的容积较大，常达数十立方米。槽车的主要功能是运输液化气体。它的直径很大，一般不宜承受太高的压力，所以它在常温下仅限于充装低压液化气体，或在外壳加绝热层的低温条件下充装在常温区属于高压液化气体的介质。这类容器的最高工作压力就是介质在槽（罐）内可能达到最高工作温度下的饱和蒸汽压力。

## 1.1.3 压力容器的结构

### 1.1.3.1 整体结构

压力容器有多种结构形式，除了最常见的单层结构外，还有多层式、绕板式、型槽绕带式、热套式、厚板卷焊式和锻接（锻焊）[⊖]式等。

1. *多层式*

这种结构的压力容器由若干个多层筒节组焊而成，各筒节由内筒和在外面包扎的层板组成。多层式的压力容器在 20 世纪 30 年代就已开始在工业上使用。

多层式压力容器的优点是制造设备较简单，材料的选用有较大的灵活性。这种结构即使在某一层钢板中出现裂纹，裂纹也只能在该层层板中扩展，不会扩展到其他层板上，所以安全性高是这种容器的突出优点。它的缺点是生产工序多，劳动生产率低。

2. *绕板式*

这种结构的压力容器是将成卷的薄钢板连续地缠绕在内筒外面，直至达到所需要的壁厚为止，因此不必逐层包扎层板和焊接每层层板的纵焊缝。

3. *型槽绕带式*

这种结构的压力容器是在绕带机床上，对型槽钢带通电加热，直到红热状态，再用压辊将钢带压合到内筒表面预先加工出的螺旋沟槽内，使之相互啮合，每绕完一层钢带后再绕下一层，直至达到所需的筒体厚度为止。

这种结构的优点是型槽钢带层层啮合，可使钢带层承受容器的一部分轴向力；筒体上没有贯穿整个壁厚的环焊缝；使用安全性高。缺点是需要使用特殊轧制的型槽钢带和专用机床。

4. *热套式*

这种结构的压力容器是在内筒外面套合上一至数层外筒，组成筒节。通常先将外层筒体加热，使其直径增大，以便套在内层筒体上。冷却后的外层筒体就能紧贴在内筒上，同时对内筒产生一定的预加压缩应力。

热套式压力容器用的钢板比多层式压力容器的层板厚，层数少，所以生产效率较高。

---

⊖ 锻焊为不规范术语，本书均使用锻接，下同。

5. 锻接式

这种结构的压力容器是由锻造的筒节经组焊而成，结构上只有环焊缝，而无纵焊缝。20世纪70年代以来，由于冶炼、锻造和焊接等技术的进步，已可供应570t的大型优质钢锭，并能锻造最大外径为10m、最大长度为4.5m的筒体锻件，因此大型锻接式压力容器得到了发展，成为轻水反应堆压力容器、石油工业加氢反应器和煤转化反应器的主要结构形式。

### 1.1.3.2 基本结构

工业生产中广泛应用的换热器、塔器、反应器、储槽等压力容器的结构，一般比较简单。多数容器由壳体与内部的部分工艺附件装置共同组成。由于用途不同，所以这些工艺附件装置的形式也很多，而且对压力容器的安全一般没有太大的影响，而容器外壳、端盖、法兰、开孔与接管等各种承压部件则不同，它们是压力容器上最危险的点构件，时常由于各种原因而引发事故。

压力容器中的主要受压元件包括：筒体、封头（端盖）、球壳板、换热器管板、换热管、膨胀节、开孔补强板、设备法兰、M36以上的设备主螺栓、人孔盖、人孔法兰、人孔接管以及直径大于250mm的接管。

压力容器容易发生事故的构件除本体外，还包括以下部分：

1）压力容器与外部管道或装置焊接连接的第一道环向焊缝的焊接坡口；螺纹联接的第一个螺纹接头；法兰连接的第一个法兰密封面；专用连接件或管件连接的第一个密封面。

2）压力容器开孔部分的承压盖及其紧固件。

3）非受压元件与压力容器本体连接的焊接接头。

1. 压力容器的基本组成部分

压力容器由壳体、连接件、密封元件、支座、开孔和接管等组成。

壳体是压力容器最主要的组成部分，其作用是为储存物料或完成热交换、化学反应提供一个密闭的压力空间。壳体的形状有球形、圆筒形、锥形和组合形等，常用的是球形和圆筒形两种。

连接件是容器及管道中起连接作用的部件。由于生产工艺和安装检修的需要，筒体与封头常采用可拆连接结构，这些可拆连接结构所使用的就是连接件。此外，容器的接管与外部管道的连接也要用连接件。连接件一般采用法兰螺栓联接结构。

密封元件是可拆连接结构的容器或管道中起密封作用的元件，它放在两个法兰或封头与筒体端部的密封面之间，借助于螺栓等紧固件的压紧力而起密封作用。

支座是用以支承容器、固定容器位置的一种附件。支座的结构形式主要取决于容器的质量、安置方式和其他动载荷等。如高大的直立容器，特别是塔器，一般采用裙式支座；卧式容器通常采用鞍式支座；而球形容器多采用柱式支座。

压力容器开孔是为了满足生产工艺的需要，满足对容器进行正常安装、检修和测试的需要。容器上开的孔有物料进、出孔，测量压力、温度及装设安全装置的连接孔、人孔、手孔等。接管的作用是将压力容器与介质输送管道或仪表等连接起来。常用的接管有螺纹短管、法兰短管和平法兰三种形式。

2. 球形容器的结构

（1）球罐的特点。球形容器的本体就是一个球壳。由于球形容器的直径一般都比较大，所以球体大多由许多块按一定的尺寸预制成形的球面组焊而成，如图1-4所示。球壳的分带分片数、支柱及各带的球中心角，按相应标准选取。系列之外的，需自行设计。球面板的形状不完全相同，但板厚一般都是一样的。只有一些特大型、用以储装液化气体的球形储罐，球体下部的壳板才比上部稍厚一些。

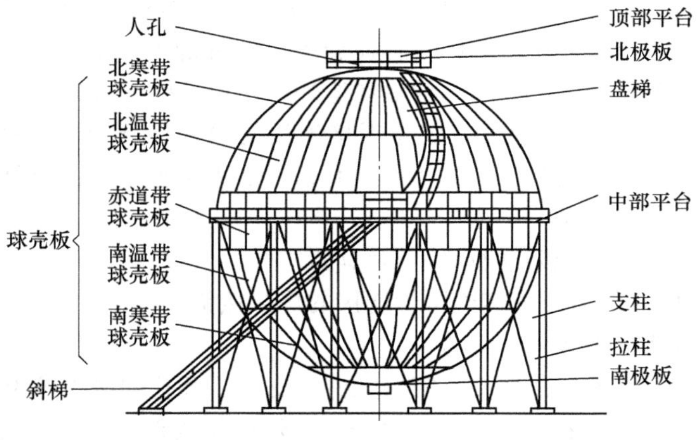


图1-4　球罐各部分名称

从所有壳体受力的情况看，球形是最适宜的形状。球形壳体与圆筒形壳体相比，当压力和直径相同时，球形壳体中的最大应力只有相同壁厚的圆筒形壳体的一半，因而其壁厚较圆筒形壳体薄。此外，从壳体的表面积来看，球形壳体的表面积要比容积相同的圆筒形壳体小10%～30%（视圆筒形壳体的高度与直径之比而定）。由于表面积小，所使用的板材也少，再加上需要的壁厚较薄，因而制造容积相同的容器，球形容器要比圆筒形容器节省约30%～40%的材料。

球罐多用做储存容器，其主要优点如下：

1）球罐与有相同储存能力的其他形状容器相比，它的表面积最小。因此，在储运气体或液化气体介质时，冷热量损失也最少，从而减少储运过程中的能源消耗，降低储运成本。

2）在相同直径和工作压力下，球形容器受力均匀，其薄膜应力仅为圆筒形容器环向应力的1/2，故板厚仅需圆筒形容器板厚的一半。因此，消耗材料少，质量轻，造价低，投资少。

3）由于球形容器表面积小，风力系数仅为0.3左右，而圆筒形容器的风力系数为0.7，因此，在相同容量下，球形容器比其他形状的容器抗风载荷能力大，故对风载荷来讲，球罐更为安全。

4）由于球形容器大多采用支柱式支承结构，因此，基础结构简单，工程量和占地面积小，建造费用较低。

5）结构简单，使用维修较为方便，且外形美观。

球罐与其他形状容器相比具有以下缺点：

1）球壳板不能用几何画法的直线展开，因此，对板材下料和球壳板净料切割技术要求较高。

2）球罐体积较大，不易于工业化生产，因此，野外现场施工周期长，施工环境要求高，受环境限制，可施工期较短。

3）现场组装全位置焊接，因此，组装施焊环境恶劣，劳动强度大，组装、焊接质量较难保证。

4）对制造、组装、焊接、检验和试验等技术要求高，施工管理要求严格。

（2）球罐的组成。球罐的组成方式一般是由它的容量大小及生产工艺需要而决定的。较大型赤道正切式球罐（即橘瓣式球壳板）由以下几部分组成，如图1-4所示。

1）壳板。用钢板经冷压或热压成形的单块球形弧板。其各部分的球壳板名称如下：

①赤道带球壳板。沿着球壳而通过球体中心的赤道线的平行纬线所切割的球台即为赤道带，而组成赤道带的球壳板叫赤道带球壳板。

②上、下温带球壳板（南、北温带板）。位于赤道带上部纬线切割的球台叫上温带（北温带），组成上温带的球壳板叫上温带板（北温带板）；反之，位于赤道带下部纬线切割的球台即为下温带（南温带），组成下温带的球壳板叫下温带板（南温带板）。

③上、下寒带球壳板（南、北寒带板）。位于上温带上部的纬线切割的球台叫上寒带（北寒带），组成上寒带的球壳板叫上寒带板（北寒带板）；反之，位于下温带下部的纬线切割的球台叫下寒带（南寒带），组成下寒带的球壳板叫下寒带板（南寒带板）。

④上、下极带板（南、北极板）。位于北寒带上部的球冠部分叫上极带（北极带），组成上极带的球壳板叫上极板（北极板）；反之，位于南寒带下部的球冠部分叫下极带（南极带），组成下极带的球壳板叫下极板（南极板）。

2）支承结构。球罐的支承结构分类如下：

①大型球罐多采用支柱和拉杆式的支承结构（图1-4）。它们主要用于承受球罐的垂直载荷和水平载荷。

②小型球罐多采用裙式支承结构（图1-5）。

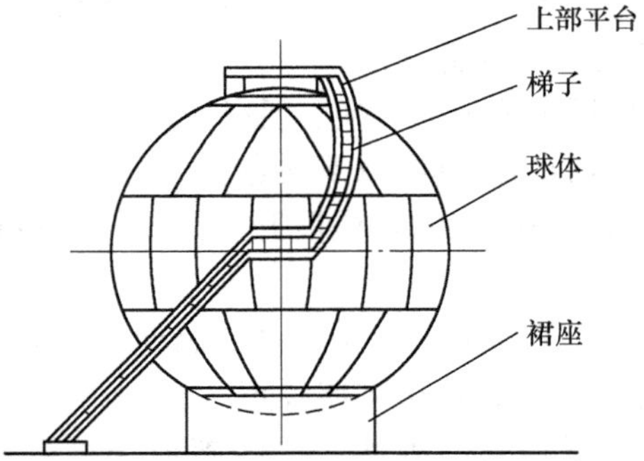


图1-5 裙式支承的球罐

③根据工艺和生产需要，半地下球罐也可采用耳式支座（图1-6）。

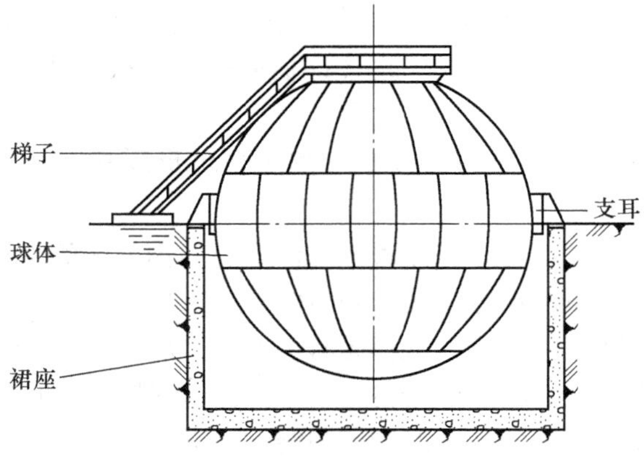


图1-6 耳式支承的球罐

3）人孔及管件。为了保证施工及检修人员正常进入球罐内部，通常在球罐上部和下部开设人孔。为保证储存介质的进出和温度、压力、液位的测试，在球罐上部或下部开设上述所需要的接管。

4）安全附件及附属设施。球罐的安全附件主要包括温度计、压力计、液位报警器、安全阀、紧急切断阀、事故喷淋和保温隔热结构。球罐的附属设施主要包括外下部直梯、中部平台、上部盘梯（或斜梯）、顶部平台、内部直梯和内部转梯及平台等。

（3）球罐主要类型。目前在工业领域中建造使用的球罐是多种多样的。有按使用工艺条件、储存介质和使用材料分类的，也有按球体结构和支承形式来划分的，但直接影响球罐建造质量和使用安全的，主要是球罐的结构形式，球罐的具体结构形式如下：

1）橘瓣式球罐。橘瓣式球罐将球壳板分割成橘瓣形式的球罐，此类型球罐是被当今世界各国经常采用的一种，如图1-7所示。

2）足球式球罐。足球式球罐是指将球壳板分割成各块相等的和足球壳片一样形式的球罐，如图1-8所示。

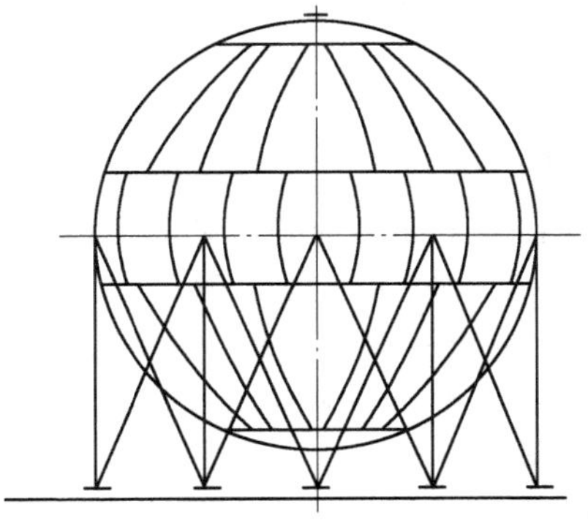

图1-7　橘瓣式球罐

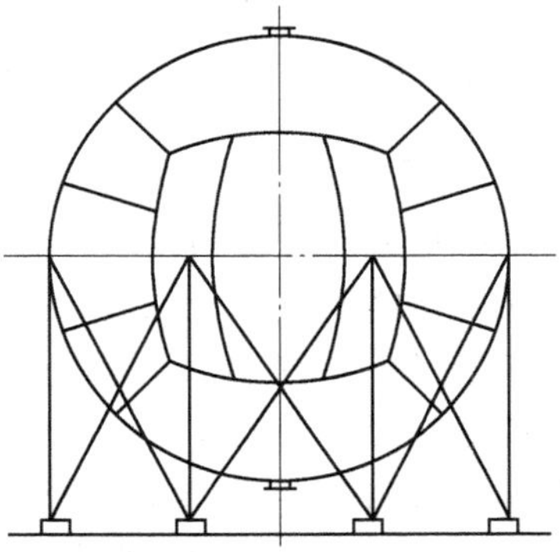

图1-8　足球式球罐

3）水滴形球罐。水滴形球罐的形状如荷叶上的水珠，如图1-9所示。

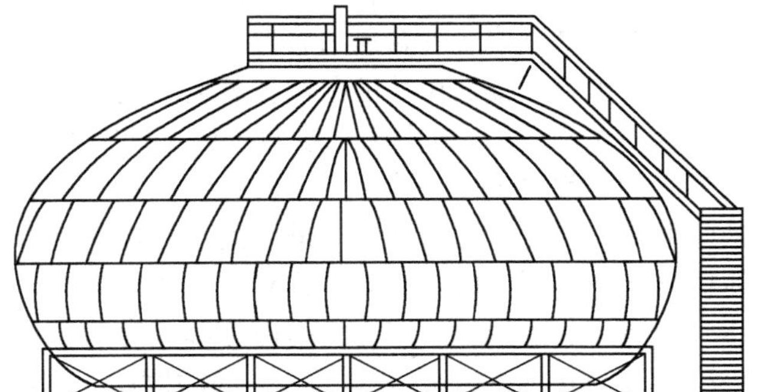

图1-9　水滴形球罐

另外还有一些其他类型的球罐，由于结构较复杂，制作安装较困难，故在工业生产中不常使用。如双层球罐、椭圆形球罐、多段承脊形球罐、多弧拱顶椭圆球罐和由不同形状球壳板组成的复合式球罐等。

制造、安装和热处理球形容器都具有一定的困难。特别是由于它的焊缝长，焊接工作量大，焊接质量和探伤要求也较高，而且作为反应或传质、传热用容器，它既不便于在内部安装附件，也不便于内部相互作用的介质的流动，因此球形容器一般只广泛用做储装容器。近年来，由于各种高强钢的相继问世以及机械制造水平的不断提高，大容量的球形容器已广泛应用于化工、石油等工业部门。目前，我国部颁标准的球形容器系列，其公称容积已达到 $50\sim200m^3$，公称压力已达到 $0.44\sim2.94MPa$。

球形容器表面积小，除节省制造钢板外，对于用作需要与周围环境隔热的容器也是有利的。因为它可以节省隔热材料或减少热的传导，所以它最适宜用作液化气体储罐。此外，有些用蒸汽直接加热的容器，为了减少热损失，有时也采用球体。

3. 圆筒形容器的结构

（1）圆筒体。圆筒形容器主要结构如图 1-10 所示。筒体是压力容器最主要的组成部分，储存物料或完成化学反应所需要的压力空间大部分是由它构成的，所以筒体的容积（或直径与长度）大小是根据工艺要求确定的。当筒体直径较小（一般约小于 500mm）时，筒体可用无缝钢管制作，此时筒体上没有纵焊缝。当直径较大时，筒体可用钢板在卷板机上卷成圆筒或用钢板在水压机上压制成两个半圆，再用焊缝将钢板端部连接处封死，形成一个完整的圆柱形。由于该焊缝的方向和圆柱形筒体纵向（即轴向）平行，因此，称为纵向焊缝，简称纵焊缝。若容器的直径不是很大时，一般只有一条纵焊缝；随着容器直径的加大，由于钢板幅面尺寸的限制，可能有两条或两条以上的纵焊缝。当容器板的长度较短时，即可在一个圆柱形筒体两端连接上、下封头，构成一个封闭的压力空间，也就是制成了一台压力容器外壳。

当容器较长时，由于钢板幅面尺寸的限制，就需要先用钢板卷焊成一段筒体（每一段筒体称为一个筒节），再由两个或两个以上筒节组焊成所需长度的筒体。筒节与筒节之间、筒体与上下封头（或法兰）之间的连接焊缝，由于其方向与筒体轴向垂直，因此，称为环向焊缝，简称环焊缝。

圆柱形筒体按其结构不同又可分为整体式和组合式两大类。

整体式筒体，即筒体的器壁在厚度方向是由连续完整的材料所构成的，也就是器壁只有一层（为防止内部介质腐蚀，衬上的防腐层不包括在内）。整体式筒体按制造方式不同又可分为单层卷焊、整体锻造、锻接、拉拔、电渣重熔、铸造等数种。中低压容器由于壁厚较薄，因此，多为整体式筒体。除直径

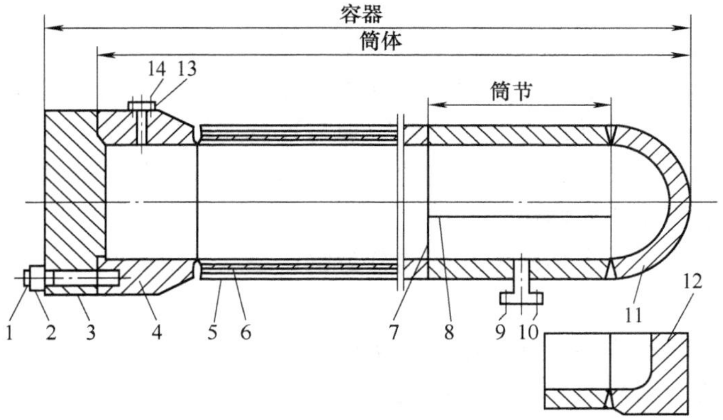


图 1-10　圆筒形容器

1—主螺栓　2—主螺母　3—平盖（顶盖或底盖）　4—筒体端部（筒体顶部或筒体底部）
5—内筒　6—层板层（或带层）　7—环焊缝　8—纵焊缝　9—管法兰　10—接管
11—球形封头　12—平封头　13—管道螺母　14—管道螺栓

较小时采用无缝钢管制作外，大部分均采用单层卷焊制造这一方式。

组合式筒体，即筒体的器壁在厚度方向是由两层或两层以上互不连续的材料构成的。组合式筒体按结构及制造方式不同又可分为多层包扎、多层热套、扁平钢带倾角错绕、槽形钢带、多层绕板、绕丝及松套胀合式等数种。

（2）封头。封头或端盖是圆筒形容器的重要组成部分，它的形式有半球形、椭圆形、碟形、锥形及平板形等数种。这些封头在强度及制造上各有其特点。半球形封头受力状况最佳，但最难制造。封头形式的选择不单取决于强度与制造，在某些情况下还取决于容器的使用要求。

在实际生产中，中低压容器大多采用椭圆形封头；常压和高压容器以及压力容器中的人孔和手孔则采用平盖。

当容器组装后不再需要开启时（一般是容器中无内件或虽有内件但不需要更换和检修的情况），上、下封头应直接和筒体焊在一起，这样做的好处是能有效地保证密封、节省材料和减少加工制造的工作量。对于因检修和更换内件的需要而必须开启的容器，封头和筒体的连接应做成可拆式的，此时在封头和筒体之间就必须要有一个密封结构。

在压力较高的容器中，当封头和筒体焊接时，只能采用球形、椭圆形或锥形封头，而不允许用平盖，这是由于平盖受力状态恶劣，其变形和圆柱形筒体很难协调一致，易于发生事故。平盖在压力容器中，主要用于平盖和筒体为可拆连接的情况下。平盖和筒体焊接只能用于常压容器和中、低压容器，这是在压力容器结构设计中必须注意的。

（3）法兰。法兰是容器及管道连接中的重要部件。它的作用是通过螺栓和垫片的连接与密封，保证系统不致发生泄漏。

法兰按其所连接的部件不同分为管法兰和容器法兰。用于管道连接的法兰称为管法兰，用于容器顶盖与筒体或管板与容器连接的法兰称为容器法兰。在高压容器中，用于顶盖和筒体连接的并与筒体焊在一起的容器法兰又称为筒体顶部。本书主要介绍容器法兰。

容器法兰按其本身结构形式不同分为整体法兰、活套法兰和任意形式法兰三种。

法兰通过螺栓联接，并通过预紧螺栓使垫片压紧而保证密封。法兰螺栓联接是压力容器上用得最多的一种连接结构，如封头和筒体的连接、各种接管的连接以及人孔、手孔盖的连接等。法兰螺栓联接结构虽然开启不十分方便，但其结构简单，使用可靠，故在压力容器中得到了广泛的应用。

（4）密封元件。密封元件放在两个法兰的接触面之间，或封头与筒体顶部的接触面之间，借助于螺栓等连接件压紧，从而使容器内的液体或气体被封住不致泄漏。

密封元件按所用材料的不同，分为非金属密封元件（如石棉垫和橡胶O形环等）、金属密封元件（如纯铜垫、铝垫和软钢垫等）和组合式密封元件（如铁包石棉垫、钢丝垫和绕石棉垫等）。

密封元件按其截面形状的不同，可分为平垫片、三角形垫片、八角形垫片和透镜式垫片等。

密封结构按其密封原理不同，可分为强制密封和自紧密封两大类。强制密封是依靠螺栓等紧固件的预紧力来保证密封面上有一定的接触压力而实现密封的。自紧密封是依靠容器内介质的压力使密封面产生压力来达到密封的。

强制密封常用的结构有平垫密封和卡扎里密封等。由于强制密封结构本身的特点，它只适用于直径较小的容器。

自紧密封常用的结构有双锥密封、伍德密封、O形环密封和C形环密封等。自紧密封多用于大直径的高压容器上。

不同的密封元件和不同的连接件相匹配，构成了各种不同的密封结构。在石油化工用压力容器中常见的密封结构有平垫密封、双锥密封、伍德密封、卡扎里密封、楔形环密封、C形环密封、B形环密封和O形环密封等。一个完善的密封结构应满足以下要求：

1）在升压、降压和正常操作条件下，以及压力、温度波动、介质有腐蚀性等情况下能始终保持严密不漏。

2）结构简单，制造、装拆和检修方便。结构紧凑，在高压密封中，尽量少占高压空间。

3）强度可靠，密封元件耐腐蚀并能多次重复使用。

一种密封结构要满足上述全部要求往往是比较困难的，但保证容器的密封是密封结构最基本、最重要的要求。

（5）开孔与接管。石油化工容器常因工艺要求和检修的需要，在筒体或封头上开设各种孔或安装接管，如人孔、手孔、视镜孔、物料进出口孔以及安装压力表、液位计、安全阀等接管开孔。

手孔和人孔用来检查容器的内部并用来洗涤、清洁以及安装和拆卸内部的装置。手孔的内径要使得操作工人的手能自由地通过，并考虑手上握有供安装的零件或安装工具，因此，手孔的直径一般不小于150mm。人的臂长约为650～700mm，因此，直径大于1200mm的容器就不能再用手孔了，而必须改设人孔。人孔的大小应以能使工人进出为准。人孔的形状根据制造方便以及密封周边为最小的原则来选定。常用的有圆形人孔和椭圆形人孔。椭圆形人孔的最小净尺寸为300～400mm，圆形人孔直径为400mm。人孔盖压紧装置的结构与需要开启的次数有关。如开启次数很少，则人孔盖可用简单的盲板配上手柄制成；当开启次数较多时，则采用带铰链螺栓的人孔盖，以利装拆方便。对于可拆封头的容器，一般来说不需另设人孔，但由于人孔的拆装远比拆装大直径的封头快而且方便，所以也有封头可拆的容器仍设有人孔。

筒体或封头上开孔后，不但减小了器壁的受力面积，而且还因为开孔造成结构不连续而引起应力集中，使开孔边缘处的应力大大增加，孔边的最大应力要比器壁上的平均应力大几倍，筒体强度被削弱。这对容器的安全运行是很不利的。为了减小孔边的局部应力，常采用开孔补强的方法来减少这种不安全因素的产生。

开孔是压力容器中的一个主要薄弱环节，对压力容器的疲劳寿命影响较大，因而，压力容器上要尽量减少开孔的数量，尤其要避免开大孔。对于高压容器，要尽量避免在筒体上开孔，而应把开孔位置移到安全裕度较大的封头或筒体顶部。由于薄壁圆筒承受内压时，其环向应力是轴向应力的两倍，因此如需要在筒体上开孔时，应尽量开成椭圆形孔，且使椭圆的短轴平行于圆筒体轴线，以尽可能减少纵截面的削弱程度，从而使环向应力增加得少一些。由此可知，位于筒体上的人孔一般开成椭圆形，而圆形人孔多开在封头部位。

（6）支座。容器靠支座支承在基础上。根据圆筒形容器的安装位置不同，支座可分为立式容器支座和卧式容器支座两类。常用的立式容器支座有悬挂式支座、支承式支座和裙式支座等。卧式容器支座主要采用鞍式支座。球形容器常采用柱式和裙式两种支座。

上述六大部分（圆筒体、封头、法兰、密封元件、开孔与接管及支座）构成了一台压力容器的外壳，对于储存用的容器，这一外壳即为容器本身。而用于化学反应、传热、分离等过程的容器，则在外壳内必须装入工艺所要求的内件，才能构成一台独立而完整的产品。

根据所需完成的工艺过程不同，内件的形式与结构是千差万别的。有的内件只用于完成单一的工艺过程，其结构比较简单，如图 1-11 所示的分离器，其内件只是用拉希环或木板做成的填料，又如图 1-12 所示的单程列管式换热器，其内件是由一组固定在上、下管板间的直管组成的。有时要在一台容器内完成多种工艺过程，因此，其内件结构就比较复杂。以氨合成塔为例，由于经过精制的氮氢混合气体，在高压、高温和触媒的催化作用下，于合成塔内直接合成氨，因此，氨合成塔在本质上是一台反应器。此外，氨的合成反应是放热反应，为了回收反应热，使预热进塔的原料气达到合成反应温度，并维持触媒层的适宜温度（因触媒过热后将失效），合成塔内需设置换热装置。一般来说，氨合成塔的内件由下列三大部分组成：触媒筐为存放触媒并进行合成反应的装置，换热器为回收反应热并预热原料气的装置，电加热器为开工时将原料气加热到反应温度的装置。图 1-13 所示为冷激式径向流动氨合成塔内件。

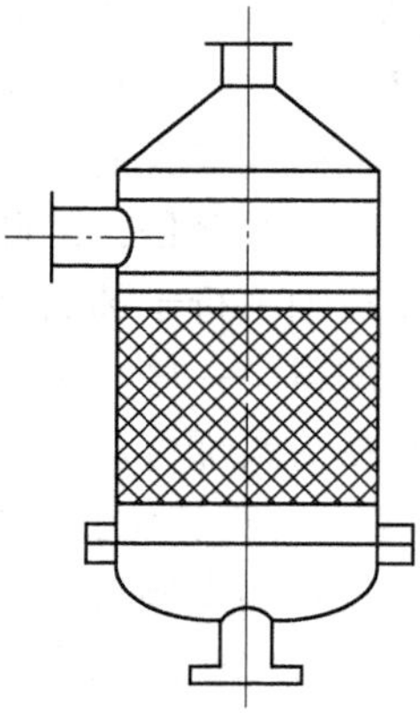

图 1-11　分离器内件

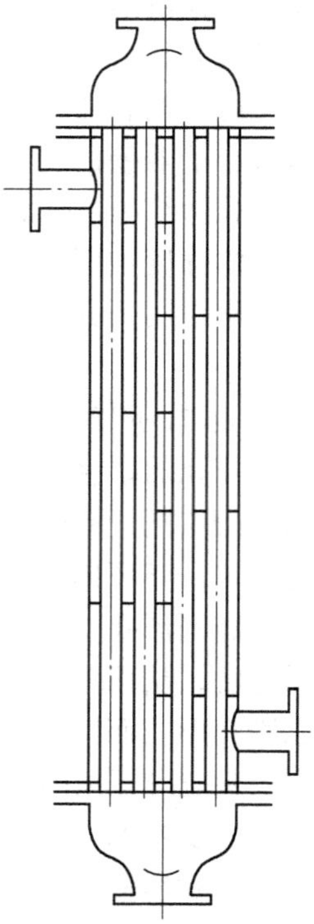

图 1-12　单程列管式换热器内件

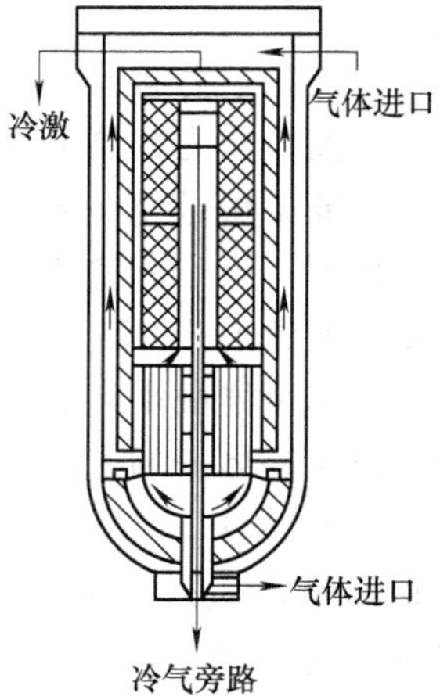


图 1-13　冷激式径向流动氨合成塔内件

薄壁圆筒体除了直径较小者可以采用无缝钢管外，一般都采用焊接结构，即用钢板卷成圆筒形后进行焊接而成。小直径的圆筒体可采用一条纵焊缝，而大直径的圆筒体因受钢板尺寸的限制，需采用两条以上的纵焊缝，长的则有多条焊缝。由于焊缝可能存在夹渣、未焊透、裂纹、气孔、咬边等缺陷，致使焊缝本身的强度削弱；同时在焊缝的热影响区还会产生金相组织的变化，使晶粒长大，这也使得该区域的力学性能有所降低。实践表明，事故常常发生在焊缝或热影响区，所以结构设计中应尽量减少焊缝的数量和长度。

圆筒体是一个连续的轴对称曲面，应力分布比较均匀，不会由于形状突变而产生较大的附加应力。虽然受力情况不如球体，但它比其他形状要好得多。由于圆筒形壳体中周向（环向）应力是轴向应力的两倍，因此在制造圆筒形容器时，筒体一般都尽量使受环向应力作用的纵向焊缝减至最少，并且纵向焊缝的质量要求要比环向焊缝高，以保证安全；在开设椭圆形人孔时，必须使短轴在纵向、长轴在环向，以尽量减少开孔对壳体强度的削弱程度。

如石油炼制装置中常用的热壁反应器就是典型的圆筒形容器。热壁反应器采用圆筒形容器的原因主要是：可以充分利用反应器的容积，有效容积利用率可达80%～90%；制造施工周期较短；生产维修方便；器壁相对来说不易产生局部过热现象，提高了生产的安全性；获得更大的经济效益。

热壁加氢反应器的组成如图1-14所示。

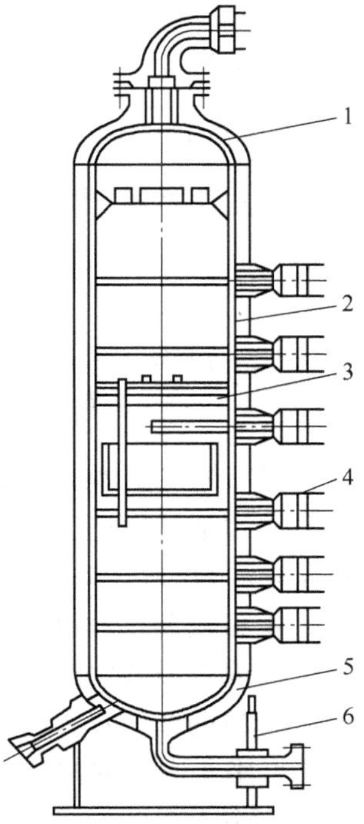

图1-14　热壁加氢反应器的组成

1—顶部球形封头　2—壳体（单层厚壁）　3—内件（催化剂存放床层、气液分配器等）　4—接管法兰　5—底部球形封头　6—裙座

4. 厚壁容器的结构

高压容器压力较高，筒体多采用组合式。高压容器组合式筒体常见的有多层包扎式、多层热套式、多层绕板式、螺旋包扎式和绕带式等结构形式，如图1-15所示。

若采用整体式筒体，壳体即为单层厚壁。首先，由于厚壁筒体承压后壳壁上所产生的应力沿壁厚方向分布不均匀，内壁应力较大而外壁较小，因而不能充分利用整个筒壁材料的强度。而且壳壁越厚，内外壁上的应力差越大。当设计压力高到一定程度时，单纯增加壁厚并不能有效地提高容器的承载能力。其次，厚板的综合性能，尤其是断裂韧性比薄板差，这就使单层厚壁筒体脆性破坏的可能性增大。当壳壁中局部应力较大部位出现裂纹等缺陷时，裂纹将沿壳壁继续扩展，最后导致整个壳体破坏。再次，大型厚壁筒体在制造与原料供应上都存在一定困难，所以目前制造高压容器多采用组合式筒体结构。

厚壁高压容器的长径比较大。锻制平盖和锻制的筒体端部法兰由高压螺栓联接在一起，并由置于密封面上的密封垫圈使之紧密不漏。筒节与端部法兰、球形底，以及筒节与筒节之间用深环焊缝组焊。如果在厚壁筒体上开孔，其开孔补强要求较高，一般都要用整体补强结构，因此在一般情况下尽量不在筒体上开孔。图 1-15 所示容器上的开孔是分别开在平盖、端部法兰和球形底上的。球形底上的接口采用整体锻件补偿结构。

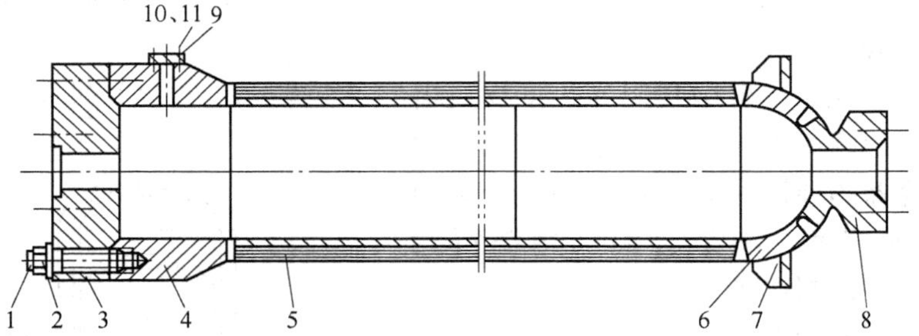


图 1-15 多层包扎焊接厚壁容器

1—主螺栓 2—主螺母 3—平盖 4—筒体端部 5—筒节 6—球形封头
7—支座圈 8—接口锻件 9—管法兰 10、11—螺栓、螺母

组合式筒体与整体式筒体相比具有以下的优越性：

（1）可以通过制造工艺过程在层板间产生预应力，使壳壁上的应力沿壁厚分布比较均匀，壳体材料得到较充分的利用。

（2）层板较薄，具有较好的抗脆裂性能，脆性破坏的可能性较小。

（3）当壳壁材料中存在裂纹等缺陷时，不会扩展到其他各层。

（4）容器的介质具有腐蚀性时，只要内筒选用相应的耐腐蚀合金钢即可，而层板仍可用普通碳钢材料，节省了贵重金属。

（5）制造上不需大型复杂的设备。

由于组合式筒体在结构上和制造上都具有较多的优点，所以高压容器多采用这种结构。

# 1.2 压力容器的法律法规体系

国内外压力容器法规标准体系基本由立法机构制定的法律、政府机构制定的法规、标准机构（多为民间机构）制定的标准三部分构成。法律和法规属于强制性的，标准是自愿性的（我国和其他少数国家的部分标准强制执行）。

## 1.2.1 国外相关法律法规体系

### 1.2.1.1 欧盟

1. 概况

欧盟的压力容器法规标准体系由欧盟指令和欧洲协调标准（EN）两层结构组成。欧盟指令是对成员国要达到的目的具有约束力的法律，由成员国转化为成员国本国法律后执行。这些指令规定了压力容器安全方面的基本要求。为使这些基本要求能够得到有效贯彻实施，欧洲标准化组织（CEN）负责起草制定与欧盟指令配套、将指令具体细化的协调标准（Harmonized Standards）。

以承压设备指令 PED 为例，CEN 计划为其配套的协调标准共有 700 多个。到 2005 年，CEN 已经完成大部分标准的制定工作，只有约 50 个标准尚在起草或待批准过程中。这些 EN 标准包括有关锅炉、压力容器和工业管道材料、部件（附件）的设计、制造、安装、使用、检验等诸多方面。其中 EN 13445 系列标准是压力容器方面的通用主体标准，由总则（EN 13445.1）、材料（EN 13445.2）、设计（EN 13445.3）、制造（EN 13445.4）、检测和试验（EN 13445.5）、铸铁压力容器和压力容器部件设计与生产要求（EN 13445.6）、合格评定程序使用指南（EN Bb13445.1）七部分构成。除 EN 13445 标准外，另有简单压力容器通用标准 EN 286、系列基础标准 EN 764 和一些特定压力容器产品标准（如换热器、液化气体容器、低温容器、医疗用容器等）。

移动式压力容器标准主要有危险品运输容器标准（EN 14025、EN 12561 系列）、铁路罐车标准（EN 12561 系列）、液化石油气汽车罐车标准（EN 14334）和低温运输容器标准（EN 14398 系列、EN 1251 系列）等。气瓶方面主要有移动式气瓶标准（EN 13322 系列）、无缝气瓶标准（EN ISO 11120）和液化石油气钢瓶标准（EN 12807、EN 14140）等，以及大量有关充装、充装检验和定期检验等方面的标准。

PED 指令侧重于产品生产环节，目的是保障安全和减少贸易技术壁垒。因此，支持欧盟指令的协调标准中，产品标准居多（在低温容器和液化气体容器方面涉及安装、使用和检验后续环节）。EN 标准属自愿性标准，由欧盟成员国将 EN 标准转化为本国标准后（如德国标准 DIN EN 13445）由企业自愿采用。若企业采用了EN标准，则被认为其产品满足了指令的基本安全要求，有利于产品进入欧盟市场，或在欧盟市场内流通。对于移动式压力容器（罐车、气瓶等），由于是在欧洲境内移动，与相应欧盟指令配套的EN标准涵盖了设计、制造、使用、充装、定期检验等全过程。

对于压力容器投入使用以后的各环节（使用、检验、修理改造等），欧盟PED指令没有涉及，EN固定式压力容器标准中除低温容器和液化气体容器外，涉及较少，主要由欧盟各成员国自行制定压力容器法律法规（以下简称法规）和标准予以规范。因此，对于欧盟成员国的压力容器法规标准体系而言，是由欧盟压力容器法规标准和本国法规标准共同构成的体系。大致分为由议会制定的法律、政府制定的法规（包括有关政府部门制定的规章）和标准三个层次。

2. 欧盟成员国情况

欧盟成员国有关压力容器安全管理法律或法规，均采纳了欧盟有关指令要求。而本国标准体系则由转化为本国标准的EN标准、本国标准和本国一些协会标准构成。在法律法规方面，德国压力容器（包括其他特种设备）法律主要有设备安全法和能源经济法等。德国设备安全法于20个世纪60年代颁布。这个法律对危害人身与财产安全的机械设备的设计、制造、安装、使用、检验和修理改造等环节的安全管理作出明确规定。在欧盟有关指令颁布后，德国结合欧盟有关指令修改了设备安全法中的设计、制造、检验机构等内容，保留了安装、使用、检验和修理改造等环节安全管理要求。按照设备安全法的授权，由德国联邦政府负责制定有关法规。主要有联邦政府制定批准的压力容器规程、乙炔规程、可燃液体规程、饮料设备规程、医疗设备规程等和由联邦政府部门（德国劳动与社会保障部）制定批准的压力容器技术规范（TRB）、承压气体技术规范（TRG）等。TRB包括了材料、设计、制造、附件、检验、安装、运行、特殊压力容器及压力容器充装设备等方面的内容。

在标准方面，德国压力容器标准主要有将欧洲协调标准和ISO标准转化为本国标准的DINEN和DINISO标准、AD规范及DIN标准三类。其中，AD2000是由德国承压设备协会发布的一个与PED指令相配套的规范。

#### 1.2.1.2 北美洲

1. 概况

美国和加拿大都没有全国统一的压力容器安全法律法规。压力容器安全管理由联邦政府和省级政府分别立法。对于跨地区的移动式压力容器（气瓶），以及联邦政府所属的压力容器，由联邦政府制定联邦法律法规予以规范，如美国联邦劳动规范（联邦法典29章）、加拿大联邦劳动规范、危险品运输法等一些法律法规。美国联邦政府和加拿大联邦政府管理压力容器的部门主要是运输部和劳工部。运输部负责气瓶和罐车，而劳工部则从劳工职业安全与健康方面对联邦所属工作场所的压力容器进行监督管理。

在美国和加拿大，由于压力容器多在各州（省）内使用，这些设备设施主要由各州（省）自行制定法规进行管理。各州（省）制定的压力容器管理法规与联邦有关法规没有上下级管辖关系。在采纳标准方面也有很大的自由度，如加拿大阿尔伯塔省和安大略省的法规采纳标准与加拿大联邦采纳的标准在很多方面有差别。在这两个国家，压力容器法规标准体系都分为联邦体系和州（省）体系。无论联邦还是州（省），压力容器法规标准体系构成也都基本为“法律—法规—标准”三个层次。

2. 美国压力容器法规标准体系

（1）法律法规。美国联邦法典（U. S. Code）共有50个标题（Title），其中两个标题有关压力容器安全管理。分别为标题29劳动（Labor）中有关职业安全与卫生章节和标题49运输（Transportation）中有关气瓶和罐车安全的章节（子标题Ⅲ中第51章危险品运输和第59章安全容器多式联运）。另外还有一些单独的法律，如职业安全与卫生法等。美国各州也同联邦一样，在本州法典有关章节中规定压力容器安全管理要求。

美国联邦政府负责制定联邦政府规则法典，并采用与联邦法律法典相同的标题。如联邦政府规则法典标题29劳动和标题49运输。

（2）标准。美国联邦法规和各州法规所引用的标准主要是美国国家标准（ANSI）、美国机械工程协会（ASME）标准、美国石油协会（API）标准和美国材料学会（ASTM）标准。这些标准构成包括材料、设计、制造与检验试验、使用维护、定期检验、修理改造、制造单位和检验机构审查认证、检验人员资格认可等方面的美国压力容器标准体系。在这个标准体系中，ASME压力容器标准和API标准是主体，主要有ASME第Ⅷ卷1篇压力容器建造规则等标准。

在移动式压力容器方面，虽然美国机械工程协会制定了ASME第Ⅻ卷运输容器的建造和连续使用规则，但由于历史原因，美国气瓶和罐车的技术规范（DOT Specifications）是由美国运输部制定并强制执行。这些技术规范实际上就是技术法规，相当于我国的特种设备安全技术规范。美国劳动法典大量引用了这些技术规范。根据ASME专家介绍，美国运输部与ASME正准备将这些由政府部门制定的技术规范转为ASME标准，然后由运输部法规予以采纳。

美国材料协会有关压力设备材料的标准非常完整。有各类压力容器（板材、管材、部件、阀门）和无损检验方法等标准数百个之多，形成一个非常完善的压力设备材料标准体系。

3. 加拿大压力容器法规标准体系

（1）法律法规。加拿大联邦法律法规由人力资源部（劳动部）、运输部和能源局的法律法规体系构成。法律方面主要有劳动规范（第二卷）、职业卫生与安全中心法、加拿大运输法、危险品运输法、安全容器协定法、能源管理法、油气经营法、国家能源局法和油气运营法等。法规主要有职业卫生与安全规则、危险品运输规则、液化石油气散装储存规则、铁路职业安全与卫生规则、能源局法第五卷（油气）规则、油气职业安全与卫生规则、加工处理工厂规则和油气安装规则等。

（2）标准。加拿大标准体系由加拿大国家标准（CAN）、加拿大标准协会（CSA）、加拿大气体协会标准等本国标准和采纳的美国相关标准构成，形成了以 CSA B51 锅炉、压力容器与压力管道规范为主体的标准体系。在移动式压力容器方面，加拿大一方面采纳美国运输部气瓶和罐车规范，另一方面制定了具有本国特色的移动式压力容器系列标准，如 CAN/CGSB－43.147 运输或处理危险品的铁路用容器的建造、改造、维修、选择与使用，CSA B620 运输危险品的公路罐车储罐和移动式储罐，CSA B622 运输第 2 类危险品的公路罐车储罐等标准。这些标准规定了罐车、移动容器和气瓶的设计、建造（制造）、证书、试验、检验、定期检验、维修与标志等方面内容。在气瓶定期检验方面，除针对不同气瓶制定有不同检验标准外（如 CGA C－6.2 高压纤维增强气瓶的肉眼检验与检测），有关政府机构还采纳了许多民间机构（如加拿大气体协会、安大略省丙烷协会等）制定的检验技术文件。

这里需要说明的是，在采纳标准方面，加拿大各省与联邦政府采纳的标准不完全相同，采纳形式也不一样。例如安大略省采纳标准的方式是另行制定“规范采用文件”。这种“规范采用文件”将有关加拿大标准、美国标准、有关行业标准和本省自己的技术安全和管理要求共同融合在一起，形成混合体，相当于安大略省自己制定的压力容器安全管理标准。因此，安大略省采纳的标准实际上是将采纳的某些条款内容通过直接写入“规范采用文件”的方式采纳的，而不是全部标准。

## 1.2.2 国内相关法律法规体系

国家质检总局特种设备安全监察局提出了“以安全技术规范为核心内容的法规标准体系”框架，完善的压力容器法规标准体系现状应该是“法律—行政法规—部门规章—安全技术规范—引用标准”五个层次。

### 1.2.2.1 法律

法律是第一层次，由全国人民代表大会或省人民代表大会通过和批准。我国现行与特种设备有关的法律主要有《安全生产法》、《劳动法》、《产品质量法》和《商品检验法》。正在制定的《特种设备安全监察法》，将以《特种设备安全监察条例》为基础立法，其内容将涵盖锅炉、压力容器、压力管道等各类特种设备的设计、制造等活动。

#### 1.2.2.2　行政法规

行政法规是第二层次，包括国务院颁布的行政法规和国务院部委以令的形式颁布的与特种设备相关的部门行政规章。目前我国特种设备主要行政法规如下：

（1）《特种设备安全监察条例》（2003年发布，于2009年修订，修订版自2009年5月1日起施行）。这是一部全面规范锅炉、压力容器、压力管道、电梯、客运索道、游乐设施、起重机械等特种设备的生产（含设计、制造、安装、改造、维修）、使用、检验检测及其安全监察的专门法规。

（2）《国务院关于特大安全事故行政责任追究的规定》（2001年4月1日颁布施行）。它是与特种设备安全密切相关的另一部重要的行政法规。该部行政法规明确规定了如发生特大安全事故，将追究行政首长的责任。压力容器、锅炉、压力管道等安全事故被列入了七类特大安全事故。

#### 1.2.2.3　部门规章

部门规章是国务院各部门、各委员会、审计署等根据法律和行政法规的规定和国务院的决定，在本部门的权限范围内制定和发布的调整本部门范围内行政管理关系的，并不得与宪法、法律和行政法规相抵触的规范性文件。目前与压力容器有关的部门规章如下：

（1）《特种设备事故报告和调查处理规定》，2009年5月26日国家质量监督检验检疫总局令第115号发布，自发布之日起施行。

（2）《锅炉压力容器压力管道特种设备安全监察行政处罚规定》，2001年12月29日国家质量监督检验检疫总局令第14号发布，自2002年3月1日起施行。

（3）《锅炉压力容器制造监督管理办法》，2002年7月12日国家质量监督检验检疫总局令第22号发布，自2003年1月1日起施行。

（4）《气瓶安全监察规定》，2003年4月24日国家质量监督检验检疫总局令第46号发布，自2003年6月1日起施行。

（5）《特种设备作业人员监督管理办法》，2005年1月10日国家质量监督检验检疫总局令第70号发布，于2011年修订，修订版自2011年7月1日起施行。

#### 1.2.2.4　安全技术规范

安全技术规范指经过规定的编制、审定程序，由国家质检总局领导授权签署，以国家质检总局名义公布，安全技术性内容较突出的文件（规程、规则等），主要有三大类：监督管理规定、办法类，安全监察规程类和技术检验规则类。

1. 监督管理规定、办法类

《特种设备焊接操作人员考核细则》，国家质量监督检验检疫总局发布，自2010年11月4日起施行。

《压力容器压力管道设计许可规则》，国家质量监督检验检疫总局发布，自2008年1月8日起施行。

《锅炉压力容器使用登记管理办法》，国质检锅［2003］207号，自2003年9月1日起施行。

《锅炉压力容器制造监督管理办法》，国家质量监督检验检疫总局发布，自2003年1月1日起施行。

《特种设备无损检测人员考核与监督管理规则》，国质检锅［2003］248号，自2003年8月8日起施行。

《特种设备检验检测机构管理规定》，国质检锅［2003］249号，自2003年8月8日起施行。

《特种设备检验检测机构核准规则》，总局公告2004年第203号，自2005年3月1日起施行。

2. 安全监察规程类

《固定式压力容器安全技术监察规程》，国家质量监督检验检疫总局发布，本规程自2009年12月1日起施行。1999年6月25日国家质量技术监督局颁布的《压力容器安全技术监察规程》中有关固定式压力容器的规定同时废止。

《移动式压力容器安全技术监察规程》，国家质量监督检验检疫总局发布，该规程自2012年6月1日起施行。1999年6月25日原国家质量技术监督局颁布的《压力容器安全技术监察规程》（质技监局锅发［1999］154号）中的有关移动式压力容器的规定、1994年6月20日原劳动部颁布的《液化气体汽车罐车安全监察规程》（劳部发［1994］262号）同时废止。

《简单压力容器安全技术监察规程》，国家质量监督检验检疫总局发布，自2007年7月1日起施行。

《非金属压力容器安全技术监察规程》，国家质量监督检验检疫总局发布，自2004年9月28日起施行。

《超高压容器安全技术监察规程》，国家质量监督检验检疫总局发布，自2005年6月1日起施行。

《安全阀安全技术监察规程》，国家质量监督检验检疫总局发布，自2007年7月1日起施行。

《爆破片装置安全技术监察规程》，国家质量监督检验检疫总局发布，自

2011 年 11 月 1 日起施行。

《锅炉安全技术监察规程（征求意见稿)》，国家质量监督检验检疫总局 2009 年发布。

3. 技术检验规则类

《压力容器定期检验规则》，国家质量监督检验检疫总局发布，自 2004 年 9 月 23 日起施行。

《锅炉压力容器产品安全性能质量监督检验规则》，国质检锅 2003 [194] 号，自 2004 年 1 月 1 日起施行。

#### 1.2.2.5 引用标准

技术标准是指由行业或技术团体提出，经有关管理部门批准的技术文件，有国家标准、行业标准和企业标准之分，国家鼓励优先采用国家标准。国家标准是需要在全国范围内统一的产品技术要求，由国家标准管理委员会发布，是其他各类标准必须遵守的共同准则和最低要求。行业标准是在没有国家标准又需要在全国某一行业范围内对其产品进行统一规定而制定的标准，在相应的国家标准实施后，行业标准即行废止。国家标准和行业标准又分为强制性标准和推荐性标准。根据我国《标准化法》的规定，涉及安全卫生的领域必须实行国家强制性标准。目前我国与压力容器有关的标准比较多，涉及面很广，它包括基础标准、材料标准、设计标准、制造标准、产品标准、附件标准、检验标准、试验标准、安装标准、运行标准和管理标准等。企业标准是企业根据生产需要而制定的，仅适用于本企业内部的标准，其技术要求不能低于国家标准和行业标准，且应在技术监督部门备案。

部分压力容器国家和行业标准如下：

1. 产品标准

GB 150—2011《压力容器》

GB 12337—1998《钢制球形储罐》

GB 151—1999《管壳式换热器》

JB 4732—1995《钢制压力容器分析设计标准》

JB 4710—2005《钢制塔式容器》

JB/T 4731—2005《钢制卧式容器》

JB/T 4734—2002《铝制焊接容器》

JB/T 4745—2002《钛制焊接容器》

2. 零部件标准

JB/T 4700—2000《压力容器法兰分类与技术条件》

JB/T 4704—2000《非金属软垫片》

JB/T 4705—2000《缠绕垫片》

JB/T 4706—2000《金属包垫片》

3. 检验标准

GB 50094—2010《球形储罐施工规范》

GB/T 18182—2000《金属压力容器声发射检测及结果评价方法》

JB/T 47301 ~6—2005《承压设备无损检测［合订本］》

# 2

# 第 2 章　压力容器应力分析

压力容器元件在内压、温差等作用下会产生一些应力；受元件自重、内部介质重量等会引起弯曲应力或拉伸（压缩）应力；支座反力会在元件被支承部位造成局部应力；立式容器受风作用会引起附加弯曲应力；冷热加工变形会在金属内产生加工残余应力。这些应力，有的数值较大，有的较小；有的沿元件壁厚均匀分布，有的沿壁厚不均匀分布；有的发生在大面积范围内，有的仅出现在元件的局部区域。它们对元件安全的影响也各不相同。

元件中的应力可分为一次应力、二次应力及峰值应力等。

一次应力也叫直接应力，是由外载（内压）引起并与外载平衡的应力。一次应力又分为一般薄膜应力、局部薄膜应力及一般弯曲应力等。一般薄膜应力是由外载（介质压力）引起的且与外载相平衡的筒壁应力平均值。例如，圆筒形壳体、球形封头、椭球形封头上沿壁厚平均的环向应力（周向应力）、经向应力（轴向应力）等都属于一般薄膜应力。一般薄膜应力常简称为薄膜应力。局部薄膜应力是由外载及边界效应引起的沿截面厚度的应力平均值。例如，支座或接管与壳体的连接部位沿壳体壁厚平均的周向应力及经向应力均属于局部薄膜应力。一般弯曲应力是由外载引起的、且与外载相平衡的弯曲应力。例如，卧置圆筒形壳体因自重和介质重量引起的弯曲应力，平封头、平端盖因内压作用产生的弯曲应力都属于一般弯曲应力，简称弯曲应力。

二次应力也叫间接应力，是在外载（内压）作用下，元件的不同变形部位相连接处，由于满足位移连续条件所引起的局部附加薄膜应力及弯曲应力。例如，不同壁厚筒壳的连接处、封头与筒体连接处的不连续应力，即属于二次应力。二次应力的基本特点是自身平衡，具有自限性，即元件整个截面上二次应力之和为零，二次应力对截面中性轴力矩之和为零。二次应力即使很大，也不会使元件整体塑性变形，不会引起破坏。

峰值应力是在外载（内压）作用下，由于结构的局部不连续性而引起的附加应力。例如，发生在转角半径过小或局部未焊透等处的局部应力即属于峰值应力。目前，一般不对压力容器元件中的峰值应力作核算，但在选用安全系数、进行元件结构设计时，必须考虑峰值应力及其影响。

热应力也被称为温度应力，分为总体热应力及局部热应力两种。热应力不属于一次应力。能导致元件形状及尺寸明显改变的热应力称为总体热应力。例如，因纵向温差引起的应力、温度不同的元件相连接处（接管与壳体、法兰与管道等）因温差而出现的应力、具有不同线膨胀系数的元件相连接处所产生的应力，以及平端盖沿壁厚温差所引起的应力等。总体热应力不是由外载引起的，故属于自身平衡应力。总体热应力通常不超出允许的程度，故不需作专门校核。不引起元件明显变形的热应力称为局部热应力。例如，筒壁局部加热或冷却所引起的应力，圆筒形元件或球形封头沿壁厚温差产生的应力等。局部热应力不是由外载引起的，故属于自身平衡应力。

## 2.1 薄壁壳体在内压作用下的应力

### 2.1.1 无矩理论

压力容器的主要承压结构是壳体，而壳体是两个近距同形曲面围成的结构。两曲面的垂直距离即为壳体的厚度，平分壳体厚度的曲面叫壳体的中面。壳体的几何形状可由中面形状及壳体厚度确定。

中面为回转曲面的壳体叫回转壳体。圆筒壳、圆锥壳、球壳、椭球壳等都是回转壳体。当回转壳体的外径与内径之比 $K \leqslant 1.2$（或壁厚与内径之比小于 1/10）时，称为薄壁回转壳体，简称回转薄壳；当 $K > 1.2$ 时，称为厚壁回转壳体。当然，这种区分是相对的，薄壳与厚壳并没有严格的界限。

压力容器中的回转壳体，其几何形状及压力载荷均是轴对称的，相应压力载荷下的应力应变也是轴对称分布的。对于回转薄壳，其承压后的变形与气球充气时的情况相似，其内力与应力是张力，沿壳体厚度均匀分布，呈双向应力状态，壳壁中没有弯矩及弯曲应力。这种分析与处理回转薄壳的理论叫无矩理论或薄膜理论。

无矩理论是一种近似分析及简化计算理论，在一般压力容器应力分析和强度计算中得到广泛应用，具有足够的精确度。严格来说，任何回转壳体都具有一定壁厚，承压后其应力沿壁厚并不均匀分布，壳体中因曲率变化也有一定的弯矩及弯曲应力。当壳体较厚且需精确分析时，应采用厚壁理论及有矩理论处理。

### 2.1.2　薄壁圆筒壳的应力分析

假设圆筒形容器的内径为 $D$，壁厚为 $\delta$，在内压力 $p$ 的作用下，筒壁上任意一点将产生两个方向的应力：一是由于内压力作用于封头上而产生的轴向应力 $\sigma_\varphi$；二是由于内压力作用使圆筒径向均匀膨胀，在圆周的切线方向产生的拉应力 $\sigma_\theta$，常称为环向应力或周向应力。由于筒壁较薄，其径向应力 $\sigma_r$ 相对于轴向和环向应力要小很多，根据无矩理论，可忽略弯矩的作用，不考虑弯曲应力，认为 $\sigma_\varphi$ 和 $\sigma_\theta$ 沿壁厚均匀分布。

1. 轴向应力 $\sigma_\varphi$

用垂直于轴线的 $A$—$A$ 截面将筒体截成左右两段，如图 2-1 所示，左段壳体受力情况如图 2-2 所示，根据力的平衡方程，有

$$\sigma_\varphi \pi D\delta - p\frac{\pi D^2}{4} = 0$$

由此简化得

$$\sigma_\varphi = \frac{pD}{4\delta} \tag{2-1}$$

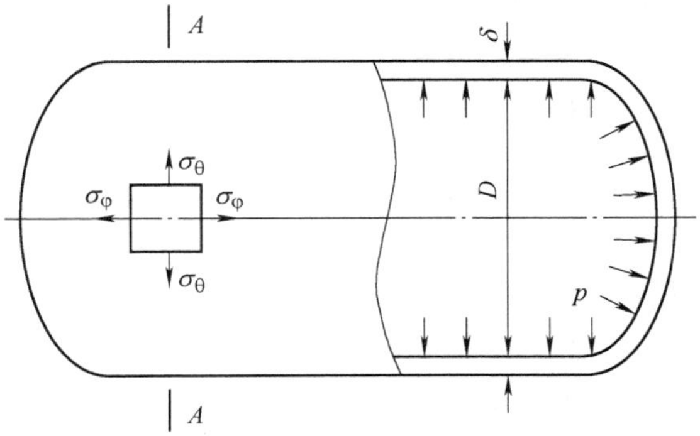


图 2-1　承受内压薄壁圆筒

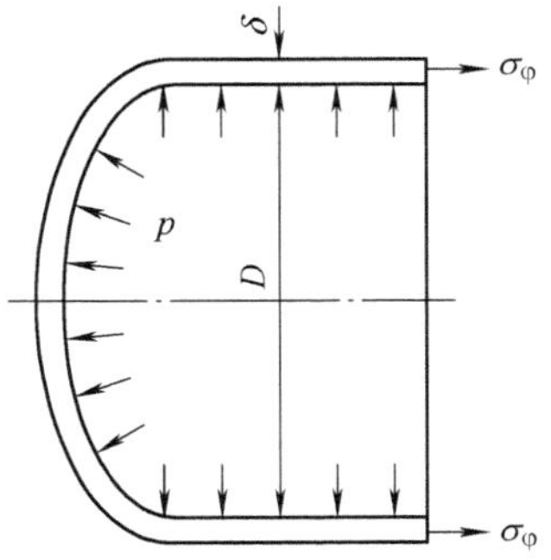


图 2-2　薄壁圆筒轴向应力

2. 环向应力 $\sigma_\theta$

截取长为 $L$ 的一段筒体，并用通过轴线的平面将筒体截成两半，保留上半部分，如图 2-3 所示，建立力学平衡方程，即

$$pDL - \sigma_\theta \times 2L\delta = 0$$

由此简化得

$$\sigma_\theta = \frac{pD}{2\delta} \tag{2-2}$$

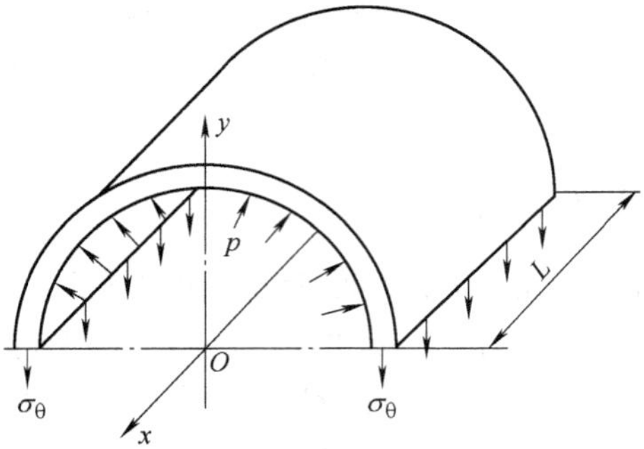


图 2-3 薄壁圆筒环向应力

### 2.1.3 薄膜方程

按无矩理论对回转薄壳进行应力分析时，由于应力沿壁厚均匀分布，将壳体应力简化到中面上进行分析。如图 2-4 所示，壳体中面由平面曲线 *AB* 绕同一平面内回转轴 *OA* 旋转一周形成。通过回转轴的平面与回转面的交线称为经线；作圆锥面与壳体中面正交，所得交线称为纬线。经线方向存在经向应力，以 $\sigma_\varphi$表示；纬线方向存在环向应力或周向应力，以 $\sigma_\theta$表示。

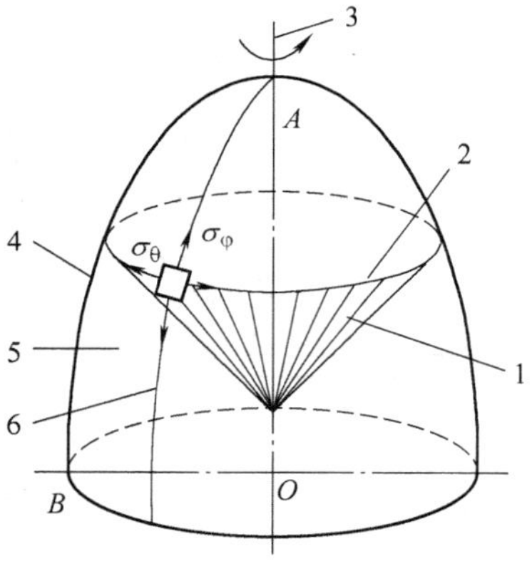


图 2-4 回转壳体的中面

1—与回转壳中面正交的圆锥面 2—纬线 3—回转轴 4—母线 5—回转壳 6—经线

经向应力可用正交截面法求得，如图 2-5 所示。用一个与回转壳体表面正交（垂直）的圆锥面将壳体分成两部分，考虑其中一部分在 *y* 方向的受力平衡，则有

$$p\pi r^2 - \sigma_\varphi \times 2\pi r\delta\sin\varphi = 0$$

式中 $p$——内压力；

$r$——垂直于壳体轴线的圆截面的平均半径；

$\sigma_\varphi$——经向应力；

$\delta$——壳体被圆锥面截开部分的厚度；

$\varphi$——圆锥面的半顶角。

从而有
$$\sigma_\varphi = \frac{pr}{2\delta\sin\varphi} = \frac{p\rho_\theta}{2\delta} \qquad (2-3)$$

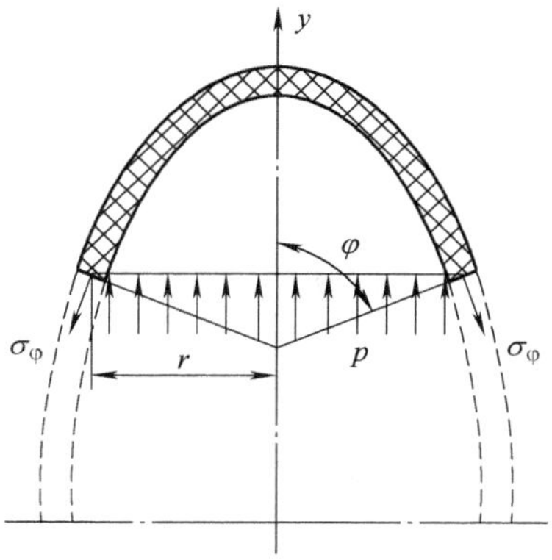

图2-5 回转壳体的经向应力

式（2-3）中的 $\rho_\theta$ 是圆锥面母线的长度，即回转壳体曲面在纬线上的主曲率半径，或纬线的曲率半径。

回转壳体中的环向应力作用在壳体的经向截面内。但在经向截面的不同纬线上，环向应力并不相同，因而无法用经向截面法求解环向应力，而只能用微元法，通过分析微元体的受力平衡求解。

如图2-6所示，用两个相近的经向平面及两个相近的经线正交的圆锥面在回转壳体上截取微元体。

考虑微元体曲面法线方向的受力平衡，可有

$$p\mathrm{d}l_1\mathrm{d}l_2 - 2\sigma_\varphi\delta\mathrm{d}l_2\sin\left(\frac{1}{2}\mathrm{d}\varphi\right) - 2\sigma_\theta\delta\mathrm{d}l_1\sin\left(\frac{1}{2}\mathrm{d}\theta\right) = 0$$

式中 $\sigma_\varphi$——微元体上的经向应力，作用在上下两个纬向圆锥截面上；

$\sigma_\theta$——微元体上的环向应力，作用在相邻两个经向截面上；

$\delta$——壳体厚度；

$\mathrm{d}l_1$、$\mathrm{d}l_2$——微元体沿经向、环向的长度；

$\mathrm{d}\theta$、$\mathrm{d}\varphi$——两经向截面、两圆锥截面的夹角。

因 $\mathrm{d}\theta$、$\mathrm{d}\varphi$ 较小，所以有

$$\sin\left(\frac{1}{2}\mathrm{d}\varphi\right) \approx \frac{1}{2}\mathrm{d}\varphi \quad \sin\left(\frac{1}{2}\mathrm{d}\theta\right) \approx \frac{1}{2}\mathrm{d}\theta$$

即

$$p\mathrm{d}l_1\mathrm{d}l_2 - \sigma_\varphi\delta\mathrm{d}l_2\mathrm{d}\varphi - \sigma_\theta\delta\mathrm{d}l_1\mathrm{d}\theta = 0$$

整理得
$$\frac{\sigma_\varphi}{\rho_\varphi} + \frac{\sigma_\theta}{\rho_\theta} = \frac{p}{\delta} \qquad (2-4)$$

式中 $\rho_\theta$、$\rho_\varphi$——微元体纬线、经线的曲率半径。

式（2-3）和式（2-4）是求解薄壁回转壳体在内压力作用下应力的基本

公式，简称薄膜方程。

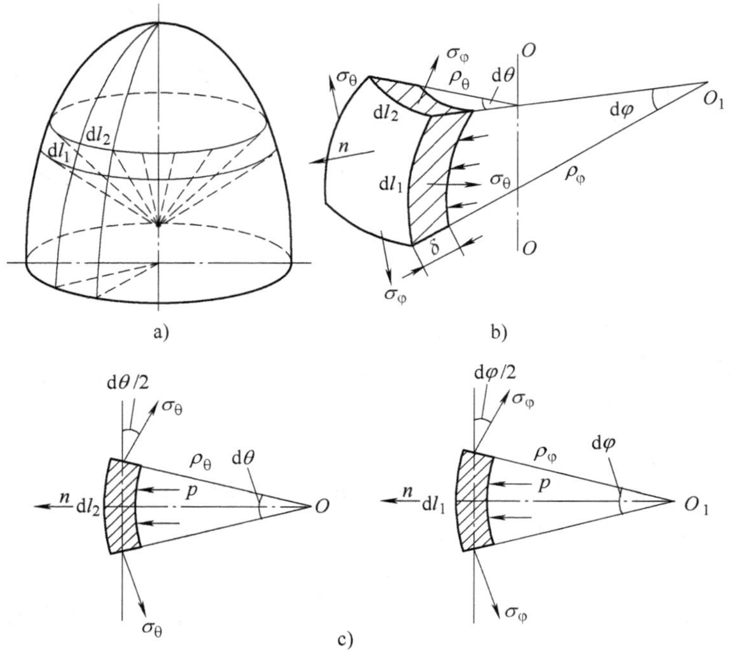


图 2-6 回转椭球壳应力分析

a）微元体的截取 b）微元体的应力 c）微元体法线方向的受力平衡

## 2.1.4 薄壁椭球壳应力分析

椭球壳是压力容器中使用得最为普遍的封头结构形式。椭球壳的中面是由椭圆围绕其短轴旋转一周而成的曲面，即椭球壳曲面的母线是椭圆。设该椭圆的长轴为 $2a$，短轴为 $2b$，并取如图 2-7 所示的坐标，则椭圆方程为

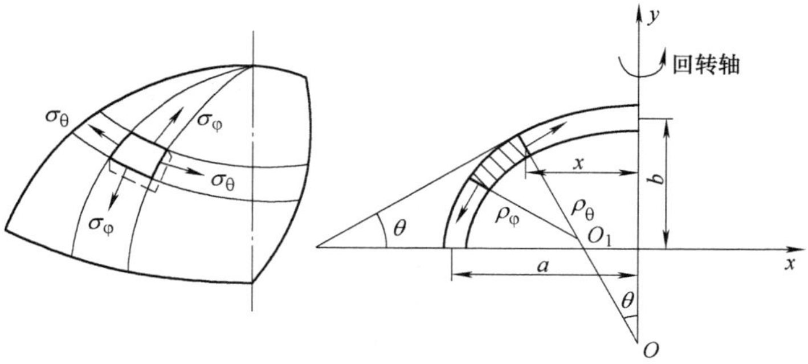


图 2-7 椭球壳

$$\frac{x^2}{a^2}+\frac{y^2}{b^2}=1$$

要利用薄膜方程确定椭球壳内的应力，关键是正确地确定经线曲率半径 $\rho_\varphi$ 和纬线曲率半径 $\rho_\theta$。椭球壳的经线是椭圆，经线曲率半径即椭圆的曲率半径；椭球壳的纬线是垂直于壁厚的圆锥面与椭球壳中性面的交线，纬线的曲率半径则是圆锥面的母线。

由高等数学可知，如果曲线的方程为 $y=f(x)$，则曲线上某点 $M(x,\ y)$ 的曲率半径为

$$\rho=\left|\frac{[1+(y')^2]^{3/2}}{y''}\right|$$

由椭圆方程得

$$y'=-\frac{b^2x}{a^2y}=-\frac{bx}{a\sqrt{a^2-x^2}}$$

$$y''=-\frac{b^4}{a^2y^3}=-\frac{ab}{\sqrt{(a^2-x^2)^3}}$$

从而得出椭圆上某点的曲率半径为

$$\rho=\frac{1}{a^4b}[a^4-x^2(a^2-b^2)]^{3/2}$$

即椭球壳经线上某点的曲率半径为

$$\rho_\varphi=\frac{1}{a^4b}[a^4-x^2(a^2-b^2)]^{3/2}$$

由图2-7可知，椭球壳纬线上某点的曲率半径（圆锥面的母线）可由下式求得

$$\rho_\theta=\sqrt{x^2+l^2}=\sqrt{x^2+\left(\frac{x}{\tan\theta}\right)^2}$$

式中 $\theta$——圆锥面的半顶角，它在数值上等于椭圆在同一点的切线与 $x$ 轴的夹角。

因而有

$$\tan\theta=\frac{\mathrm{d}y}{\mathrm{d}x}=y'$$

所以

$$\rho_\theta=\sqrt{x^2+\left(\frac{x}{y'}\right)^2}=\frac{1}{b}[a^4-x^2(a^2-b^2)]^{1/2}$$

将 $\rho_\theta$、$\rho_\varphi$ 的值代入薄膜方程，即可求得椭球壳上任一点的应力

$$\sigma_\varphi=\frac{p\rho_\theta}{2\delta}=\frac{p}{2\delta}\frac{1}{b}[a^4-x^2(a^2-b^2)]^{1/2}$$

$$\sigma_{\theta}=\frac{p\rho_{\theta}}{2\delta}\left(2-\frac{\rho_{\theta}}{\rho_{\varphi}}\right)=\frac{p}{2\delta}\frac{1}{b}[a^{4}-x^{2}(a^{2}-b^{2})]^{1/2}\left[2-\frac{a^{4}}{a^{4}-x^{2}(a^{2}-b^{2})}\right]$$

对于标准椭球封头，即 $a/b=2$ 的椭球封头，极点部位有

$$\sigma_{\theta}=\sigma_{\varphi}=\frac{pa}{\delta}$$

赤道部位有

$$\sigma_{\theta}=\frac{pa}{2\delta}\left[2-\left(\frac{a}{b}\right)^{2}\right]=-\frac{pa}{\delta}$$

$$\sigma_{\varphi}=\frac{pa}{2\delta}$$

因此，$\sigma_{\varphi}$、$\sigma_{\theta}$ 分布如图 2-8 所示。

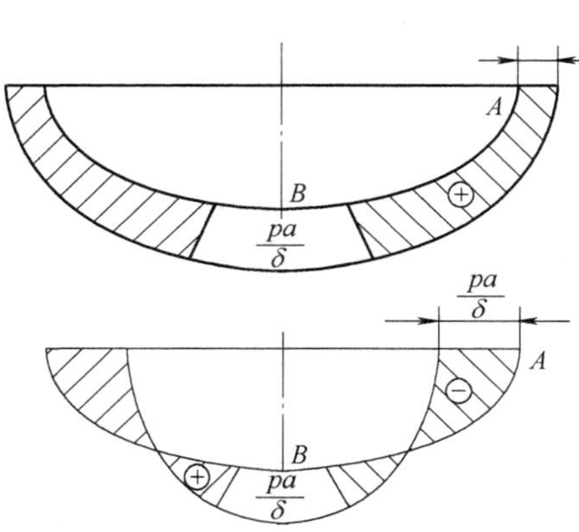


图 2-8 标准椭球封头应力分布

用标准椭球封头与半径等于其长半轴 $a$ 的圆筒壳比较，如果两者有相同的壁厚并承受同样内压，则封头赤道上的环向应力与圆筒壳上的环向应力大小相等，方向相反；封头赤道上的经向应力与圆筒壳上的经向应力大小相等，方向相同；封头极点处应力（环向及经向）的大小及方向都与圆筒壳上的环向应力相同。因而标准椭球封头可以与同厚度的圆筒壳衔接匹配，所得到的容器受力比较均匀。

## 2.1.5 承受液体压力的壳体应力分析

承受液体压力的壳体，如内装液体物料储槽，由于液柱静压力，壳体上的各点所受的压力将随深度的不同而变化，同一深度的液压是相等的，液柱越高，液体的静压力就越大。对于承受液体压力的直立圆筒形壳体来说，其器壁上各点所受的静压力可用图 2-9 中的三角形来表示，闭式圆筒形壳体壁上任意点 $M$ 的压力按下式计算，即

$$p = p_0 + (H - z)\gamma$$

式中 $p_0$——液体表面的压力；

$\gamma$——液体的重度；

$H$——液面的高度；

$z$——筒壁上任意点距底面的高度。

若此壳体为底部周边支承的直立圆筒形封闭式壳体，如图2-9所示，设$p_0$为液体表面上的气压，液体重度为$\gamma$，壳体的直径为$D$，壁厚为$\delta$。因为圆筒形壳体纬线曲率半径$\rho_\theta$为圆筒形半径；经线为直线，其曲率半径$\rho_\varphi$为无穷大。由式（2-4）即可求得环向应力$\sigma_\theta$。

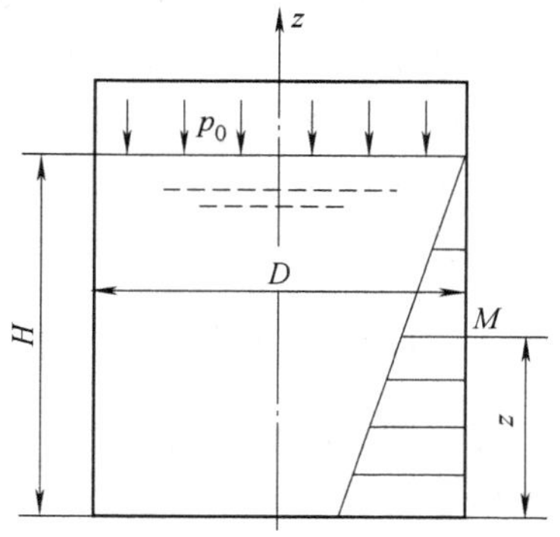


图2-9 盛液圆筒形壳体

$$\frac{\sigma_\varphi}{\infty} + \frac{\sigma_\theta}{D/2} = \frac{p_0 + (H - z)\gamma}{\delta}$$

$$\sigma_\theta = \frac{[p_0 + (H - z)\gamma]D}{2\delta} \tag{2-5}$$

对于底部支承的直立圆筒，由于液柱静压力垂直作用于圆筒侧壁，液体重量由支座承担，由截面法思想可知，筒壁中的轴向应力$\sigma_\varphi$（或经向应力）只与液柱表面压力$p_0$有关，即

$$\sigma_\varphi = \frac{p_0 D}{4\delta} \tag{2-6}$$

## 2.2 厚壁圆筒及球壳在内压作用下的应力

中、低压容器中采用的各类圆筒形或球形受压元件，一般都是按薄壁壳体进行应力分析和强度计算的，这样处理通常能满足安全使用的要求。

如前所述，厚壁与薄壁是相对的，并没有一个严格的界限。实际采用的圆筒形或球形元件都有一定的壁厚，严格地讲，应力沿壁厚并不是均匀分布的。把实际圆筒形或球形元件看做薄壁壳体是一种近似处理，存在着误差。壁厚越厚，这种误差就越大。对于高压容器及某些特定情况，为了更严格、更精确地进行安全设计和安全评定，必须按厚壁壳体进行应力分析，以了解应力沿壁厚的分布情况。

以下分别介绍厚壁圆筒体和厚壁球壳的应力分析过程。

厚壁圆筒体在内压作用下，其壁面内呈三向应力状态，不但有环向应力和经向（轴向）应力，还有径向应力。其轴向应力$\sigma_\varphi$同薄壁筒体一样，沿壁厚是均匀分布的，而环向应力 $\sigma_\theta$和径向应力 $\sigma_r$则沿壁厚发生变化。由于厚壁圆筒体在结构上是轴对称的，压力载荷也是轴对称的，因而产生的应力和变形也是轴对称的，其环向应力 $\sigma_\theta$及径向应力 $\sigma_r$仅沿壁厚方向，即半径方向发生变化，而不随轴向坐标 $z$ 和转角 $\theta$ 发生变化。这种轴对称问题较易处理，但仅靠平衡关系无法求解，必须同时借助于几何方程和物理方程才能求解。

### 2.2.1 厚壁圆筒轴向应力

厚壁圆筒两端封闭承受内压时，在远离端部的横截面中，其轴向应力可用截面法求得。如图 2-10 所示，假定将圆筒体横截为两部分，考虑其中一部分轴向力的平衡，有

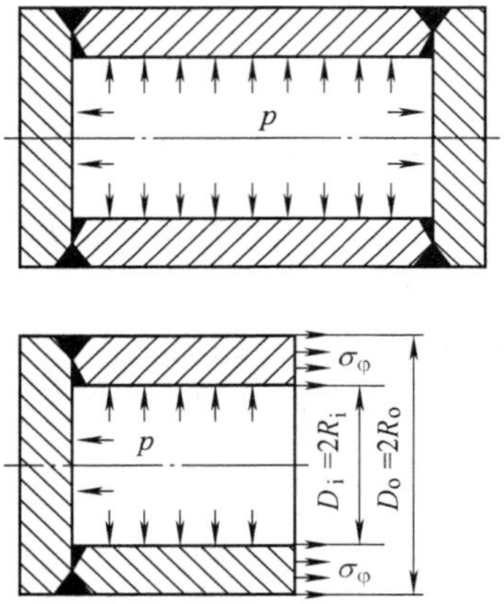


图 2-10 厚壁圆筒的轴向应力

$$\sigma_\varphi \pi(R_o^2 - R_i^2) - p\pi R_i^2 = 0$$

$$\sigma_\varphi = \frac{R_i^2}{R_o^2 - R_i^2}p = \frac{p}{K^2 - 1} \tag{2-7}$$

式中 $\sigma_\varphi$——轴向应力；

$R_o$、$R_i$——厚壁圆筒的外径和内径；

$K$——厚壁圆筒的外径和内径比值；

$p$——内压。

### 2.2.2 厚壁圆筒环向应力和径向应力

环向应力 $\sigma_\theta$及径向应力 $\sigma_r$随半径的变化规律，必须借助于微元体，考虑其平衡条件及变形条件，进行综合分析。

如图 2-11 所示，在圆筒体半径为 $r$ 处，以相距 $\mathrm{d}r$ 的二环向截面及夹角为

$d\theta$的二径向截面截取任一微元体，其微元体在轴向的长度为1。由于轴向应力对径向力的平衡没有影响，所以图中未标出轴向应力。

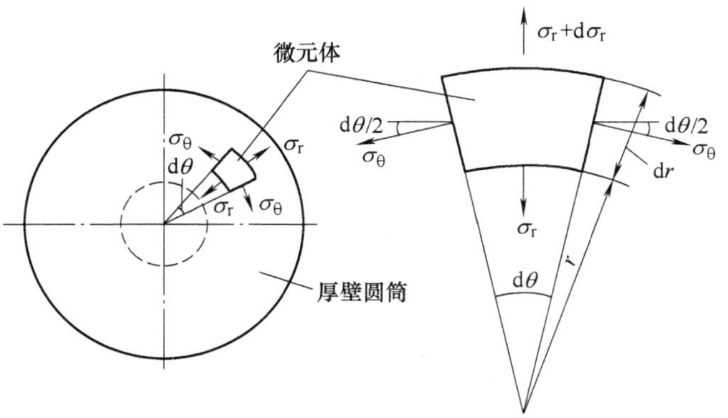


图2-11 厚壁圆筒微元体受力情况

根据半径$r$方向力的平衡条件，有

$$(\sigma_r + d\sigma_r)(r + dr)d\theta - \sigma_r r d\theta - 2\sigma_\theta dr \sin\frac{d\theta}{2} = 0$$

整理并略去高阶无穷小量，且

$$\sin\frac{d\theta}{2} \approx \frac{d\theta}{2}$$

故得出

$$\sigma_r dr + r d\sigma_r - \sigma_\theta dr = 0 \tag{2-8a}$$

$$\sigma_r + r\frac{d\sigma_r}{dr} - \sigma_\theta = 0$$

这就是微元体的平衡方程。

微元体各面的位移情况如图2-12所示。若坐标为$r$的圆柱面$ad$径向位移为$u$，坐标为$(r+dr)$的圆柱面$bc$径向位移为$u+du$，则微元体的径向应变为

$$\varepsilon_r = \frac{(u + du) - u}{dr} = \frac{du}{dr} \tag{2-8b}$$

微元体的环向应变为

$$\varepsilon_\theta = \frac{(r + u)d\theta - r d\theta}{r d\theta} = \frac{u}{r} \tag{2-8c}$$

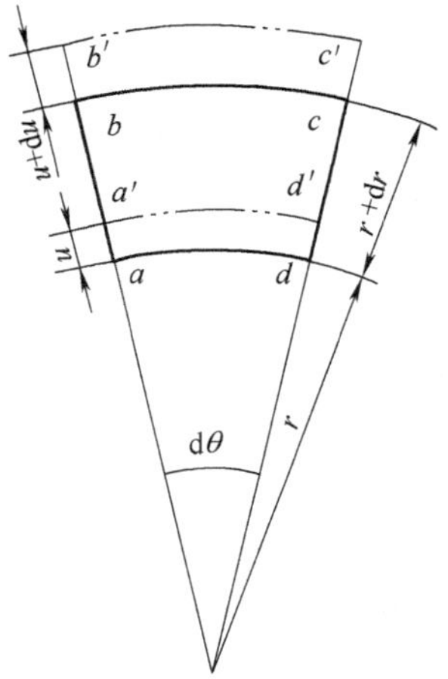


图2-12 厚壁圆筒微元体变形情况

式(2-8b)及式(2-8c)就是微元体的几何方程，表面微元体的径向应变和环向应变均取决于径向位移。由$\varepsilon_\theta = u/r$对$r$求

导得出

$$\frac{\mathrm{d}\varepsilon_\theta}{\mathrm{d}r} = \frac{1}{r}\frac{\mathrm{d}u}{\mathrm{d}r} - \frac{u}{r^2} = \frac{1}{r}\left(\frac{\mathrm{d}u}{\mathrm{d}r} - \frac{u}{r}\right)$$

即

$$\frac{\mathrm{d}\varepsilon_\theta}{\mathrm{d}r} = \frac{1}{r}(\varepsilon_r - \varepsilon_\theta) \tag{2-8d}$$

式（2-8d）称为微元体的变形协调方程，表示微元体径向位移与环向位移的互相制约关系。根据广义胡克定律，有

$$\varepsilon_r = \frac{1}{E}[\sigma_r - \mu(\sigma_\theta + \sigma_\varphi)]$$

$$\varepsilon_\theta = \frac{1}{E}[\sigma_\theta - \mu(\sigma_r + \sigma_\varphi)]$$

进而得出

$$\frac{\mathrm{d}\varepsilon_\theta}{\mathrm{d}r} = \frac{1}{E}\left(\frac{\mathrm{d}\sigma_\theta}{\mathrm{d}r} - \mu\frac{\mathrm{d}\sigma_r}{\mathrm{d}r}\right)$$

$$\frac{1}{r}(\varepsilon_r - \varepsilon_\theta) = \frac{1+\mu}{rE}(\sigma_r - \sigma_\theta)$$

将上列关系代入式（2-8d），得

$$\frac{\mathrm{d}\sigma_\theta}{\mathrm{d}r} - \mu\frac{\mathrm{d}\sigma_r}{\mathrm{d}r} = \frac{1+\mu}{r}(\sigma_r - \sigma_\theta) \tag{2-8e}$$

式（2-8e）是根据微元体的几何变化关系及物理关系得出的补充方程，将其与式（2-8a）联立并整理，得

$$\frac{\mathrm{d}^2\sigma_r}{\mathrm{d}r^2} + \frac{3}{r}\frac{\mathrm{d}\sigma_r}{\mathrm{d}r} = 0 \tag{2-8f}$$

式（2-8f）就是求解微元体应力的微分方程。

将式（2-8f）整理并积分得

$$\sigma_r = C_1 + C_2\frac{1}{r^2}$$

将 $\sigma_r$代入式（2-8a）得

$$\sigma_\theta = C_1 - C_2\frac{1}{r^2}$$

式中　$C_1$、$C_2$——积分常数，可根据边界条件确定。

厚壁圆筒承受内压时，边界条件为

$$r = R_i, \sigma_{ri} = -p$$

$$r = R_o, \sigma_{ri} = 0$$

因而
$$C_1 = \frac{R_i^2}{R_o^2 - R_i^2}p$$
$$C_2 = -\frac{R_o^2 R_i^2}{R_o^2 - R_i^2}p$$

厚壁圆筒体承受内压时的经向应力和环向应力分别为

$$\sigma_r = \frac{R_i^2 p}{R_o^2 - R_i^2}\left(1 - \frac{R_o^2}{r^2}\right) = \frac{p}{K^2 - 1}\left(1 - \frac{R_o^2}{r^2}\right) \tag{2-9}$$

$$\sigma_\theta = \frac{R_i^2 p}{R_o^2 - R_i^2}\left(1 + \frac{R_o^2}{r^2}\right) = \frac{p}{K^2 - 1}\left(1 + \frac{R_o^2}{r^2}\right) \tag{2-10}$$

应力最大的点在圆筒体内壁上：

$$\sigma_{ri} = -p$$
$$\sigma_{\theta i} = \frac{K^2 + 1}{K^2 - 1}p$$
$$\sigma_{\varphi i} = \frac{1}{K^2 - 1}p$$

应力最小的点在圆筒外壁上：

$$\sigma_{ri} = 0$$
$$\sigma_{\theta i} = \frac{2}{K^2 - 1}p$$
$$\sigma_{\varphi i} = \frac{1}{K^2 - 1}p$$

其应力沿壁厚的分布如图2-13所示。

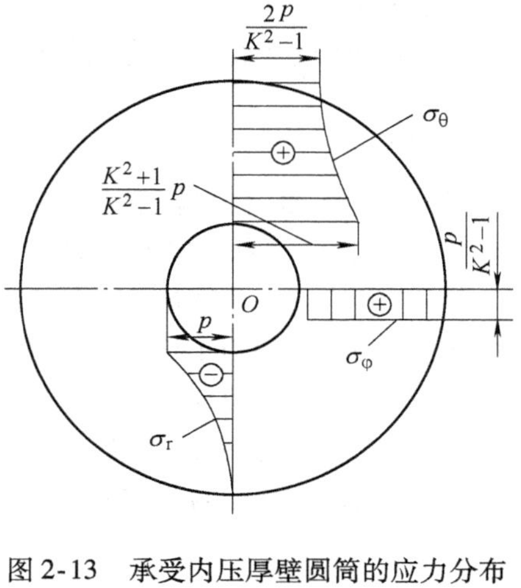


图2-13　承受内压厚壁圆筒的应力分布

### 2.2.3 厚壁圆筒与薄壁圆筒壳体应力公式比较

厚壁圆筒壳应力计算公式可以用于任何壁厚的承受内压圆筒，是比较精确的公式。比较厚壁圆筒壳应力计算公式与薄壁圆筒壳应力的计算公式，对了解圆筒壳应力计算公式的精确度和适用范围是十分有益的。

以环向应力为例，圆筒壳环向薄膜应力为

$$\sigma_\theta = \frac{pD}{2\delta} = \frac{p(R_o + R_i)}{2(R_o - R_i)} = \frac{K+1}{2(K-1)}p$$

若以厚壁圆筒应力公式进行计算，其最大环向应力为

$$\sigma_{\theta\max} = \sigma_{\theta i} = \frac{K^2+1}{K^2-1}p$$

则

$$\frac{\sigma_{\theta\max}}{\sigma_\theta} = \frac{\dfrac{K^2+1}{K^2-1}}{\dfrac{K+1}{2(K-1)}} = \frac{2(K^2+1)}{(K+1)^2}$$

$\dfrac{\sigma_{\theta\max}}{\sigma_\theta}$随 $K$ 值的增加而增加，见表 2-1。

**表 2-1 薄壁圆筒壳环向应力与厚壁圆筒最大环向应力的比较**

| $K$ | 1.0 | 1.2 | 1.4 | 1.6 | 1.8 | 2.0 |
|---|---|---|---|---|---|---|
| $\dfrac{\sigma_{\theta\max}}{\sigma_\theta}$ | 1.000 | 1.008 | 1.028 | 1.053 | 1.082 | 1.111 |

可以看出，在 $K \leqslant 1.2$ 时，用薄壁圆筒应力公式算得的环向应力是十分接近按厚壁圆筒应力公式算得的最大环向应力的。在 $K$ 较小时，薄壁及厚壁圆筒分别按照第三强度理论计算得到的当量应力也比较接近。

### 2.2.4 厚壁球壳应力分析

厚壁球壳在内压作用下，其壁面内也呈三向应力状态，不但有环向应力 $\sigma_\theta$和经向应力 $\sigma_\varphi$，还有径向应力 $\sigma_r$。由于厚壁球壳在结构上是轴对称的，压力载荷也是轴对称的，因而产生的应力和变形也是轴对称的。其中同一壁厚处环向应力 $\sigma_\theta$和经向应力 $\sigma_\varphi$大小相等，三向应力沿壁厚方向即半径方向发生变化。厚壁球壳应力分析过程与厚壁圆筒类似。

设球壳的内半径为 $R_i$，外半径为 $R_o$，承受内压为 $p$，在球壳半径为 $r$ 处，用相距 d$r$ 的两个半圆球面及过球心的水平截面截取单元体，如图 2-14 所示。

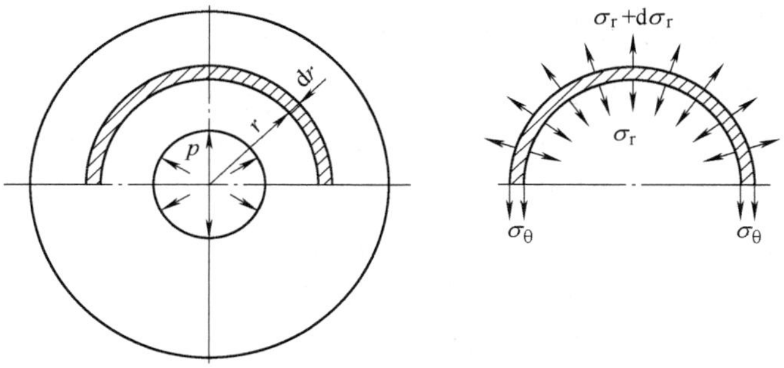


图2-14 厚壁球壳单元体受力情况

建立竖直方向的力学平衡方程

$$(\sigma_r + d\sigma_r)\pi(r + dr)^2 - \sigma_r\pi r^2 = \sigma_\theta 2\pi r dr$$

整理并略去高阶无穷小量可得

$$2\sigma_r + r\frac{d\sigma_r}{dr} - 2\sigma_\theta = 0$$

应变与位移的几何关系跟厚壁圆筒情形类似，即

$$\varepsilon_r = \frac{du}{dr}$$

$$\varepsilon_\theta = \varepsilon_\varphi = \frac{u}{r}$$

根据广义胡克定律，有

$$\varepsilon_r = \frac{1}{E}[\sigma_r - \mu(\sigma_\theta + \sigma_\varphi)]$$

$$\varepsilon_\theta = \frac{1}{E}[\sigma_\theta - \mu(\sigma_r + \sigma_\varphi)]$$

其中 $\sigma_\theta = \sigma_\varphi$

因此，联立以上公式，可得到应力微分方程

$$\frac{d^2\sigma_r}{dr^2} + \frac{4}{r}\frac{d\sigma_r}{dr} = 0 \tag{2-11}$$

承受内压的球壳，其边界条件与厚壁圆筒情形类似，即内壁压力径向应力为 $-p$，外壁径向应力为0，因此，可对式（2-11）积分求解得到厚壁球壳承受内压时的径向应力和环向应力分别为

$$\sigma_r = \frac{R_i^3 p}{R_o^3 - R_i^3}\left(1 - \frac{R_o^3}{r^3}\right) = \frac{p}{K^3 - 1}\left(1 - \frac{R_o^3}{r^3}\right) \tag{2-12}$$

$$\sigma_\theta = \sigma_\varphi = \frac{R_i^3 p}{R_o^3 - R_i^3}\left(1 + \frac{1}{2}\frac{R_o^3}{r^3}\right) = \frac{p}{K^3 - 1}\left(1 + \frac{1}{2}\frac{R_o^3}{r^3}\right) \tag{2-13}$$

### 2.2.5 有限元软件及 MATLAB 软件求解

压力容器的应力分析需要对容器各部位进行详细的分析，现成的理论解毕竟是有限的，大部分情况必须依靠有限单元法、边界元法并借助计算机来完成。最常用的数值计算法是有限单元法。

有限单元法的基本思路是将连续的结构体离散为有限个单元，单元之间仅靠节点相连后将各种载荷向节点移置，并采用虚位移原理求得各节点处的位移（或力），利用物理方程及单元组合体的支配方程。这是个大型联立方程，可编成计算机程序，由计算机完成全部计算。目前国际上已有许多结构分析的有限元程序，具有很好的前处理和后处理功能，可用于计算杆系、板壳、轴对称与非轴对称结构的节点位移、应变及应力，解决静态应力、热应力问题和振动问题等。

下面通过实例简单介绍常用的有限元软件 ANSYS 求解厚壁圆筒壳体的应力问题。

1. 问题描述

一个厚壁圆筒，其内径为 50mm，外径为 100mm，作用在内壁上的均布载荷为 10MPa，轴向应力 $\sigma_\varphi$为常数，均匀分布，要求计算厚壁圆筒的径向应力 $\sigma_r$和环向应力 $\sigma_\theta$沿半径 $r$ 的分布情况。

根据对称性，可取圆筒的 1/4 并施加垂直于对称面的约束进行分析。

2. 分析步骤

（1）过滤界面。拾取菜单 MainMenu→Preferences，弹出如图 2-15 所示的对话框，选择“Structural”项，单击“OK”按钮。

（2）创建单元类型。拾取菜单 Main Menu→Preprocessor→Element Type→Add/Edit/Delete，弹出如图 2-16 所示对话框，单击“Add”按钮，弹出如图 2-17 所示对话框，在左侧列表中选择“Structural Solid”，在右侧列表中选择“8node 183”，单击“OK”按钮，返回如图 2-16 所示对话框。单击“Options”按钮，弹出如图 2-18 所示对话框，选择“K3”为“Plane stress”（平面应变），单击“OK”按钮。

（3）定义材料特性　拾取菜单 Main Menu→Preprocessor→Material Props→Material Models。弹出如图 2-19 所示对话框，在右侧列表中依次双击“Structural”、“Linear”、“Elastic”、“Isotropic”，弹出如图 2-20 所示对话框，在“EX”文本框中输入 2e11（弹性模量），在“PRXY”文本框中输入 0.3（泊松比），单击“OK”按钮。（注：尽管应力与弹性模量及泊松比无关，但这两个参数在有限元分析中是必需的。）

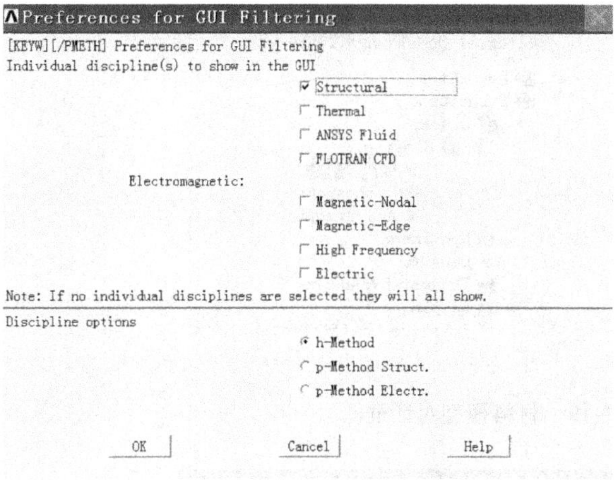


图 2-15　过滤界面对话框

图 2-16　单元类型对话框

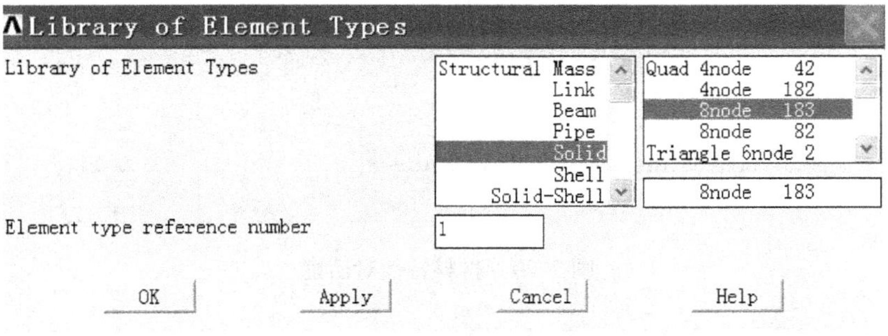


图 2-17　单元类型库对话框

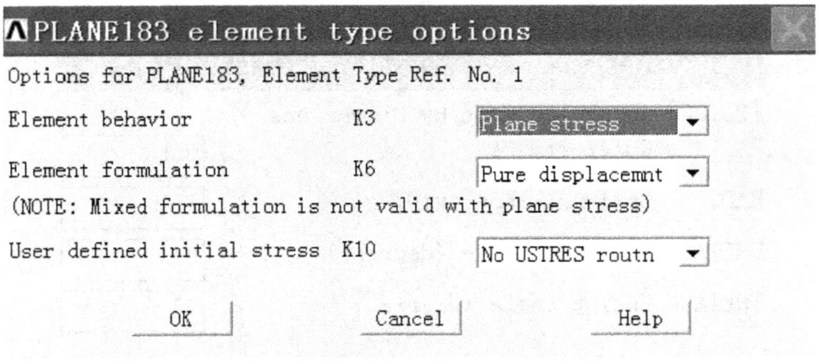


图 2-18　单元选项对话框

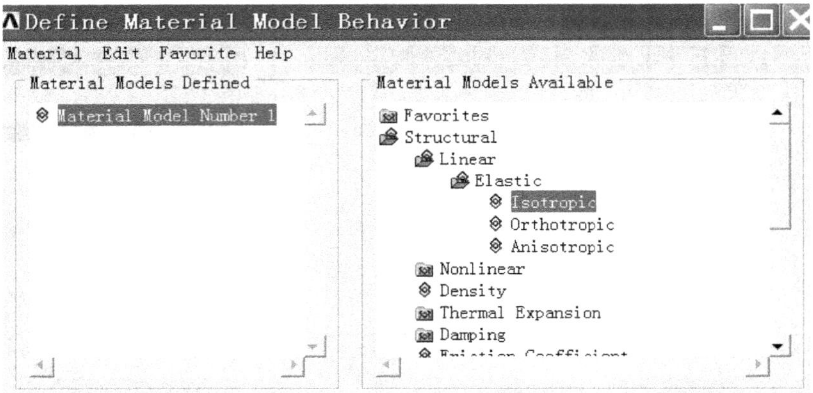


图 2-19 材料模型对话框

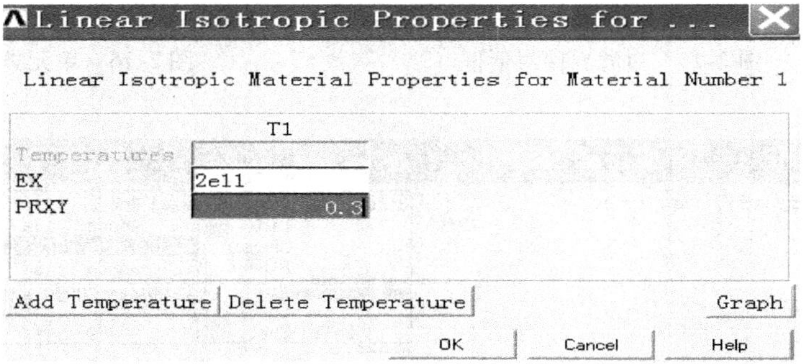


图 2-20 材料特性对话框

（4）创建实体模型。拾取菜单 Main Menu→Preprocessor→Modeling→Create→Areas→Circle→by Dimensions。弹出如图 2-21 所示对话框，在“RAD1”、“RAD2”、“THETA2”文本框中分别输入 0.1、0.05、90，单击“OK”按钮。

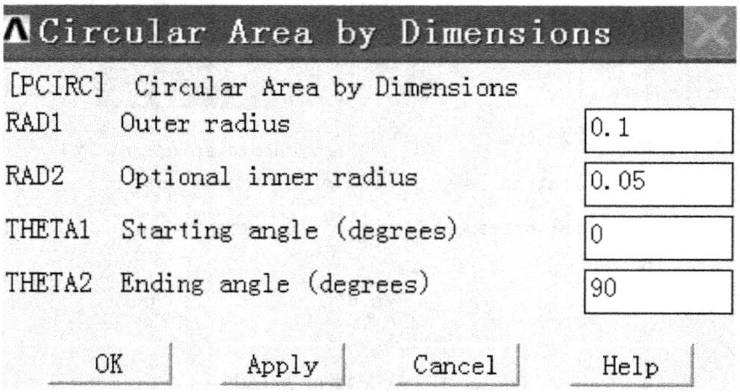


图 2-21 创建面对话框

（5）划分单元。拾取菜单 Main Menu→Preprocessor→Meshing→MeshTool。弹出如图 2-22 所示对话框，单击“Size Controls”区域中“Lines”后的“Set”按钮，弹出拾取窗口，拾取面的任一条直线边，单击“OK”按钮，弹出如图 2-23 所示对话框，在“NDIV”文本框中输入 8，单击“Apply”按钮，再次弹出拾取窗口，拾取面的任一圆弧边，单击“OK”按钮，再次弹出如图 2-23 所示对话框，在“NDIV”文本框中输入 8，单击“OK”按钮。在“Shape”区域，选择单元形状为“Quad”（四边形），选择划分单元的方法为“Mapped”（映射）。单击“Mesh”按钮，弹出拾取窗口，拾取面，单击“OK”按钮。

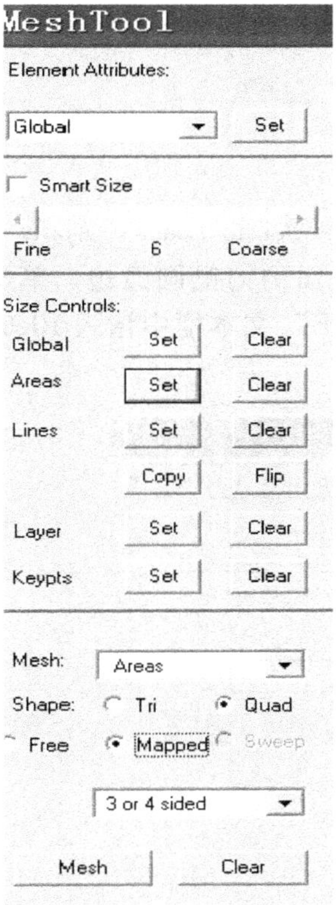


图 2-22　划分单元工具对话框

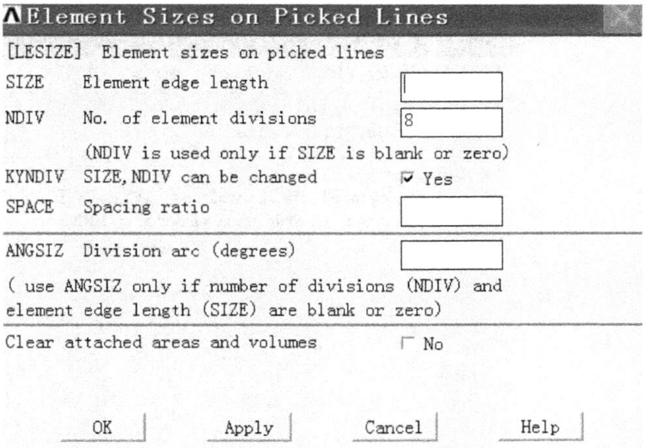


图 2-23　单元尺寸对话框

（6）施加约束。拾取菜单 Main Menu→Solution→Define Loads→Apply→Structural→Displacement→on Lines。弹出拾取窗口，拾取面的水平直线边，单击“OK”按钮，弹出如图 2-24 所示对话框，在列表中选择“UY”，单击“Apply”按钮，再次弹出拾取窗口，拾取面的垂直直线边，单击“OK”按钮，在如图 2-24 所示对话框的列表中选择“UX”，单击“OK”按钮。

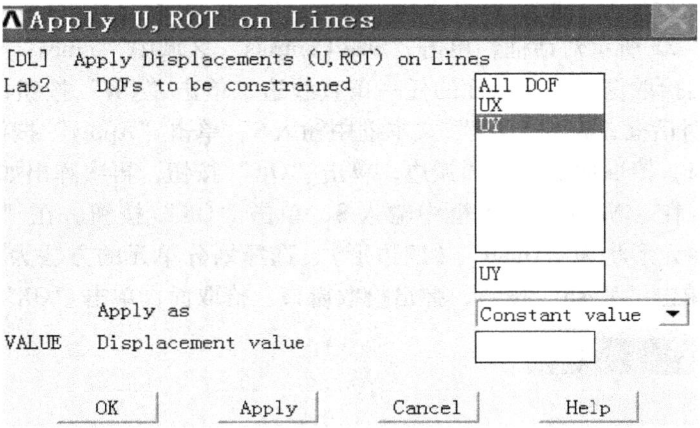


图 2-24 施加约束对话框

（7）施加载荷。拾取菜单 Main Menu→Solution→Define Loads→Apply→Structural→Pressure→on Lines。弹出拾取窗口，拾取面的内侧圆弧边，单击“OK”按钮，弹出如图 2-25 所示对话框，在“VALUE”文本框中输入 10e6，单击“OK”按钮。

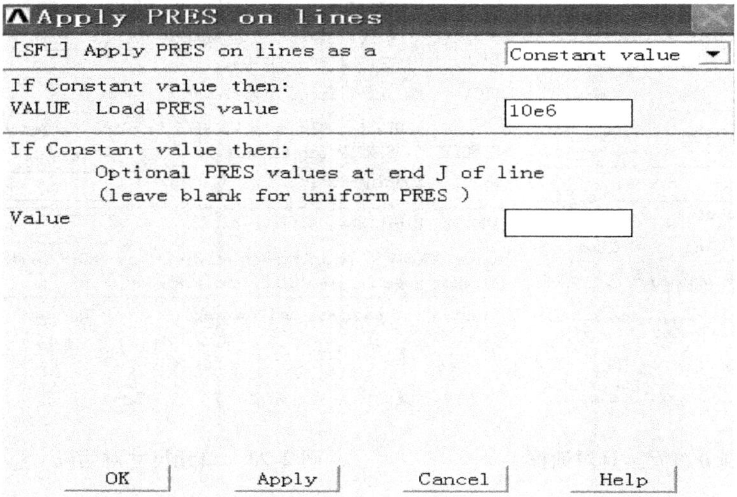


图 2-25 施加压力载荷对话框

（8）求解。拾取菜单 Main Menu→Solution→Solve→Current LS。单击“Solve Current Load Step”对话框的“OK”按钮。出现“Solution is done!”提示时，求解结束，可查看结果。

（9）显示节点。拾取菜单 Utility Menu→Plot→Nodes。

（10）定义路径。拾取菜单 Main Menu→General Postproc→Path Operations→Define Path→By Nodes。弹出拾取窗口，由内向外依次拾取与 *X* 轴平行的水平直线边上的所有节点，单击“OK”按钮，弹出如图 2-26 所示对话框，在“Name”文本框里面输入 p1，单击“OK”按钮。

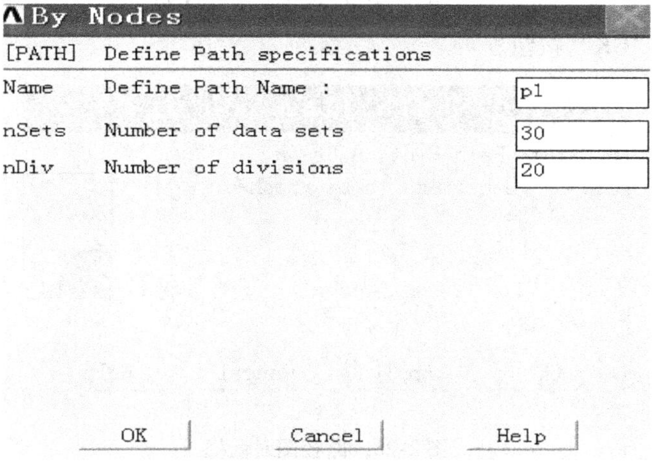


图 2-26　定义路径对话框

（11）将数据映射到路径上。拾取菜单 Main Menu→General Postproc→Path Operations→Map onto Path。弹出如图 2-27 所示对话框，在“Lab”文本框中输

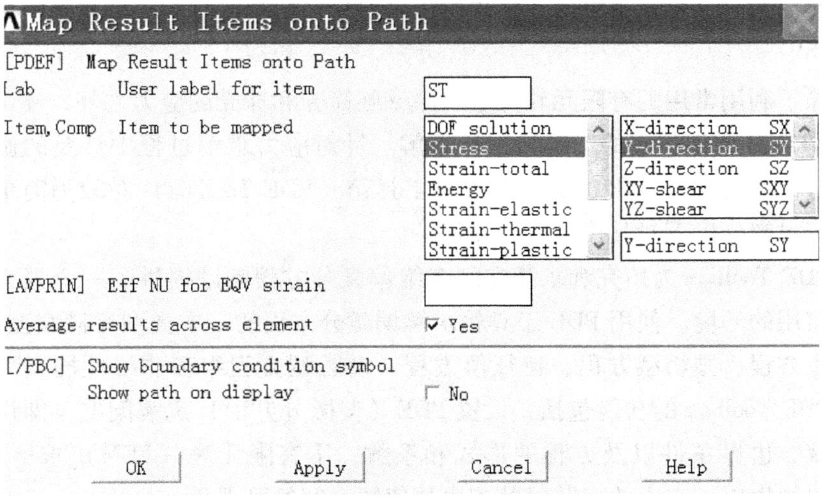


图 2-27　映射数据对话框

入 SR，在“Item，Comp”两个列表中分别选择“Stress”、“X - direction SX”，单击“Apply”按钮，在“Lab”文本框中输入 ST，在“Item，Comp”两个列表中分别选择“Stress”、“Y - direction SY”，单击“Apply”按钮。（注：该路径上各节点 $X$、$Y$ 方向上的应力即径向应力 $\sigma_r$ 和环向应力 $\sigma_\theta$。）

（12）作路径图。拾取菜单 Main Menu→General Postproc→Path Operations→Plot Path Item→on Graph。弹出如图 2-28 所示对话框，在列表中选择“SR”、“ST”，单击“OK”按钮。

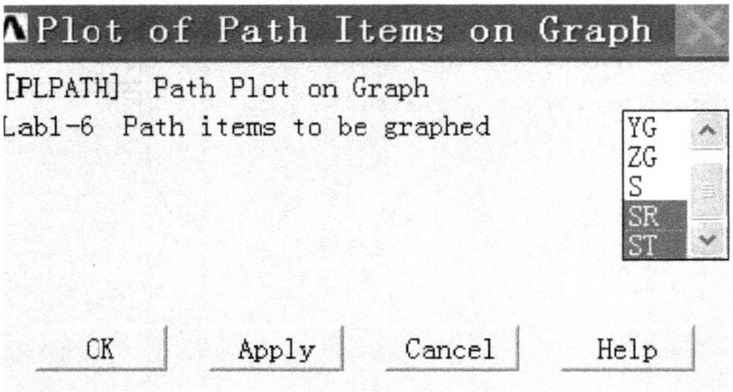


图 2-28 路径图对话框

图 2-29 所示的路径图即是径向应力 $\sigma_r$ 和环向应力 $\sigma_\theta$ 沿半径的分布曲线。横轴的零点对应厚壁圆筒的内径。径向应力 $\sigma_r$ 内壁为 10MPa 压应力，外壁为 0，变化情况如图 2-29 中下方曲线所示。环向应力 $\sigma_\theta$ 变化情况如图 2-29 中上方曲线所示。计算结果可以与解析解进行对比，以检验有限元分析结果的精确程度。

除了利用常用的有限元软件求解厚壁圆筒壳和球壳的应力之外，还可以利用 MATLAB 软件相应的工具箱进行求解。针对应力求解过程中涉及的微分方程，可以利用 MATLAB 的偏微分方程工具箱（PDE Toolbox）对较为简单的问题进行求解，以下对其作简要的介绍：

PDE Toolbox 为研究和求解空间多维偏微分方程问题提供了一个强大而又灵活实用的环境。使用 PDE 工具箱求解偏微分方程的基本类型有椭圆型方程、双曲型方程、抛物型方程、特征值方程、椭圆型方程组和非线性椭圆型方程组。PDE Toolbox 的功能包括：设置 PDE（偏微分方程）定解问题，即设置定解区域、边界条件以及方程的形式和系数；用有限元法（FEM）求解 PDE，即网格的生成、方程的离散以及求出数值解；解的可视化。

GUI（即图形用户界面 Graphical User Interface）求解 PDE 过程：在 MAT-

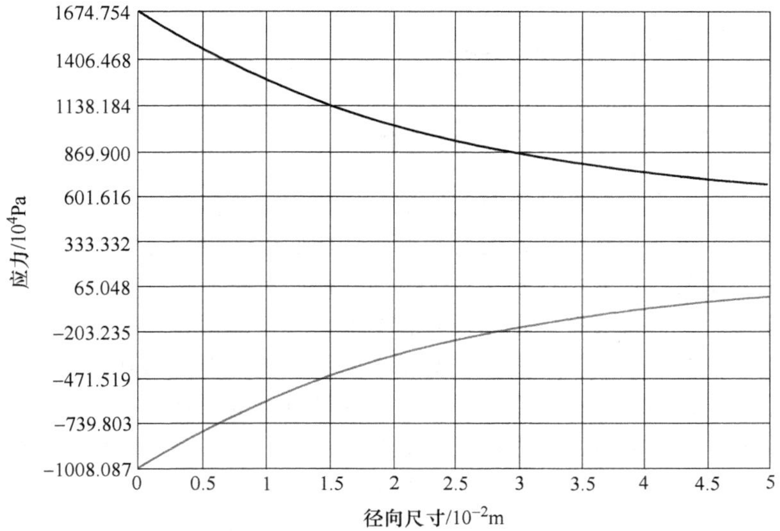


图 2-29　径向应力 $\sigma_r$ 和环向应力 $\sigma_\theta$ 沿半径的分布曲线

LAB 的命令窗口里输入“PDE Tool”，回车确认，PDE 工具箱的 GUI 系统就启动了。从定义一个偏微分方程问题到完成解偏微分方程定解，整个过程大致可以分为以下六个阶段：

1）绘制平面有界区域 $\Omega$，MATLAB 称之为“Draw”模式。系统提供了一系列的实体模型，如矩形、圆、椭圆和多边形。通过公式把这些实体模型组合起来，生成所需要的平面区域 $\Omega$。

2）定义边界，MATLAB 称之为“Boundary”模式。声明不同边界段的边界模式。

3）定义偏微分方程，MATLAB 称之为“PDE”模式。确定方程的类型和方程的系数。

4）网格化 $\Omega$ 区域，MATLAB 称之为“Mesh”模式。可以控制自动生成网格的参数，还可以对生成的网格进行多次的细化，使网格分割更细、更合理。

5）解偏微分方程，MATLAB 称之为“Solve”模式。偏微分方程设置初始边界条件后可以求出给定时刻 $t$ 的解，求解完成后还可以返回到第四步，对网格进一步细化，进行再次求解。

6）计算结果的可视化。通过设置系统提供的对话框，显示所求的解的表面图、网格图、等高线图和箭头梯度图。对于抛物线型和双曲型问题的解，还可以进行动画演示。

## 2.3 承内压圆平板的应力

### 2.3.1 圆平板在内压作用下的弯曲

平板在内压作用下的内力及变形情况，与梁承受横向均布载荷时的内力及变形情况在本质上是相同的，两者都产生弯曲变形，内力是弯矩及剪力。但梁的横向尺寸比梁的长度小得多，故受横向载荷后只是沿长度在载荷作用方向发生弯曲变形；平板则具有一定的长度和宽度，长宽部比其厚度大得多。在横向载荷作用下，在平板的长度方向、宽度方向及平板平面内的其他各个方向，都产生弯曲变形，即产生面的弯曲。面的弯曲可以用两个互相垂直方向的弯曲来描述，常简称为双向弯曲。平板产生双向弯曲时，弯曲应力沿板厚的分布仍然是线性的，即只随离中性轴的距离 $z$ 发生变化，$\sigma = Mz/I$ 仍然成立，但此处弯矩 $M$ 及惯性矩 $I$ 与梁的情况不同。承受均匀分布的内压，圆平板的内力及变形都对称于过平板中心而垂直于平板面的 $z$ 轴，如图 2-30 所示。以柱坐标系分析圆平板的双向弯曲，设微元体上环向弯矩为 $M_\theta$，径向弯矩为 $M_r$，径向剪力为 $Q_r$，则可以通过弯曲后的挠度 $\omega$ 求解弯曲内力和应力。

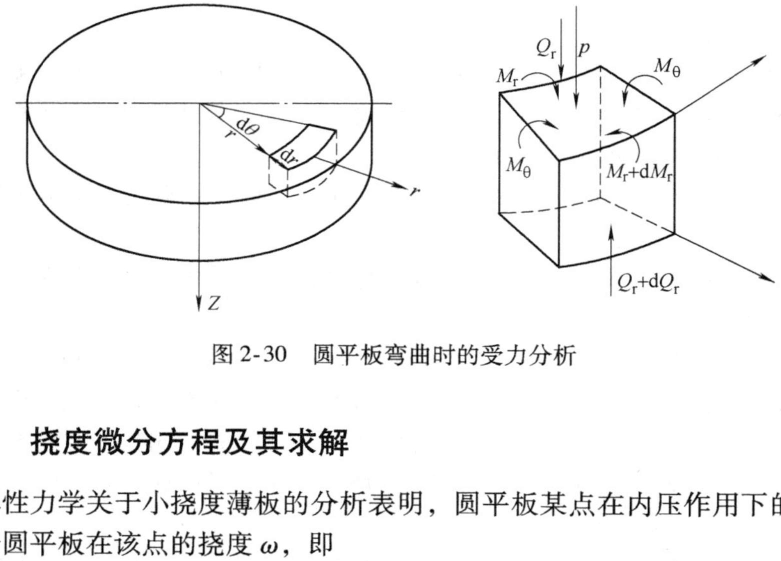


图 2-30 圆平板弯曲时的受力分析

### 2.3.2 挠度微分方程及其求解

弹性力学关于小挠度薄板的分析表明，圆平板某点在内压作用下的弯矩，取决于圆平板在该点的挠度 $\omega$，即

$$M_r = -D\left(\frac{d^2\omega}{dr^2} + \frac{\mu}{r}\frac{d\omega}{dr}\right) \tag{2-14}$$

$$M_\theta = -D\left(\frac{1}{r}\frac{d\omega}{dr} + \mu\frac{d^2\omega}{dr^2}\right) \tag{2-15}$$

式中 $\omega$——圆平板中某点承受内压后的挠度；

$r$——该点离圆平板中心的径向距离；

$\mu$——材料的泊松比；

$D$——圆平板板条的抗弯刚度，$D=\dfrac{E\delta^3}{12(1-\mu^2)}$，$E$ 为材料弹性模量，$\delta$ 为圆平板厚度。

而圆平板的挠度 $\omega$ 取决于压力载荷 $p$ 与自身的抗弯刚度 $D$

$$\nabla^4\omega = \frac{p}{D}$$

即

$$\frac{1}{r}\frac{\mathrm{d}}{\mathrm{d}r}\left\{r\frac{\mathrm{d}}{\mathrm{d}r}\left[\frac{1}{r}\frac{\mathrm{d}}{\mathrm{d}r}\left(r\frac{\mathrm{d}\omega}{\mathrm{d}r}\right)\right]\right\} = \frac{p}{D}$$

上式为圆平板承受均布横向载荷时的挠度微分方程式，其解为

$$\omega = \frac{pr^4}{64D} + A_1\ln r + A_2r^2\ln r + A_3r^2 + A_4$$

对无孔圆平板，在板中心处挠度最大，但此处 $r=0$，相应于 $r=0$ 的 $\ln r$ 是无意义的，所以常数项 $A_1=A_2=0$，从而有

$$\omega = \frac{pr^4}{64D} + A_3r^2 + A_4 \qquad (2-16)$$

其中，常数项 $A_3$ 及 $A_4$ 可根据圆平板周界的支承条件求解。

### 2.3.3 周边铰支圆平板

圆平板的周边是连接在圆筒体上的，圆筒体对圆平板周边的约束情况，由两者的相对刚度来决定。当圆筒体的壁厚比圆平板的壁厚小得多时，圆筒体只能限制圆平板在圆平板轴线方向的位移，而对圆平板在连接处的转动约束不大，这样的约束可简化成周边铰支圆平板。

设周边铰支圆平板的半径为 $R$，则有

$$\omega = 0, M = 0 (r = R)$$

根据式（2-14）、式（2-15）、式（2-16）解得

$$\omega = \frac{p}{64D}(R^2 - r^2)\left(\frac{5+\mu}{1+\mu}R^2 - r^2\right)$$

$$M_{\mathrm{r}} = \frac{3+\mu}{16}pR^2\left(1-\frac{r^2}{R^2}\right)$$

$$M_\theta = \frac{1}{16}pR^2\left[(3+\mu) - (1+3\mu)\frac{r^2}{R^2}\right]$$

因此，圆平板中心（$r=0$）处挠度最大，为

$$\omega_{\max} = \frac{5+\mu}{64(1+\mu)}\frac{pR^4}{D}$$

在圆平板上下表面（$Z=\delta/2$）处任一点的径向弯曲应力及环向弯曲应力分别为

$$\sigma_r=\frac{M_r(\delta/2)}{\delta^3/12}=\frac{3p}{8\delta^2}(3+\mu)(R^2-r^2)$$

$$\sigma_\theta=\frac{M_\theta(\delta/2)}{\delta^3/12}=\frac{3p}{8\delta^2}[(3+\mu)R^2-(1+3\mu)r^2]$$

最大应力产生于圆平板中心（$r=0$）的表面，均为

$$\sigma_{rmax}=\sigma_{\theta max}=\frac{3(3+\mu)}{8}\frac{R^2}{\delta^2}p$$

## 2.3.4 周边固支圆平板

如果与圆平板连接的筒体壁厚很厚，筒体不仅限制了圆平板周边沿筒体轴向的位移，而且限制了圆平板在连接处的转动，则可把筒体对圆平板周边的约束情况简化为固支。

固支圆平板的边界条件为

$$\omega=0,\frac{d\omega}{dr}=0(r=R)$$

根据式（2-14）、式（2-15）、式（2-16）解得

$$\omega=\frac{p}{64D}(R^2-r^2)^2$$

$$M_r=\frac{1}{16}pR^2\left[(1+\mu)-(3+\mu)\frac{r^2}{R^2}\right]$$

$$M_\theta=\frac{1}{16}pR^2\left[(1+\mu)-(1+3\mu)\frac{r^2}{R^2}\right]$$

因此，圆平板中心（$r=0$）处挠度最大，为

$$\omega_{max}=\frac{pR^4}{64D}$$

在圆平板上下表面（$z=\delta/2$）处任一点的径向弯曲应力及环向弯曲应力分别为

$$\sigma_r=\frac{M_r(\delta/2)}{\delta^3/12}=\frac{3p}{8\delta^2}[(1+\mu)R^2-(3+\mu)r^2]$$

$$\sigma_\theta=\frac{M_\theta(\delta/2)}{\delta^3/12}=\frac{3p}{8\delta^2}[(1+\mu)R^2-(1+3\mu)r^2]$$

最大应力产生于圆平板边缘（$r=R$）的表面，均为

$$\sigma_{rmax}=\sigma_{\theta max}=-\frac{3}{4}\frac{R^2}{\delta^2}p$$

### 2.3.5　与相连圆筒壳的比较

综合周边铰支、固支两种情况，圆平板在内压 $p$ 作用下的最大弯曲应力近似为

$$\sigma_{\max} \approx \frac{R^2}{\delta^2}p$$

而相连接的圆筒壳在内压作用下的环向薄膜应力为

$$\sigma_\theta = \frac{pR}{\delta}$$

通常圆筒壳的壁厚 $\delta$ 远小于 $R$，因此通过比较可知，$\sigma_{\max}$ 远大于 $\sigma_\theta$。

针对变形情况，以挠度较小的固支圆平板与圆筒壳比较，假定圆平板与圆筒壳同材料、同厚度，且取 $\mu = 0.3$，则圆平板的最大挠度为

$$\omega_{\max} = \frac{pR^4}{64D} = \frac{pR^4}{64}\frac{12(1-\mu^2)}{E\delta^3} = 0.171\frac{pR^4}{E\delta^3}$$

圆筒壳的半径增量（即圆筒壳承压后其径向位移）为

$$\Delta R_t = \varepsilon_\theta R = \frac{1}{E}(\sigma_\theta - \mu\sigma_\varphi)R = \frac{1}{E}\left(\frac{pR}{\delta} - \mu\frac{pR}{2\delta}\right)R = \frac{pR^2}{2E\delta}(2-\mu) = 0.85\frac{pR^2}{E\delta}$$

则

$$\frac{\omega_{\max}}{\Delta R_t} = 0.20\left(\frac{R}{\delta}\right)^2$$

即

$$\omega_{\max} \gg \Delta R_t$$

综上所述，当以圆平板作为圆筒壳封头或端盖时，假定两者材料、壁厚相同，则圆平板中最大弯曲应力远大于圆筒壳中的薄膜应力；圆平板中的最大挠度远大于圆筒壳的半径增量。因而工程上采用的平封头的厚度远大于相连圆筒壳，且限于在小直径圆筒上使用。如在大直径圆筒壳上采用平封头或平端盖，为不使其应力及挠曲变形过大，除了采用较大厚度及合理的连接结构外，还常在平封头上加装支撑或拉撑装置。

## 2.4　热应力

化工及石油化工使用的高压容器在高压操作的同时，往往又是高温操作。有些容器内的工作介质本身温度就很高，有时则通过器壁从外向内或从内向外加热，这样器壁便有热传递，也就存在温度差。厚壁筒体存在温度差时，温度较高的材料其膨胀变形将受到温度较低的材料热膨胀较少的限制，从而使前者受到压缩，后者受到拉伸，因而产生温差应力。温差应力对容器的强度有一定的影响，特别是内压、外加热的情况，圆筒的内壁既受工作内压所引起的拉伸应力作用，又受温差所产生的拉伸应力的作用。两种拉伸应力的叠加，将使内

壁的应力达到最高值，因而在设计时必须考虑温差应力。

### 2.4.1 温差应力的计算分析

由于筒体在温度场中的三个方向都存在温差，所以温差应力是三维问题。为了将问题简化，作如下假设：

1）筒壁处于稳定热流下，壁温不随时间而变化。

2）壁温随着径向距离 $r$ 的变化而变化，沿着筒长度均匀分布，轴向的热应变为常数。

3）筒体任意横截面上的应力状态是轴对称性的。

计算温差应力时，要知道温差，即要确定温度场中各点的温度。在稳定传热的情况下，器壁上任一点半径 $r$ 的温度 $t_r$ 根据热传导通过各层的热量相等而求得

$$t_r = \frac{t_o \ln \dfrac{r}{R_i} - t_i \ln \dfrac{r}{R_o}}{\ln \dfrac{R_o}{R_i}}$$

式中 $t_i$、$t_o$——圆筒体内、外表面壁温；

$R_i$、$R_o$——圆筒体内径和外径。

根据弹性力学知识，对于厚壁圆筒，当温度沿壁厚呈对数分布时，相应的径向热应力 $\sigma_r{}^t$、环向热应力 $\sigma_\theta{}^t$ 和轴向热应力 $\sigma_z{}^t$ 分别为

$$\sigma_r^t = \frac{E\alpha\Delta t}{2(1-\mu)}\left(-\frac{\ln K_r}{\ln K} + \frac{K_r^2 - 1}{K^2 - 1}\right) \tag{2-17}$$

$$\sigma_\theta^t = \frac{E\alpha\Delta t}{2(1-\mu)}\left(\frac{1-\ln K_r}{\ln K} - \frac{K_r^2 + 1}{K^2 - 1}\right) \tag{2-18}$$

$$\sigma_z^t = \frac{E\alpha\Delta t}{2(1-\mu)}\left(\frac{1-2\ln K_r}{\ln K} - \frac{2}{K^2 - 1}\right) \tag{2-19}$$

式中 $E$——圆筒体材料的弹性模量；

$\alpha$——圆筒体材料的线膨胀系数；

$\Delta t$——圆筒体内、外壁温度差，$\Delta t = t_i - t_o$；

$\mu$——圆筒体材料的泊松比；

$K_r$——任意半径处的径比，$K_r = R_o/r$；

$K$——圆筒体外径与内径之比。

按照式（2-17）、式（2-18）和式（2-19）计算的筒壁各处的温差应力表达式列于表 2-2 中。其中

$$p_t = \frac{E\alpha\Delta t}{2(1-\mu)}$$

表 2-2 单层厚壁圆筒中的温差应力

| 温差应力 | 任意半径 r 处 | 圆周内表面处 $K_r=K$ | 圆周外表面处 $K_r=1$ |
|---|---|---|---|
| 径向热应力 $\sigma_r{}^t$ | $p_t\left(-\frac{\ln K_r}{\ln K}+\frac{K_r^2-1}{K^2-1}\right)$ | 0 | 0 |
| 环向热应力 $\sigma_\theta{}^t$ | $p_t\left(\frac{1-\ln K_r}{\ln K}-\frac{K_r^2+1}{K^2-1}\right)$ | $p_t\left(\frac{1}{\ln K}-\frac{2K^2}{K^2-1}\right)$ | $p_t\left(\frac{1}{\ln K}-\frac{2}{K^2-1}\right)$ |
| 轴向热应力 $\sigma_z{}^t$ | $p_t\left(\frac{1-2\ln K_r}{\ln K}-\frac{2}{K^2-1}\right)$ | $p_t\left(\frac{1}{\ln K}-\frac{2K^2}{K^2-1}\right)$ | $p_t\left(\frac{1}{\ln K}-\frac{2}{K^2-1}\right)$ |

将表 2-2 中的温差应力分布如图 2-31 所示。从图中可以看出：

1）内壁面或外壁面处的温差应力最大。

2）温差应力的大小主要取决于内外壁的温差 $\Delta t$，其次与线膨胀系数 $\alpha$ 有关。$\Delta t$ 取决于壁厚，$K$ 越大，$\Delta t$ 越大。

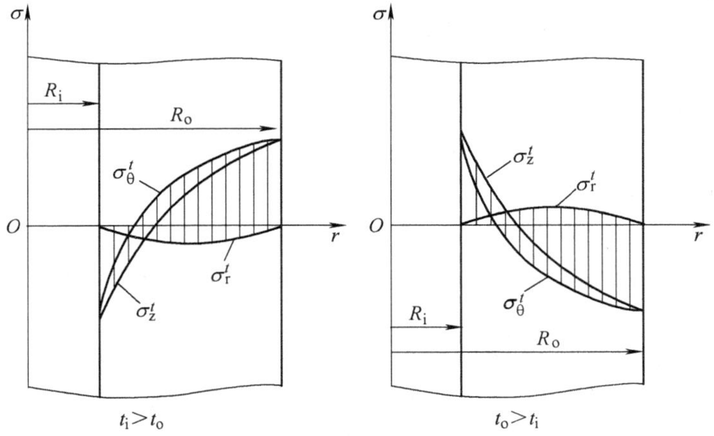


图 2-31 圆筒壁面中的热应力

## 2.4.2 温差应力的近似分析

由表 2-2 可知，温差应力的计算有些繁琐，工程上可采用近似计算方法。

1. 计算公式的简化

表 2-2 中的$\left(\frac{1}{\ln K}-\frac{2K^2}{K^2-1}\right)$及$\left(\frac{1}{\ln K}-\frac{2}{K^2-1}\right)$虽是 $K$ 的函数，但其值比较接近于 1，因此近似取 1 时可使得计算大为简化；其次，$p_t=\frac{E\alpha\Delta t}{2(1-\mu)}$中的 $E$ 和

$\alpha$ 虽然均与温度有关，但随温度的变化趋势正好相反，其乘积 $E\alpha$ 变化不大，因此可将$\frac{E\alpha}{2(1-\mu)}$近似地视为材料的常数，令 $m=\frac{E\alpha}{2(1-\mu)}$，则 $m$ 的取值见表2-3。

**表2-3 材料的 *m* 值**

| 材料 | 高碳钢 | 低碳钢 | 低合金钢 | Cr－Co钢，Mo钢，Cr－Ni钢 |
| --- | --- | --- | --- | --- |
| $m$ | 1.5 | 1.6 | 1.7 | 1.8 |

由此，温差应力的近似计算方法为

$$\sigma_\theta^t=\sigma_z^t\approx m\Delta t$$

温差 $\Delta t$ 的计算较繁琐，在无保温时内外壁的温差与内外介质的传热系数有关，$\Delta t$ 应通过传热计算确定。

2. 多层圆筒温差应力的近似计算

多层式的组合圆筒若层间毫无间隙，则与单层圆筒毫无区别。但实际上层与层之间不但总有间隙，而且还可能有锈蚀层存在，增加了传热阻力，使壁温差稍稍加大。工程中近似计算温差应力的方法为

$$\sigma_i^t=\sigma_o^t\approx 2.0\Delta t$$

其中，内外壁温差 $\Delta t$ 对于多层组合容器则更难计算，工程上可近似取室外容器为 $0.2\delta$℃，室内容器为 $0.15\delta$℃，$\delta$ 为圆筒实际壁厚，单位为 mm，计算出的温差应力单位为 MPa。

3. 不计温差应力的条件

凡符合下列条件之一者，均表示温差应力已小到可以忽略的程度，可不予考虑：

1）内外壁面的温差 $\Delta t\leqslant 1.1p$ 时（$p$ 为设计内压，单位为 MPa）的内压内加热单层圆筒。这是因为 $p$ 小时，壁厚较薄，温差应力本身不会太大，内压下单层厚壁圆筒在内加热情况下，温差应力几乎可以忽略不计。但是当属于外加热容器，即外壁温度大于内壁温度时，内壁面的应力更为恶化，此时温差应力不应忽略，而应对组合应力进行校核。

2）有良好的保温层，此时内外壁的温差已极小。

3）高温操作的容器，材料已发生蠕变变形时，内外层的热膨胀约束逐步解除，温差应力也随之可忽略。

4. 内压与温差同时作用的厚壁圆筒中的应力。当厚壁圆筒既受内压又受温差作用时，在弹性变形前提下，筒壁的综合应力应该为两种应力的叠加，叠加时理应按各向应力代数叠加，内加热情况下内壁应力综合后得到改善，而外壁有所恶化。外加热时则相反，内壁的综合应力恶化，而外壁应力

得到改善。

## 2.5 边界效应与应力集中

### 2.5.1 边界效应

承受内压的圆筒形体，总是和封头、管板、端盖等连接在一起，组成一个封闭体，以满足使用要求。承受内压之后，在圆筒体与其他元件相接之处，其变形和受力情况与非连接部位有很大不同，这是圆筒与相连元件在相连处变形不一致、互相约束造成的。以圆筒与标准椭球封头连接为例，连接线上各点是圆筒与封头的公共点。作为圆筒身上的点，承受内压后其径向位移 $\Delta R_t$ 可按以下关系求出，即

$$\Delta R_t = \varepsilon_\theta R = \frac{1}{E}(\sigma_\theta - \mu\sigma_\varphi)R = \frac{1}{E}\left(\frac{pR}{\delta} - \mu\frac{pR}{2\delta}\right)R = \frac{pR^2}{2E\delta}(2-\mu)$$

同样可求出，作为标准椭球封头上的点，连接处承受内压后的径向位移 $\Delta R_f$ 为

$$\Delta R_f = -\frac{pR^2}{2E\delta}(2+\mu)$$

即在连接线上，作为筒身的一部分，应沿径向向外位移 $\Delta R_t$；作为标准椭球封头的一部分，应沿径向向外位移 $\Delta R_f$，且 $\Delta R_t \neq \Delta R_f$。而实际情况是连接线上的点在承受内压后只能有一个径向位移，最后的变形位置只能在两者单独变形的中间位置，这样才能保持构件在连接处变形后是连续的，即两者在连接处互相约束限制。

封头对圆筒的约束和限制，相当于沿圆筒端部圆周连续均匀地施加弯矩和剪力，使圆筒端部产生弯曲变形，薄壁圆筒的抗弯能力很差，上述附加弯矩和剪力有时会在连接部位产生相当大的弯曲应力，甚至超过由内压造成的薄膜应力。但这种现象只发生在不同形状的元件相连接的边界区域，所以称为“边界效应”。由边界效应产生的应力称为“不连续应力”，这是抵消不同元件在连接处变形不连续，保持实际上的变形连续在元件内出现的局部附加应力。根据弹性力学理论分析，对与标准椭球封头相连接的圆筒，内壁处的最大环向总应力为：$0.855pR/\delta$，内外壁面处的轴向总应力分别为：$-0.084pR/\delta$，$1.084pR/\delta$。

圆筒壳与标准椭球封头相连接时产生边界效应有以下结论：

（1）圆筒壳的边界效应是圆筒壳与封头承载后变形不一致，互相制约而产生附加内力和应力的现象。在下列情况下均会产生边界效应及不连续

应力：

1）结构几何形状突变。

2）同形状结构厚度突变。

3）同形同厚结构材料突变。

在分析元件应力状态时，必须有边界效应和不连续应力的基本认识。

（2）边界效应产生的附加内力和应力，自连接处起沿圆筒壳轴向迅速衰减，其影响范围仅在两元件的连接边界附近。

（3）标准椭球封头与圆筒壳相连时，边界处的不连续应力很小，通常可以不予考虑；但厚圆平板与圆筒壳连接时，边界处的不连续应力较大。在结构设计中，考虑边界效应，应尽量采用标准椭球封头而少用平板封头。采用平板封头时，要考虑采用相应的结构及工艺措施，以充分保证构件的安全。

## 2.5.2 应力集中

工程中由于结构或工艺上的需要，常开有孔槽或留有凸肩，表面切割螺纹等，使截面形状发生突变。研究表明，在截面突变处局部范围内，应力值将急剧增加，而距突变区较远处又渐趋平均。这种由于截面的突变而导致局部应力增大的现象，称为应力集中。

压力容器开孔会造成应力集中，靠近孔边的小范围内应力很大，而离开孔边较远处的应力降低许多，且分布较均匀。应力集中的程度，通常以最大局部应力 $\sigma_{max}$ 与被削弱截面上的最大基本应力 $\sigma$ 之比（称为理论应力集中系数）来衡量，理论应力集中系数以 $K_t$ 表示，即

$$K_t = \frac{\sigma_{max}}{\sigma}$$

下面主要分析开孔造成的应力集中情况。

1. 圆孔附近的应力集中

（1）单向均匀拉伸情况。在一块完整的平板上，开一孔径为 $a$ 的圆孔（孔径远小于平板宽度），平板两端作用着均匀分布的拉伸应力 $\sigma$，如图 2-32 所示。根据弹性力学得出平板中应力分量为

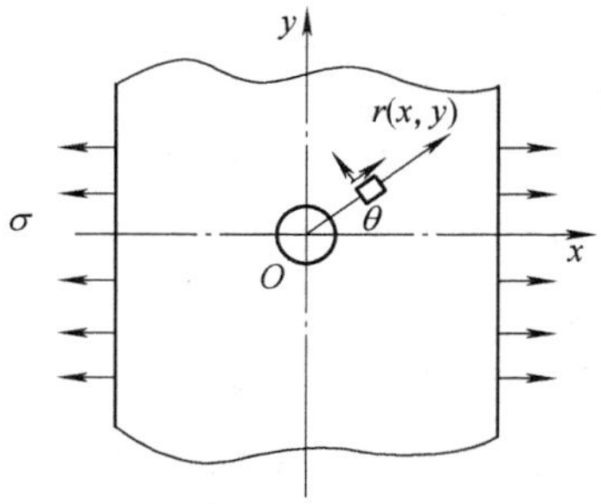

图 2-32 平板开圆孔单向拉伸

$$\sigma_r = \frac{\sigma}{2}\left(1 - \frac{a^2}{r^2}\right) + \frac{\sigma}{2}\left(1 - \frac{4a^2}{r^2} + \frac{3a^4}{r^4}\right)\cos 2\theta$$

$$\sigma_\theta = \frac{\sigma}{2}\left(1 + \frac{a^2}{r^2}\right) - \frac{\sigma}{2}\left(1 + \frac{3a^4}{r^4}\right)\cos 2\theta$$

$$\tau_{r\theta} = -\frac{\sigma}{2}\left(1 + \frac{2a^2}{r^2} - \frac{3a^4}{r^4}\right)\sin2\theta$$

从平板单向均匀拉伸情况的应力公式可得出以下结论：

1）在孔边缘（$r=a$）垂直于拉伸方向的截面上，应力 $\sigma_\theta$ 最大。

$$\sigma_r = \tau_{r\theta} = 0, \sigma_\theta = (1 - 2\cos2\theta)\sigma$$

$\sigma_\theta$ 的最大值在 $\theta = \pm\pi/2$ 处，即在垂直于拉伸方向的两端孔边，其值为 $\sigma_{\theta max}=3\sigma$。$\sigma_\theta$ 的最小值在 $\theta=0$ 或 $\theta=\pi$ 处，即在拉伸方向的两端孔边，其值为 $\sigma_{\theta min} = -\sigma$。

2）在孔边缘略远处，这一应力迅速衰减，一直衰减到无开孔时的平板应力为止。例如，当 $r=2a$ 时，$\sigma_{\theta max}=1.22\sigma$；当 $r=3a$ 时，$\sigma_{\theta max}=1.07\sigma$。

3）理论应力集中系数 $K_t=\sigma_{max}/\sigma=3\sigma/\sigma=3$。

（2）双向均匀拉伸情况。平板承受双向拉伸应力 $\sigma_\theta$ 和 $\sigma_\varphi$ 时，孔边缘的应力可根据单向拉伸叠加而得，如图2-33所示。

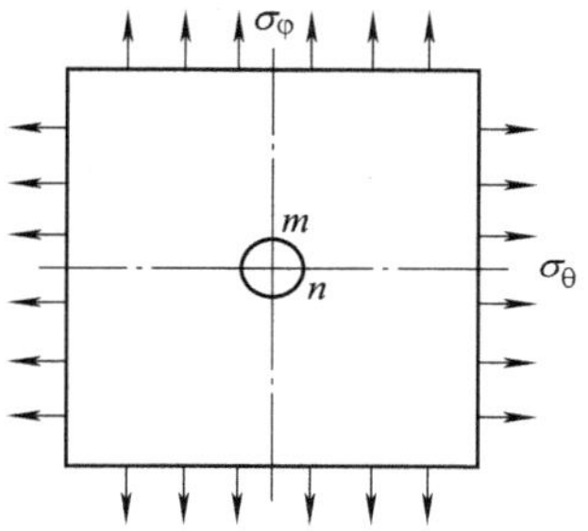

图2-33 平板开圆孔双向拉伸

当 $\sigma_\theta$ 单独作用时　　$\sigma'_m=3\sigma_\theta$，$\sigma'_n=-\sigma_\theta$

当 $\sigma_\varphi$ 单独作用时　　$\sigma''_m=-\sigma_\varphi$，$\sigma''_n=3\sigma_\varphi$

同时作用时　　$\sigma_m=\sigma'_m+\sigma''_m=3\sigma_\theta-\sigma_\varphi$，$\sigma_n=\sigma'_n+\sigma''_n=-\sigma_\theta+3\sigma_\varphi$

当应力比值 $\sigma_\theta/\sigma_\varphi$ 为2时，即相当于圆筒壳承受内压时的应力状态，其值为

$$\sigma_m = \sigma'_m + \sigma''_m = 2.5\sigma_\theta, \sigma_n = \sigma'_n + \sigma''_n = 0.5\sigma_\theta$$

则理论应力集中系数为

$$K_t = \sigma_{max}/\sigma = 2.5\sigma_\theta/\sigma_\theta = 2.5$$

2. 椭圆孔附近的应力集中

（1）单向均匀拉伸情况。具体如下。

1）椭圆孔长轴垂直于平板拉伸方向时，在长轴端点出现最大应力，如图2-34a所示。

$$\sigma_1 = \sigma\left(1 + \frac{2a}{b}\right)$$

在短轴端点处的应力为　　$\sigma_2 = -\sigma$

由上式可以看出，随着 $a/b$ 值的增加，应力也增加。开孔越是狭长，应力也就越大。若 $a/b=2$ 时，$\sigma_1=5\sigma$，即理论应力集中系数 $K_t$ 为5。

2）椭圆孔长轴平行于平板拉伸方向时，在短轴端点出现最大应力，如图2-34b所示。

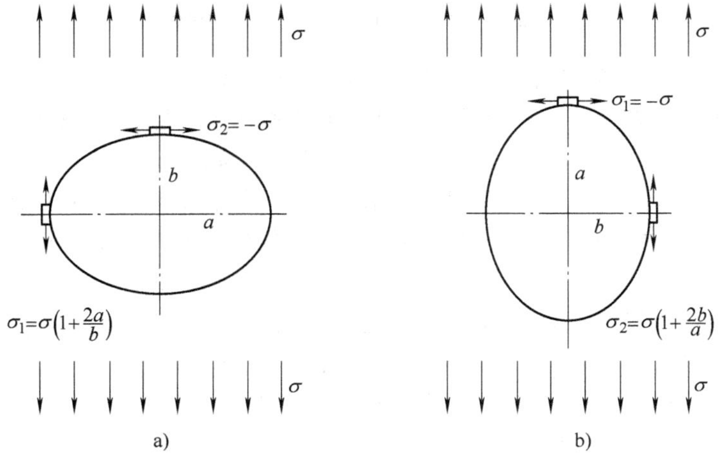


图 2-34 平板开椭圆孔单向拉伸

$$\sigma_2 = \sigma\left(1 + \frac{2b}{a}\right)$$

在长轴端点处的应力为 $\sigma_1 = -\sigma$

（2）双向均匀拉伸情况。具体如下。

1）椭圆孔（长短轴长度分别为 $a$ 和 $b$）长轴平行于圆筒体（$\sigma_\theta = 2\sigma_\varphi$）轴向方向时，长轴端点的应力为

$$\sigma_1 = \sigma_\theta\left(1 + \frac{2a}{b}\right) - \frac{1}{2}\sigma_\theta$$

在短轴端点处的应力为

$$\sigma_2 = \sigma_\theta\left(\frac{b}{a} - \frac{1}{2}\right)$$

2）椭圆孔（长短轴长度分别为 $a$ 和 $b$）短轴平行于圆筒体轴向方向时，长轴端点的应力为

$$\sigma_1 = \sigma_\theta\left(\frac{a}{b} - \frac{1}{2}\right)$$

在短轴端点处的应力为

$$\sigma_2 = \sigma_\theta\left(1 + \frac{2b}{a}\right) - \frac{1}{2}\sigma_\theta$$

当 $a/b = 1$ 时，理论应力集中系数 $K_t = 2.5$；当 $a/b = 2$，椭圆孔长轴平行于圆筒体轴向方向时，理论应力集中系数 $K_t = 4.5$，椭圆孔短轴平行于圆筒体轴向方向时，理论应力集中系数 $K_t = 1.5$。因此，在圆筒壳上开椭圆孔（$a/b = 2$）时，短轴平行于圆筒体轴向方向时，可以得到比开圆孔更小的理论

应力集中系数。所以在工程上为了减少应力集中，需要在圆筒壳上开椭圆孔，应使短轴平行于圆筒体轴向方向。但是工程上很少开椭圆孔并用椭圆接管连接，这主要是因为由椭圆过渡到圆形的接管与外接管道相连，其制造费用比较昂贵。

# 第3章　压力容器选材与设计

## 3.1　压力容器用钢要求及类型

压力容器应用范围很广，工作条件多种多样，如高温、低温、高压、腐蚀介质作用等，因而对材料的要求也各不相同。要满足各种压力容器具体工况的要求，就要有多种类型的材料。如制造高压氨合成塔外筒用低合金高强度钢，其内件就要采用耐高温高压氢腐蚀的铬、镍不锈钢；石油气低温分馏塔则要用低温钢；有些强腐蚀性介质要用不锈耐酸钢，有的甚至要用镍、钛、铜等有色金属制作设备。

要提高压力容器的安全可靠性，确保其安全运行，设计是第一个环节。设计压力容器首先就是材料的选择。由于绝大多数压力容器皆由钢板卷焊制成，因此本节仅以压力容器用钢板为例，介绍常用钢种的性能特点及应用。

### 3.1.1　钢材的力学性能

钢材的力学性能是指钢材在外力作用下表现出来的特征，如弹性、塑性、韧性、强度和硬度等。以下对低碳钢在常温（指室温）、静载（加载速度缓慢平稳）的情况下拉伸时的力学性能作介绍。

低碳钢是工程上应用最广泛的材料，同时，低碳钢试件在拉伸试验中所表现出来的力学性能最为典型。将试件装上试验机后，缓慢加载，直至拉断，试验机的绘图系统可自动绘出试件在试验过程中工作段的变形和拉力之间的关系曲线。试件的拉伸图不仅与试件的材料有关，而且与试件的几何尺寸有关。用同一种材料做成粗细不同的试件，所得的拉伸图差别很大。所以，不宜用试件的拉伸图表征材料的拉伸性能。将拉力 $F$ 除以试件横截面原面积 $S_0$，得试件

横截面上的应力 $\sigma$。将伸长量 $\Delta l$ 除以试件的标距 $l_0$，得试件的应变 $\varepsilon$。以 $\varepsilon$ 和 $\sigma$ 分别为横坐标与纵坐标，这样得到的曲线则与试件的尺寸无关，此曲线称为应力—应变图或 $\sigma-\varepsilon$ 曲线。

图3-1 所示为Q235 钢的 $\sigma-\varepsilon$ 曲线。从图中可见，整个拉伸过程可分为四个阶段。

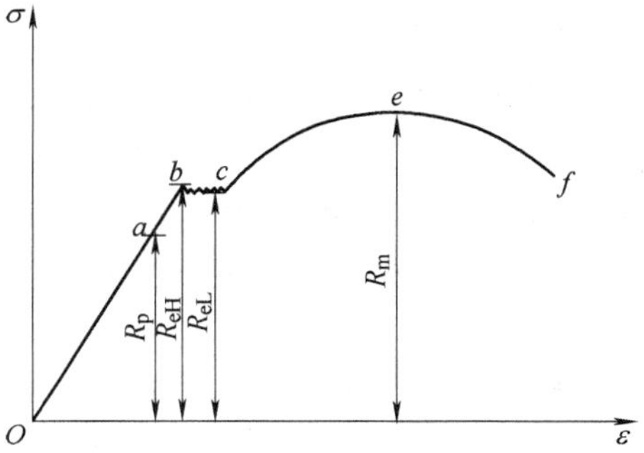


图3-1 低碳钢拉伸试验（Q235 钢的 $\sigma-\varepsilon$ 曲线）

1. 第Ⅰ阶段——弹性阶段

在试件拉伸的初始阶段，$\sigma$ 与 $\varepsilon$ 的关系表现为直线 $Oa$，$\sigma$ 与 $\varepsilon$ 成正比，即 $\sigma \propto \varepsilon$，直线的斜率为常数 $E$，即弹性模量，所以有 $\sigma = E\varepsilon$，其中，$E$ 为材料的刚度性能指标，这就是胡克定律。

直线 $Oa$ 的最高点 $a$ 所对应的应力，称为比例极限，用 $R_p$ 表示，即只有应力低于比例极限，胡克定律才能适用。Q235 钢的比例极限 $R_p \approx 200$MPa。弹性阶段的最高点 $b$ 所对应的应力是材料保持弹性变形的极限点，称为弹性极限。此时，在 $ab$ 段已不再保持直线，但如果在 $b$ 点卸载，试件的变形将会完全消失。由于 $a$、$b$ 两点非常接近，所以工程上对弹性极限和比例极限并不严格区分。

2. 第Ⅱ阶段——屈服阶段

当应力超过弹性极限时，$\sigma-\varepsilon$ 曲线上将出现一个近似水平的锯齿形线段（图3-1 中的 $bc$ 段），这表明，应力在此阶段基本保持不变，而应变却明显增加，此阶段称为屈服阶段。若试件表面光滑，可看到其表面有与轴线大约呈45°的条纹，此条纹称为滑移线，这是由最大切应力引起的。

根据（GB/T 228.1—2010）《金属材料 拉伸试验 第1部分：室温试验方法》，材料的屈服强度分为上屈服强度 $R_{eH}$（定义为力首次下降前的最大力值对应的应力）和下屈服强度 $R_{eL}$（定义为不计初始瞬时效应时屈服阶段中的最小力值对应的应力），如图3-1 所示。Q235 钢的屈服强度约为240MPa。

3. 第Ⅲ阶段——强化阶段

经过屈服阶段后，图 3－1 中 *ce* 段曲线又逐渐上升，表示材料恢复了抵抗变形的能力，且变形迅速加大，这一阶段称为强化阶段。强化阶段中的最高点 *e* 所对应的是材料所能承受的最大应力，称为抗拉强度，用 $R_m$ 表示。强化阶段中，试件的横向尺寸明显缩小。Q235 钢的抗拉强度 $R_m \approx 400\text{MPa}$。

4. 第Ⅳ阶段——局部变形阶段

在强化阶段，试件的变形基本是均匀的。过 *e* 点后，变形集中在试件的某一局部范围内，横向尺寸急剧减少，形成缩颈现象。由于在缩颈部分横截面面积明显减少，使试件继续伸长所需要的拉力也相应减少，故在 $\sigma-\varepsilon$ 曲线中，应力由最高点下降到 *f* 点，最后试件在缩颈段被拉断，这一阶段称为局部变形阶段。

上述拉伸过程中，材料经历了弹性变形、屈服、强化和局部变形四个阶段。对应前三个阶段的三个特征点，其相应的应力值依次为比例极限、屈服强度和抗拉强度。对低碳钢来说，屈服强度和抗拉强度是衡量材料强度的主要指标。

试件拉断后，材料的弹性变形消失，塑性变形则保留下来，试件长度由原长 $l_0$ 变为 $l_1$，试件拉断后的塑性变形量与原长之比以百分比表示，即

$$A = \frac{l_1 - l_0}{l_0} \times 100\%$$

式中　*A*——断后伸长率。

断后伸长率是衡量材料塑性变形程度的重要指标之一，Q235 钢的断后伸长率 $A \approx 20\% \sim 30\%$。断后伸长率越大，材料的塑性性能越好，工程上将 $A \geqslant 5\%$ 的材料称为弹塑性材料，如低碳钢、铝合金、青铜等均为常见的弹塑性材料。$A < 5\%$ 的材料称为脆性材料，如铸铁、高碳钢、混凝土等均为脆性材料。

衡量材料塑性变形程度的另一个重要指标是断面收缩率 *Z*。设试件拉伸前的横截面面积为 $S_0$，拉断后断口横截面面积为 $S_1$，则

$$Z = \frac{S_0 - S_1}{S_0} \times 100\%$$

称为断面收缩率，断面收缩率越大，材料的塑性越好，Q235 钢的断面收缩率约为 50%。

通过拉伸试验，可以获得材料力学性能的下述三类指标：

（1）刚度指标：弹性模量 *E*。

（2）强度指标：屈服强度（$R_{eH}$ 和 $R_{eL}$）和抗拉强度 $R_m$。

（3）塑性指标：断后伸长率 *A* 和断面收缩率 *Z*。

### 3.1.2　高温条件下对钢材的要求

1. 温度对钢材力学性能的影响

钢材的力学性能，通常用常温拉伸试验得出的抗拉强度 $R_m$、屈服强度（$R_{eH}$和 $R_{eL}$）、断后伸长率 $A$、断面收缩率 $Z$ 及常温冲击吸收能量[⊖]表示。其中，抗拉强度和屈服强度表示钢材的承载能力或抵抗外力破坏的能力；断后伸长率和断面收缩率表示钢材塑性变形的能力或承受塑性加工的能力；常温冲击吸收能量表示钢材在常温下承受冲击的能力，反映钢材的韧性或抵抗脆性破坏的能力。

温度对钢材的力学性能有显著的影响。在不同温度下对钢材进行拉伸试验时，钢材的力学性能变化有一定的规律，总的规律是随着温度的升高而强度下降，塑性增加，而且屈服点也越来越不明显。以低碳钢为例，低碳钢在 200 ~ 250℃的温度区间内表现出强度上升、塑性下降和脆性增加的行为，同时断后伸长率比常温时下降约 20%。因此该温度区间称为“蓝脆区”，因为在这个温度下，低碳钢通常呈蓝色。钼钢和铬钼钢到 400 ~ 450℃时才出现蓝脆，断后伸长率比常温时约下降 5% ~ 8%。在蓝脆区不宜进行有塑性变形的压力加工。过了蓝脆区，低碳钢的抗拉强度随温度上升而减小，塑性则随温度的上升而增加。

合金钢的力学性能随温度的变化与低碳钢相似，总的趋势是，随着温度的升高强度指标下降，塑性指标上升。

2. 高温下的蠕变

钢材在高温下的一个重要力学行为特点是，即使载荷不变，长时间作用后也会使拉伸试样拉断。当进行不同应力值的拉伸时，其断裂的时间也不相同，应力越高，则断裂所需的时间越短。这是因为金属在高温下长时间受应力作用时，会发生缓慢塑性变形的结果。金属长期在高温下受力发生缓慢塑性变形的现象称为蠕变。温度越高，应力越大，则蠕变现象越明显。大量试验表明，材料的蠕变温度与材料的熔点有关，以绝对温度计，蠕变温度约为熔点温度的 25% ~ 35%。例如，碳钢约高于 350℃，合金钢约高于 450℃时就会有蠕变现象发生。

蠕变可以导致材料的破坏。材料自开始蠕变至蠕变破坏所持续的时间，称为蠕变寿命。试验表明，蠕变的快慢取决于载荷、温度、材质等因素。对于一定的材质，进入蠕变温度范围以后，载荷越大，温度越高，蠕变速度越快，至

---

⊖ GB/T 24182—2009 中规定，V 型缺口试样在 2mm 摆锤刀刃下的冲击吸收能量用 $KV_2$ 表示，V 型缺口试样在 8mm 摆锤刀刃下的冲击吸收能量用 $KV_8$ 表示。

蠕变破坏所需的时间越短。对于一定的温度和载荷，在钢材中增加钨、钒等合金元素，可以有效地降低蠕变速度，增加蠕变寿命。

通常用持久强度及蠕变强度表示钢材的高温强度，即抗蠕变能力。所谓持久强度，是指在一定温度下，经过规定的工作期限引起蠕变破坏的应力，通常以 $R_D^t$表示。而蠕变强度则是在一定温度下，在规定的工作期限（$1\times10^5$h）内引起规定蠕变变形（1%）的应力，以 $R_n^t$表示。

松弛是特定情况下的一种蠕变现象。承载初仅发生弹性变形的螺栓或弹簧，在高温和应力作用下逐步产生塑性变形，即蠕变变形。由于总应变不变，塑性变形的增加伴随着弹性变形的减少，即弹性变形逐步转化成了塑性变形。而螺栓或弹簧中的应力是与弹性变形成比例的，随着弹性变形的减少和塑性变形的增加，螺栓或弹簧中的应力水平逐渐降低，本来拉紧的螺栓或弹簧产生了松弛。

3. 高温下的氧化

钢材在高温下的氧化是指钢材与氧化性气体介质进行的化合作用，但它不是在电解质溶液中的电化学腐蚀，而是在干燥的高温氧化性环境中的化学腐蚀之一。这种反应常发生在加热炉中。温度越高，氧化反应越快。碳钢经 560～570℃的高温氧化腐蚀之后形成 $Fe_2O_3$、$Fe_3O_4$和 FeO 三种氧化物，其中主要是 FeO，而 FeO 是一种结构疏松的氧化膜，它不能阻止高温氧化反应，而且氧化膜不断剥落，使腐蚀层层加深，壁厚渐薄，危及容器或管道的安全。工程中可采用氧化腐蚀深度指标来评定钢材在某一规定时间内腐蚀的深度，即评定钢材的耐热性。在钢中加入合金元素铬、钼，可以提高钢材的抗氧化性能，即提高耐热性。

4. 高温下的氢腐蚀

高温下氢原子可以向钢材内进行扩散，如果介质中的氢气分压越高，氢原子的扩散越快，氢原子渗透到钢的内部在高温下将与钢中的碳发生化学反应而生成 $CH_4$，致使钢材脱碳，这就是高温高压下的氢腐蚀。脱碳使钢的高温强度下降，$CH_4$在内部空穴中聚集，可引起材料局部破裂。

对压力容器来说，除了钢材在冶炼过程中有可能吸收氢而导致氢腐蚀外，还需要特别关注焊接过程及使用过程可能形成的氢腐蚀。焊接时，焊剂中的水分或潮气，焊缝附近金属表面的油污等，在高温下能分解出氢，这些氢有可能溶入焊缝金属内，如果在焊缝冷却过程中这些氢不能及时扩散出去，就可能导致氢腐蚀。为防止焊接中氢原子溶于焊缝，需做到干燥焊条、焊丝及焊剂；清除金属表面的油污；焊后及时加热被焊部位，使焊缝缓慢冷却，以便焊缝中的氢及时扩散到大气中去，即进行焊后“消氢处理”。

5. 高温下钢材的组织变化

在常温下，钢材的金相组织是稳定的，除非和腐蚀性的介质发生作用。钢材组织本身一般不随时间发生变化，钢材的力学性能也不随时间变化。在高温条件下，钢材中原子的扩散能力增加，这种内部原子扩散作用有可能导致钢材组织的各种变化，包括一些危及安全的组织变化。钢材较为危险的组织变化是珠光体球化及石墨化。

（1）珠光体球化。常用的压力容器钢材是低碳钢及低碳低合金钢，如20R、16MnR、15CrMo等。这些钢材都是珠光体钢。片状的渗碳体和片状的铁素体互相层叠，组成相间排列的片状机械混合物，即珠光体。在高温原子扩散能力强的条件下，片状渗碳体会逐渐转化为球体。由于大球体比小球体有更小的表面能，随着高温作用时间的加长，小球体又聚拢成大球体，这种现象叫珠光体球化。

珠光体球化会使钢材的常温强度下降，并能明显地加快蠕变速度，降低持久强度。球化严重时，持久强度可降低40%～50%。

对钢材作正火加回火的热处理，并使回火温度高于钢材工作温度100℃以上，可以得到比较稳定的珠光体组织，在使用期限中不致发生严重的球化。

（2）石墨化。低碳钢和0.5%钼（Mo）钢（$w_{M0}=0.5\%$）在高温的长期作用下会产生石墨化，这是一种比珠光体球化更为危险的组织变化。

所谓石墨化，是指钢材中的渗碳体在高温的长期作用下自行分解成石墨和铁的现象：

$$Fe_3C \longrightarrow 3Fe + C\ （石墨）$$

分解出的石墨呈点状并分布在晶界上。石墨的强度、塑性和韧性都很差，点状石墨相当于空穴存在于铁素体中。石墨化不仅使钢材的常温及高温的强度、塑性下降，而且使钢材的韧性明显下降，脆性剧烈增加。

根据钢中石墨化的发展程度，通常将石墨化分成四级：

一级——轻微的石墨化；

二级——明显的石墨化；

三级——严重的石墨化；

四级——很严重的（危险的）石墨化。

石墨化级别与钢中分解出的游离碳（石墨）含量大致成比例；一级石墨化时，其游离碳约为钢材总含碳量的20%（质量分数，下同）；二级石墨化时，其游离碳约为钢材总含碳量的40%；三级或三级半石墨化时，游离碳约为钢材总含碳量的60%；游离碳含量超过钢材总含碳量的60%时，石墨化即到了危险的程度。

铬（Cr）能有效地阻止石墨化现象的产生，因为铬与碳能生成极为稳定的化合物。在钢中加入0.5%以上的铬，即可明显地防止石墨化。这是用铬钼钢代替钼钢的基本原因。硅、铝等元素能加快石墨化的速度，所以应严格控制冶炼中用以脱氧的铝的加入量。

6. 提高钢材高温性能的途径

在高温下对钢材的主要要求应是有很好的高温强度（蠕变强度和持久极限），好的耐热性（即抗氧化性），阻止或减缓石墨化与珠光体球化。提高这一性能的主要途径是加入合金元素，较为有效的元素是铬、钼、钒。当温度在600℃以上时，可以选用含有这些元素的低合金钢（如12CrMo、15CrMo、12CrMoV）。当温度超过600℃时，则必须采用含铬、含镍的奥氏体高温高合金钢（如25Cr20Ni钢）。

### 3.1.3 合金元素对钢材性能的影响

在钢中加入不同种类和含量的合金元素，对钢材的性能可起到明显的作用。有的元素可以起到强化作用，明显改善强度性能；有的可改善韧性；有的可以改善焊接性，或者低温、高温、耐腐蚀等性能。采用低合金高强度钢，已成为国内外压力容器钢材的主要趋势。Mn、Cr、Ni、Mo、V、Nb、Ti、B和A1等元素是主要采用的合金元素。

1. 合金元素在钢中存在的形式

（1）固溶形式。合金元素均匀地分散在铁素体或奥氏体晶格之中，这些合金元素不形成某种化合物，也不以单独的相存在于晶粒之中，而是溶解于金属基体之中，即形成固溶体。

（2）碳化物形式。某些元素可以溶入渗碳体之中，并与碳元素化合形成含碳化物的渗碳体、合金渗碳体或单独相的渗碳体。能形成碳化物的合金元素有Mn、Cr、W、V、Nb和Ti等。

（3）夹杂物形式。有些合金元素（如V、Nb、Al、Ti）与钢中氧、氮、硫等化合，形成氧化物、氮化物、硫化物及硅酸盐等夹杂物。

2. 合金元素在钢中的作用

（1）强化作用，许多合金元素可以使钢材的强度得到明显的提高，这是加入合金元素最为重要的作用。合金元素的强化作用有固溶强化、沉淀强化和细化晶粒强化等。例如，C、Mn、Mo、Nb、Cr等都是有固溶强化作用的元素；V、Nb、Mo、Ti等元素都有形成沉淀化合物并弥散化分布的作用。若在16Mn的基础上加少量的V，可得到强度进一步提高的15MnV钢。若再增加Mo、Nb元素，可得到18MnMoNb钢，其强度级别更高；B和一些具有表面活性的稀土元素加入钢中，可富集于晶界，使该部位的晶格缺位和空穴，并同时使晶界上的合金元素和析出物扩散阻力增大，提高了晶界强度，改善了高温性能。

（2）细化晶粒韧化作用。晶粒细的钢，其屈服强度可明显提高，而且韧性也比粗晶粒钢好。能使晶粒细化的合金元素有Nb、V、Ti、Al、Mo、Cr等。

（3）耐蚀作用。某些合金元素可以大大改善钢材的耐化学介质腐蚀的能力。例如，Cr不仅是可起强化作用的合金元素，加入一定含量的Cr，还可形成稳定而坚固的氧化铬保护层，从而提高了抗氧化性、高温抗氧化性，或在许多酸性介质、碱性介质中的耐腐蚀性。另外，Ni元素是增强耐腐蚀性的重要合金元素，特别是在NaOH环境中，采用Ni合金钢要比无Ni钢优越得多。当Ni含量增加到10%（质量分数）以上时，其耐应力腐蚀的能力显著增加。高Cr-Ni合金钢还是耐高温材料，不仅有较高的高温强度，还有耐高温氧化腐蚀、防止氢蚀的能力。采用不同含量的Cr-Ni合金元素，可以得到若干品种的耐蚀钢材。

3. 主要合金元素的作用

（1）锰（Mn）。Mn可以作为提高强度的最经济、最主要的合金元素。一般低合金钢中Mn的含量可增加到1.8%（质量分数，下同）。Mn在钢中主要的部分溶入铁素体，以起到固溶强化作用。当含Mn量增加时，带来的主要缺点是促使晶粒长大，塑性与韧性下降，焊接性变差。我国各行业中最常用的C-Mn结构钢是16Mn，压力容器专用钢则为16MnR。

（2）钼（Mo）。Mo可对铁素体起到固溶强化作用。此外，Mo也能提高碳化物的稳定性，使碳化物强化作用得到更好发挥。Mo是提高钢材热强性最有效的合金元素，一方面它可以提高钢的再结晶温度，同时也能大大地提高钢中铁素体的抗蠕变能力，另一方面，Mo的特殊碳化物可以改善高温高压下抗氢蚀的能力。Mo可以使低合金钢在高温时出现石墨化倾向，这是中高温使用时的主要问题。如果再加入百分之几的Cr元素，即可有效地阻止石墨化。因此世界各国所采用的中高温热强钢基本上都是Cr-Mo合金钢，如15CrMo等。

（3）铌（Nb）。Nb和碳、氮、氧有极强的结合力，所形成的碳化铌、氮化铌和氧化铌均为极稳定的弥散状的化合物，可有效地细化晶粒，对过热的敏感性也可降低。Nb也可以提高钢的热强性，提高抗蠕变能力。这是因为，一方面Nb进入铁素体使之固溶强化，而且形成的碳化物弥散地析出，也使之强化；另一方面Nb与C形成碳化物之后，固定了低碳钢中的大部分C，使Mo、W等元素从其碳化物中被替出，进入铁素体，加强了Mo、W元素的固溶强化作用。

（4）铬（Cr）。Cr可提高钢材的强度、硬度，特别是提高强度和耐蚀性。在低碳合金钢中，Cr主要溶于渗碳体中，它可提高碳化物的热稳定性，即阻止碳化物的分解，这样就不会出现由碳化物中分解出的碳向铁素体中扩散。热稳定性还阻止或降低了碳化物相的聚集速度，同时也阻止游离石墨的形成并阻止石墨化，维持高温下的强度。在 $w_{Mo}=0.5\%$ 的低合金钢中加入质量分数为1.5%的 Cr，可以得到满意的蠕变强度和高温持久强度，试验表明这是一种最佳的组合。$w_{cr}=5\%$ 的合金钢，高温性能反而下降。耐高温的 Cr－Mo 钢中均含有 Cr。含 Cr 量超过10%时，则塑性显著下降，在10%以内时，随含 Cr 量的增加，强度与塑性得到明显增加。Cr 也是具有优良钝化倾向的元素，钢中加入 Cr 元素受介质作用后，表面将形成致密而不脱落的一层氧化膜（$Cr_2O_3$），这便是钝化膜，保护了钢材表面不再受到侵蚀。同时钝化膜的形成也提高了高温抗氧化的性能，所以许多炉管均采用含 Cr 元素的 Cr－Mo 钢。

（5）镍（Ni）。Ni 不形成碳化物，但 Ni 是形成奥氏体的主要元素，在低碳钢中加入 Ni 元素达20%以上时，才会出现部分奥氏体。含 Ni 达25%时，钢的显微组织将全部转为奥氏体，此时强度下降而塑性增加。Ni 不能提高高温强度，在高温钢中加 Ni 主要是使其奥氏体化，增加塑性，可以冷加工和焊接。另外奥氏体化以后，钢的脆性转变温度可大幅度的降低，即使在深度冷冻的温度范围内（如－196℃）也具有极好的韧性。具有高 Ni 和高 Cr 的奥氏体钢，因其耐腐蚀性非常好，在大气与许多酸碱介质中均可很好地耐腐蚀，故又被称为奥氏体不锈钢及奥氏体耐酸钢。

（6）钒（V）。V 元素与碳、氮、氧都有极强的结合力，在钢中可形成极为稳定的化合物，这些 V 的碳化物、氮化物、氧化物通常以极小的颗粒存在于钢中，只在高温时才会缓慢地溶入奥氏体中。这些极小的化合物颗粒抑制了晶粒的长大与晶界的迁移，即使在较高温时也能保持细晶粒组织，因此 V 经常作为细化晶粒的合金元素加入低合金结构钢中。同时它还能改善钢的焊接性能，显著提高钢在高压高温下对氢蚀的稳定性，因为 V 可与钢中的 C 以化合物的形式极为稳定地固定。

（7）钛（Ti）。Ti 与碳、氮、氧也有极强的结合力，形成的化合物也较稳定。Ti 是形成强碳化合物（TiC）的元素，TiC 极稳定，不易分解，只在1000℃以上时才会缓慢地溶入奥氏体中。由于 Ti 的化合物是分散性的小颗粒，也能起细化晶粒的作用，并能使细化作用维持到1000℃以上，然后才开始粗化，所以 Ti 最经常作为固定碳的元素加入奥氏体不锈钢之中，以防止不锈钢发生晶间腐蚀。

（8）钨（W）。W 既可在钢中形成坚硬耐磨而且极稳定的碳化物，还可部分地溶入铁素体中形成强化的固溶体，提高钢材的高温强度和高温抗氢蚀的能力。但与 Mo 相比，热强性能不如钼显著。

（9）铝（Al）。Al 可改善钢在低温时的韧性，使钢的脆性转变温度显著降低，因此可以冶炼出含铝的低温用钢。Al 提高抗氧化性，与 Cr 合用时抗高温氧化性更好，所以 Al 也是冶炼耐热钢的合金元素之一。

### 3.1.4　钢材的腐蚀

钢材与腐蚀性介质发生化学反应而被损害的现象叫化学腐蚀。如果伴随有局部电流现象，则是电化学腐蚀。腐蚀是造成压力容器损伤与破坏的主要因素之一。

根据腐蚀发生的部位，可将其分为均匀腐蚀和局部腐蚀。金属壁面普遍均匀产生的腐蚀，叫均匀腐蚀，如大气腐蚀、高温氧化、蒸汽腐蚀等。这类腐蚀导致金属壁均匀减薄，可在设计时预先考虑给出附加壁厚。金属壁面的局部区域在一定条件下产生的腐蚀，叫局部腐蚀。金属的损害表现为斑点、局部凹坑、穿孔或晶间破裂等。这类损害往往是严重的，必须采取特殊的设计和运行措施进行预防。压力容器钢材的腐蚀多数是局部腐蚀，如泄漏潮湿部位的大气腐蚀。压力容器的下部支座部位、阀门、法兰和接管等处，常因水汽及其他介质泄漏，加上与空气中的氧气、二氧化碳接触．形成强烈的潮湿环境的大气腐蚀，这也是典型的电化学腐蚀，造成结构局部损坏。防止设备的“跑、冒、滴、漏”，合理支承与包装，是防止这类腐蚀的基本措施。再如压力容器在特定介质作用下的腐蚀。因工作需要，不同的压力容器要接触不同的工作介质，这些介质中很多是腐蚀性的酸、碱及气体介质，都具有很强的腐蚀性，若防范不当，常会造成严重腐蚀。即使采取了一定的设计及运行措施，也往往难以避免这类腐蚀。

### 3.1.5　压力容器用钢的基本要求

1. 使用性能要求

使用性能要求主要包括以下几个方面：

1）钢材应具有较高的强度，包括常温及使用温度下的强度。

2）钢材应具有良好的塑性、韧性和较低的时效敏感性。

3）钢材应具有较低的缺口敏感性。缺口敏感性是指在带有一定应力集中的缺口条件下，材料抵抗裂纹扩展的能力。压力容器上要开孔并焊接管接头，造成应力集中，故要求钢材的缺口敏感性应低一些。

4）钢材应具有良好的抗腐蚀性能及组织稳定性。

2. 加工工艺性能要求

所用钢材应具有良好的加工工艺性能及焊接性能。在制造过程中，钢材要经过各种冷、热加工并产生较大的塑性变形，加工变形后的钢材不应产生缺陷，这要靠材料的塑性来保证。

焊接是现代压力容器制造中的主要工艺。焊接质量的好坏在很大程度上决定着压力容器的制造质量和安全性能。影响焊接质量的因素很多，从材料方面说，要求钢材具有良好的焊接性。

钢材的焊接性指被焊钢材在采用一定的焊接材料、焊接工艺方法及工艺规范参数等条件下，获得优良焊接接头的难易程度。

钢材的焊接性常用碳当量来估计。因为钢材的焊接性主要与钢材中碳的含量高低有关，也与其他合金元素含量的多少有关。合金元素对焊接性的影响较碳元素小。通常把合金元素折算成相应的碳元素，以碳当量表示钢中碳及合金元素折算的碳的总和，以碳当量的大小粗略地衡量钢材的焊接性。

碳素钢及低合金结构钢的碳当量，可采用下式估算，即

$$C_d = w(C) + \frac{w(Mn)}{6} + \frac{w(Cr) + w(Mo) + w(V)}{5} + \frac{w(Ni) + w(Cu)}{15}$$

式中　$C_d$——碳当量（%）；

经验表明，当 $C_d < 0.4\%$ 时，是焊接性良好的钢材，焊接时可不预热；当 $C_d = 0.4\% \sim 0.6\%$ 时，钢材的淬硬倾向增大，焊接时需采用预热等技术措施；当 $C_d > 0.6\%$ 时，是焊接性差或较难焊接的钢材，焊接时需采用较高的预热温度和严格的工艺措施。

3. 经济性

设备成本很大一部分取决于材料的价格。因此，在选用材料时，应了解它们的价格。如果将碳素钢板 Q235A 的价格定为 1，其余的板材相对价格大致有如下关系，16MnR 为 1.4，20R（20g）为 1.8，铬钢（1Cr3、2Cr3）为 5.1，高合金钢 1Cr18Ni9Ti 为 14.9。当然，采用价廉的材料不一定在经济上就是合理的，因为价贵的材料可能具有较好的性能，用它可以制成器壁较薄的容器，而且使用年限也比较长，经济效果更好。分析材料的经济性不能仅看它们的价格，还要看国家的资源情况。应多用普通易取的材料，少用昂贵稀缺的材料；多用国产材料，少用或不用进口材料。

### 3.1.6 压力容器常用钢材

1. 低碳钢

低碳钢中的含碳量在 0.25%（质量分数，下同）以下，还含有锰、硅、磷、硫等元素。低碳钢具有良好的塑性和韧性，便于进行各种冷、热加工；焊接性良好，易于获得优质焊接接头。低碳钢强度虽较低，但采用适当壁厚可满足低、中压元件及部分高压元件对强度的要求。低碳钢价格便宜，经济性好，是压力容器中使用最多的钢材，尤以 20 钢制作的钢板及钢管使用最为广泛。

2. 低合金高强度钢

压力容器中使用的低合金高强度钢主要是钢板，用于制造高压及超高压的压力容器。低合金高强度钢的含碳量一般都不大于 0.25%，属于低碳低合金

钢。其主要依靠合金元素来强化钢材，改善和提高钢材性能。主要合金元素是锰和钼，其他合金元素还有钒、钛、铌、硼等。由于强度提高，所以使承压部件的壁厚显著减小。压力容器常用的低合金高强度钢钢板有16MnR、15MnVR等；钢管有16Mn、15MnVR、16Mo等；锻件有16Mn、15MnVR、10MnMo等；螺栓有16Mn等。

3. 耐热钢

压力容器中采用的耐热钢主要是钼钢和铬钼热强钢，用于制造承受高温的过热器、再热器、蒸汽集箱和蒸汽管道等零部件，因而主要为钢管。耐热钢除具有良好的常温力学性能和工艺性能外，还具有良好的高温性能，即在高温下有足够的强度，有一定防止氧化和腐蚀的能力，又有长期的组织稳定性。目前，高温压力容器所用的耐热钢一般都是低合金耐热钢，常用的有钼钢（Mo）、铬钼钢（Cr－Mo）及铬钼钒钢（Cr－Mo－V）三大类。它们的合金元素含量少，工艺性能好，广泛用于制造使用温度在600℃以下的承压部件。常见的高温用钢有12CrMo、15CrMo和12Cr1MoV等。

4. 低温压力容器用钢

我国将设计温度小于或等于－20℃的压力容器定为低温压力容器。液化乙烯、液氮和液氢等的储存和运输用容器均属低温压力容器。低温压力容器破坏的主要原因是由于承压部件在低温和应力作用下发生脆性断裂，因此，用作低温压力容器的钢材必须是镇静钢。为防止冷脆破裂，这些钢材必须在规定低温下进行低温冲击试验，其低温冲击吸收能量应满足规定。常见的低温压力容器用钢有10MnDR、09Mn2VDR、06MnNbDR等。

## 3.2 常见受压元件强度设计

### 3.2.1 概述

构件失去预定的工作能力，称为构件失效。因强度不足引起的失效，称为强度失效。构件破坏或破裂、断裂是典型的强度失效。因刚度不足或稳定性不足，会造成构件过量弹性变形或失稳坍塌，导致刚度失效或失稳失效。压力容器的失效主要是强度失效，包括静载强度不足引起的静载强度失效及交变载荷长期反复作用引起的疲劳强度失效。承受外压的压力容器部件及元件，既可能产生强度失效，也可能产生失稳失效。如对承受外压且$\delta/D_o \leqslant 1/20$的薄壁圆筒，周向失稳往往发生在强度失效之前，所以稳定性计算成为外压薄壁圆筒的主要问题。而对承受外压且$\delta/D_o > 1/20$的圆筒，则难以预测周向失稳在先还是强度失效在先，需要兼顾强度与稳定性。

### 3.2.2 强度设计的任务

绝大多数压力容器设计时仍采用常规强度设计的方法。常规强度设计的主要任务，是限制压力容器受压元件中的一次应力，避免压力容器的静载强度失效。同时也避免外压元件的失稳失效，防范疲劳失效及其他失效。

具体来说，压力容器强度设计的任务是：

1）根据受压元件的载荷和工作条件，选用合适的材料。

2）基于对受压元件一次应力的限制，通过计算确定受压元件的壁厚。

3）根据结构各处等强度的原则，进行结构强度设计，包括焊缝布置及焊接接头结构设计，开孔布置及接管结构设计，筒体与封头、管板、法兰连接结构设计，支承结构设计等。

4）对设备制造质量及运行条件作出必要的规定。

### 3.2.3 强度理论及强度条件

材料力学介绍过四种强度理论，压力容器强度设计中经常涉及的是第一、第三及第四强度理论。强度条件是依据一定的强度理论建立的强度设计准则或失效控制条件，强度条件通常表达为

$$S_i \leqslant [\sigma]$$

式中　$S_i$——依据一定的强度理论得出的当量应力，下标 $i$ 表示相应的强度理论，如 $S_1$ 表示依据第一强度理论得出的当量应力；

$[\sigma]$——材料的许用应力。

1. 第一强度理论

第一强度理论也叫最大拉应力强度理论。该理论认为，无论材料处于什么应力状态，只要发生脆性断裂，其共同原因都是由于构件内的最大拉应力 $\sigma_1$ 达到了极限值。相应的强度条件式为

$$S_1 = \sigma_1 \leqslant [\sigma]$$

压力容器通常是由弹塑性材料制成的，一般不会发生脆性断裂，故不适合用第一强度理论进行失效控制。

2. 第三强度理论

第三强度理论也叫最大剪应力强度理论。该理论认为，无论材料处于什么应力状态，只要发生屈服失效，其共同原因都是由于构件内的最大剪应力 $\tau_{max}$ 达到了极限值。相应的强度条件式为

$$S_3 = \sigma_1 - \sigma_3 \leqslant [\sigma]$$

第三强度理论适用于弹塑性材料，与试验结果比较吻合，压力容器进行强度设计时，均采用第三强度理论。

3. 第四强度理论

第四强度理论也叫歪形能强度理论。该理论认为，无论材料处于什么应力状态，只要发生屈服失效，其共同原因都是因为构件内的歪形能（形状变形比能）达到了极限值。相应的强度条件式为

$$S_4 = \frac{\sqrt{2}}{2}\sqrt{(\sigma_1 - \sigma_2)^2 + (\sigma_1 - \sigma_3)^2 + (\sigma_2 - \sigma_3)^2} \leqslant [\sigma]$$

与第三强度理论相似，第四强度理论适用于弹塑性材料，与试验结果比较吻合，但由于计算较为复杂，概念不够直观，所以应用较少，仅用于某些高压容器的设计。

### 3.2.4 常见受压元件强度计算

1. 承受内压薄壳的强度计算

由应力分析可知，承受内压的回转薄壳呈双向应力状态，其 $\sigma_1 = \sigma_\theta$，$\sigma_2 = \sigma_\varphi$，$\sigma_3 = \sigma_r = 0$，因而按第三强度理论与第一强度理论得出的当量应力形式相同，即

$$S_3 = \sigma_1 - \sigma_3 = \sigma_1 = S_1$$

本节对承受内压的薄壳进行强度计算时，均按照第三强度理论分析处理。

（1）球壳。根据应力分析：

$$\sigma_1 = \sigma_2 = \sigma_\theta = \sigma_\varphi = \frac{pD}{4\delta}\text{，}\ \sigma_3 = \sigma_r = 0$$

$$S_3 = \sigma_1 - \sigma_3 = \sigma_1 = \sigma_\theta = \frac{pD}{4\delta}$$

强度条件为 $$\frac{pD}{4\delta} \leqslant [\sigma]$$

注意：式中 $D$ 为球壳直径，对焊制壳体，其公称尺寸以内直径表示，将 $D$ 转化为内直径 $D_i$，并引入减弱系数 $\varphi$ 及附加壁厚 $C$，由强度条件解得设计壁厚为

$$\delta \geqslant \frac{pD_i}{4[\sigma]^t\varphi - p} + C$$

式中 $\delta$——球壳设计壁厚，这里仅作抽象地表示（mm）；

$p$——球壳设计或计算压力（MPa）；

$[\sigma]^t$——工作温度下壳体材料的许用应力（MPa）；

$D_i$——壳体内直径（mm）；

$\varphi$——减弱系数，即考虑壳体焊缝或开孔对其强度造成减弱的系数；

$C$——附加壁厚（mm）。

（2）圆筒壳。根据应力分析

$$\sigma_1 = \sigma_\theta = \frac{pD}{2\delta}, \quad \sigma_2 = \sigma_\varphi = \frac{pD}{4\delta}, \quad \sigma_3 = \sigma_r = 0$$

$$S_3 = \sigma_1 - \sigma_3 = \frac{pD}{2\delta}$$

强度条件为
$$\frac{pD}{2\delta} \leqslant [\sigma]$$

考虑减弱系数 $\varphi$、附加壁厚 $C$，将 $D$ 转化为内直径 $D_i$，由强度条件解得设计壁厚为

$$\delta \geqslant \frac{pD_i}{2[\sigma]^t\varphi - p} + C$$

（3）椭球壳。由应力分析可知，椭球壳上各点应力是随位置变化的。而作为圆筒壳封头的椭球壳，其赤道部位是与圆筒壳相连接的。在进行椭球壳强度计算时，通常以椭球壳极点为计算点。

在极点处
$$\sigma_1 = \sigma_2 = \sigma_\theta = \frac{pa}{2\delta}\left(\frac{a}{b}\right), \quad \sigma_3 = \sigma_r = 0$$

强度条件为
$$\frac{pa}{2\delta}\left(\frac{a}{b}\right) \leqslant [\sigma]$$

为简化计算，以与椭球封头相连的圆筒内半径 $D_i/2$ 代替 $a$，以封头内高 $h_i$ 代替 $b$，考虑减弱系数 $\varphi$ 和附加壁厚 $C$，由强度条件解得设计壁厚为

$$\delta \geqslant \frac{pD_i}{4[\sigma]^t\varphi}\left(\frac{D_i}{2h_i}\right) + C$$

在此式的基础上，考虑椭球封头的承压变形及与圆筒连接的边界效应，引入形状系数 $Y$，即可得出椭球壳的强度设计公式为

$$\delta \geqslant \frac{pD_iY}{2[\sigma]^t\varphi - 0.5p} + C$$

式中 $Y$——椭球封头形状系数，$Y = \frac{1}{6}\left[2 + \left(\frac{D_i}{2h_i}\right)^2\right]$，对于标准椭球封头，$Y=1$。

2. 单层厚壁圆筒的强度计算

中、低压容器及常用高压容器的圆筒形元件可按薄壁圆筒进行强度计算。对于设计压力 $p \geqslant 0.4[\sigma]$ 的高压、超高压圆筒容器，可考虑用厚壁圆筒计算公式进行计算。

对于厚壁圆筒，由于承受内压时内壁面上应力最大，且

$$\sigma_{\theta i} = \frac{K^2+1}{K^2-1}p, \quad \sigma_{\varphi i} = \frac{P}{K^2-1}, \quad \sigma_{ri} = -p$$

用第三强度理论计算

$$S_3 = \sigma_1 - \sigma_3 = \frac{K^2 + 1}{K^2 - 1}p - (-p) = \frac{2K^2}{K^2 - 1}p \leqslant [\sigma]^t$$

解得

$$K \geqslant \sqrt{\frac{[\sigma]^t}{[\sigma]^t - 2p}}$$

$$\delta \geqslant \frac{D_i}{2}\left(\sqrt{\frac{[\sigma]^t}{[\sigma]^t - 2p}} - 1\right) + C$$

式中 $\delta$——厚壁圆筒设计壁厚，这里仅作抽象地表示（mm）；

$p$——容器设计或计算压力（MPa）；

$[\sigma]^t$——工作温度下壳体材料的许用应力（MPa）；

$D_i$——壳体内直径（mm）；

$C$——附加壁厚（mm）。

3. 圆形平封头的强度计算

压力容器中采用的平封头或平盖板，有圆形、椭圆形及长圆形等，其中，封头是指与筒体焊接或用其他方法刚性连接在一起的结构，盖板则是盖压在圆筒端部的活动密封结构，典型的有人孔、手孔盖板。平封头与平盖板的周边支承情况有明显不同，前者接近固支，后者接近铰支。这里仅介绍圆形平封头的强度计算。

由应力分析得出，对承受均布压力的圆形平板（其半径为 $R$），不论周边支承情况如何，其最大弯曲应力 $\sigma_{max}$ 都可用下式表示，即

$$\sigma_{max} = \alpha \frac{pR^2}{\delta^2}$$

式中 $\alpha$——应力分析解系数，若圆形平板为周边铰支时，$\alpha = 3(3+\mu)/8$，μ为材料的泊松比，若圆形平板为周边固支时，$|\alpha| = 3/4$。

由于圆平板受压属于双向弯曲，沿板厚方向的应力为0，则

$$\sigma_1 = \sigma_{max} = \alpha \frac{pR^2}{\delta^2}, \quad \sigma_3 = 0$$

用第三强度理论计算：

$$S_3 = \sigma_1 - \sigma_3 = \alpha \frac{pR^2}{\delta^2} \leqslant [\sigma]^t$$

由此解出的圆平板或圆形平封头设计壁厚为

$$\delta \geqslant KD_i \sqrt{\frac{p}{[\sigma]^t}}$$

式中 $\delta$——圆平板或圆形平封头设计壁厚，这里仅作抽象地表示（mm）；

$p$——容器设计或计算压力（MPa）；

$[\sigma]^t$——工作温度下壳体材料的许用应力（MPa）；

$D_i$——与圆平板或圆形平封头相连的圆筒体内直径（mm）；

$K$——与圆平板或圆形平封头周边支承情况有关的系数，由 $\alpha$ 换算得出。

对于压力容器平封头，$K$ 值为 0.4 ~ 0.7，因平封头结构及圆筒体连接方式而异。在设计壁厚上不用添加附加壁厚 $C$ 的原因是：由于应力最大点屈服时，表面层其余点并未屈服，表面层屈服时，平板内层并未屈服。

### 3.2.5 设计参数的确定

压力容器的设计参数主要有设计压力、设计温度、许用应力与安全系数、减弱系数和附加壁厚。

1. 设计压力

在相应的设计温度下，用以确定元件厚度的压力称为计算压力。计算压力与设计压力是有区别的，设计压力是确定容器壳体厚度的压力，考虑一定的安全裕量或考虑设置安全泄压装置等因素，而计算压力是具体受压元件的计算参考，一台设备的多个元件可能有各自的计算压力，而设计压力只有一个。

设计压力指设定的容器顶部的最高压力，与相应的设计温度一起作为设计载荷条件，其值不低于工作压力。容器安装安全阀时，容器的设计压力不小于安全阀的开启压力，使用爆破片作为安全装置时，设计压力不小于爆破片的设计爆破压力与爆破片制造范围正偏差之和。

盛装液化气体的容器，设计压力是根据容器的充装系数和可能达到的最高温度来确定的，一般取与最高温度相应的饱和蒸汽压力为设计压力。装有液体的内压容器，需要考虑液柱静压力的影响。如果液柱静压力超过介质最大工作压力的5%时，则设计压力还需要加上此液柱静压力。

上述情况主要将工作压力作为设计用的外载荷，然而在实际情况下，还需要考虑容器自身重量、风载、地震、温差及附件引起的局部应力影响。确定设计压力时应结合具体情况进行仔细分析。

2. 设计温度

设计温度指容器在正常工作情况下，设定的元件的金属温度。当容器的各个部件在工作过程中可能产生不同的温度时，可取预计的不同温度作为各相应部分的设计温度。容器壁温通常由传热学计算，比较麻烦，为简便起见，可按下述规定估算：

1）对于不加热或冷却的壳体壁，取介质的最高温度或最低温度作为设计温度。

2）用蒸汽、热水或其他液体介质加热或冷却的壳体壁，取加热介质的最高温度或冷却介质的最低温度作为设计温度。

3）用可燃气体或电加热的壳体壁，设计温度应不低于250℃。如果容器壳体壁暴露在大气中，平均壁温取介质温度加上20℃以上；直接受影响的壳体壁，取介质温度加上50℃以上；当载热体温度超过600℃时，平均壁温取介质温度加上100℃以上。任何情况下，金属表面温度都不能超过其规定的值。

4）对于内保温容器，应进行温度计算，或者以工作条件相类似的容器的实测壁温作为设计温度，并在筒壁上安装测温点或涂超温显示剂。

3. 许用应力与安全系数

正确选择许用应力是保证压力容器安全运行的一个非常重要的问题。许用应力值取决于材料的力学性能（即强度、塑性或脆性）、载荷特性（静载荷或交变载荷）和温度等。由材料力学已知，材料的许用应力［$\sigma$］是以材料的抗拉强度 $R_m$或屈服强度 $R_{eL}$除以相应的抗拉强度安全系数 $n_m$或屈服强度安全系数 $n_e$取得的。当材料在高温下工作时，还需考虑材料高温强度性能指标——持久强度 $R_D$、蠕变强度 $R_n$，并除以相应的安全系数 $n_D$及 $n_n$。由于上述材料性能指标是随温度变化的，温度为 $t$ 的强度性能指标分别表示为 $R_m^t$、$R_{eL}^t$、$R_D^t$、$R_n^t$。

强度条件中的［$\sigma$］，取用下列四值中的最小值：

$$\frac{R_m{}^t}{n_m},\frac{R_{eL}}{n_e},\frac{R_D^t}{n_D},\frac{R_n^t}{n_n}$$

压力容器钢板的许用应力随使用温度及板厚的不同而不同。几种常用钢板的许用应力见表3-1。

**表3-1　压力容器常用钢板在不同温度下的许用应力［$\sigma$］（单位：MPa）**

| 钢号 | 20R | | | 16MnR | | | | 15MnVR | | 18MnMoNbR | |
|---|---|---|---|---|---|---|---|---|---|---|---|
| 使用温度/℃ \ 钢板厚$\delta$/mm | 16 < $\delta$≤36 | 36 < $\delta$≤60 | 60 < $\delta$≤100 | 6≤ $\delta$≤16 | 16 < $\delta$≤36 | 36 < $\delta$≤60 | 60 < $\delta$≤100 | 8 < $\delta$≤16 | 16 < $\delta$≤36 | 30≤ $\delta$≤60 | 60 < $\delta$≤100 |
| ≤100 | 132 ~ 133 | 126 ~ 133 | 115 ~ 128 | 170 | 163 | 157 | 153 | 177 | 170 | 197 | 190 |
| 150 | 126 | 119 | 110 | 170 | 163 | 157 | 150 | 177 | 170 | 197 | 190 |
| 200 | 116 | 110 | 103 | 170 | 159 | 150 | 141 | 177 | 170 | 197 | 190 |

（续）

| 钢号 / 钢板厚δ/mm / 使用温度/℃ | 20R | | | 16MnR | | | | 15MnVR | | 18MnMoNbR | |
|---|---|---|---|---|---|---|---|---|---|---|---|
| | 16 < δ≤36 | 36 < δ≤60 | 60 < δ≤100 | 6≤ δ≤16 | 16 < δ≤36 | 36 < δ≤60 | 60 < δ≤100 | 8 < δ≤16 | 16 < δ≤36 | 30≤ δ≤60 | 60 < δ≤100 |
| 250 | 104 | 101 | 92 | 156 | 147 | 138 | 128 | 177 | 170 | 197 | 190 |
| 300 | 95 | 92 | 84 | 144 | 134 | 125 | 116 | 172 | 163 | 197 | 190 |
| 350 | 86 | 83 | 77 | 134 | 125 | 116 | 109 | 159 | 150 | 197 | 190 |
| 400 | 79 | 77 | 71 | 125 | 119 | 109 | 103 | 147 | 138 | 197 | 190 |
| 425 | 78 | 75 | 68 | 93 | 93 | 93 | 93 | — | — | 197 | 190 |
| 450 | 61 | 61 | 61 | 66 | 66 | 66 | 66 | — | — | 177 | 177 |
| 475 | 41 | 41 | 41 | 43 | 43 | 43 | 43 | — | — | 117 | 117 |

**表 3-2　中、低压力容器的安全系数**

| 材料 | 对常温下的抗拉强度 $R_m$ | 对常温或设计温度下的下屈服强度 $R_{eL}$ | 对设计温度下的持久强度 $R_D^t$（经10万h断裂） | 对设计温度下的蠕变强度 $R_n^t$（在10万h下蠕变率为1%） |
|---|---|---|---|---|
| 碳素钢<br>低合金钢<br>高合金钢 | $n_m \geqslant 2.7$ | $n_e \geqslant 1.5$ | $n_D \geqslant 1.5$ | $n_n \geqslant 1.0$ |

4. 减弱系数

（1）焊缝系数。在焊接容器中，由于焊缝可能存在缺陷（气孔、夹渣、未焊透等），或者由于焊接的热影响，焊缝或焊接热影响区的金属强度可能低于原材料的强度，因此在确定容器的壁厚时，应该考虑焊接的影响。焊缝系数 $\varphi$ 表示由于焊接或焊缝中可能存在的缺陷对结构原有强度削弱的程度。焊缝系数既然是考虑焊缝可能存在的缺陷对材料强度产生的影响，因此它与影响焊缝质量有直接关系的焊接形式有关，也与焊缝的可靠程度有关。而焊缝的可靠程度又经常取决于它是否经过无损探伤检验，是局部探伤还是全部探伤等。所以焊缝系数应根据焊缝的焊接形式和焊缝的无损检验程度来确定。对于按焊接规范由考试合格的焊工进行焊接的焊缝系数，一般可以按下列规定选取：

1）双面焊的对接焊缝。

100%无损探伤：$\varphi=1.00$；

局部无损探伤：$\varphi=0.85$。

2）有金属垫板的单面焊对接焊缝

100%无损探伤：$\varphi=0.90$；

局部无损探伤：$\varphi=0.80$。

（2）孔桥减弱系数。压力容器等部件常常开设一定数量的孔口，以便与管子或管道连接。容器本体上开孔减少了金属承载面积，增大了开孔区特别是孔边的应力，必然会削弱部件的承压能力。在密排开孔区，相邻两孔间的金属部分叫孔桥。孔桥部位被开孔削弱的程度用孔桥减弱系数表示。壳体上所开的孔，其排列是有一定规律的。有的沿圆筒的轴线方向分布，属纵向孔排；有的沿圆筒体的周向分布，属周向孔排；有的既不是轴向也不是周向的，则为斜向孔排。筒体上三种孔排对应的孔桥如图3-2所示。因此它们也具有各自不同的孔桥减弱系数。

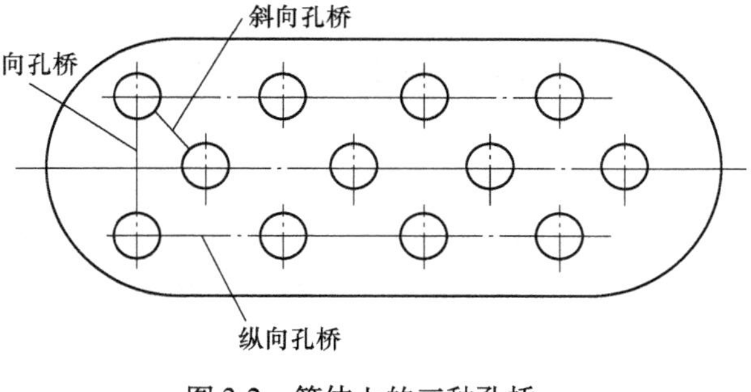


图3-2 筒体上的三种孔桥

当相邻两孔直径相等时，孔桥减弱系数按下列方法计算：

纵向孔桥减弱系数为

$$\varphi=(t-d)/t$$

式中 $t$——相邻两纵向孔的中心距离；

$d$——孔径。

周向孔桥减弱系数为

$$\varphi'=(t'-d)/t'$$

式中 $t'$——相邻两周向孔中心线间的圆弧长度，由于从圆筒的内径到外径处，两孔间的圆弧长度是逐渐增加的，所以规定 $t'$ 是平均半径处两孔中心线间的圆弧长度。

斜向孔桥减弱系数为

$$\varphi'' = (t'' - d) / t''$$

式中 $t''$——相邻两斜向孔的中心线沿平均半径部位的曲线长度。如果相邻斜向两孔中心线间沿纵向的距离是 $b$，沿周向截面平均半径部位的弧长为 $a$，则近似有 $t'' = \sqrt{a^2 + b^2}$。

5. 附加壁厚

附加壁厚是考虑部件在用材、加工和使用期间器壁有可能减薄而需要增加的厚度。从选定钢板最小厚度的角度要求，附加壁厚 $C$ 应包括三部分：钢板的负偏差 $C_1$、腐蚀裕量 $C_2$ 和加工减薄量 $C_3$。$C_1$ 和 $C_3$ 是为了使部件制成品的壁厚不小于需要的壁厚。$C_2$ 是要使部件在设计使用期限内的壁厚始终不小于计算壁厚，以保证设备使用寿命。

（1）钢板的负偏差。钢板厚度负偏差一般是根据我国常用钢板或钢管厚度及有关的规定选取的，见表 3-3，详见 GB 150.1—2011《压力容器 第 1 部分：通用要求》、GB/T 3280—2007《不锈钢冷轧钢板和钢带》以及 GB/T 4237—2007《不锈钢热轧钢板和钢带》等有关资料。设计时一般可取 $C_1 = 0.5 \sim 1.0$mm。当实际钢板厚度负偏差不超过名义厚度（标在图样上的厚度）的 6%，且不大于 0.25mm 时，可忽略不计。

**表 3-3 钢板厚度负偏差 $C_1$** （单位：mm）

| 钢板厚度 | 2.5 | 2.8 ~ 3.0 | 3.2 ~ 3.5 | 3.8 ~ 4.0 | 4.5 ~ 5.5 | 6 ~ 7 |
|---|---|---|---|---|---|---|
| 负偏差 | 0.2 | 0.22 | 0.25 | 0.3 | 0.5 | 0.6 |
| 钢板厚度 | 8 ~ 25 | 26 ~ 30 | 32 ~ 34 | 36 ~ 40 | 42 ~ 50 | 52 ~ 60 |
| 负偏差 | 0.8 | 0.9 | 1.0 | 1.1 | 1.2 | 1.3 |

（2）腐蚀裕量。腐蚀裕量取决于介质的腐蚀性能、材料的化学稳定性和容器的使用时间。对于均匀腐蚀，当腐蚀速度 $K_a$ 大于 0.1mm/y 时，腐蚀裕量 $C_2$ 可用下式表示，即

$$C_2 = K_a t$$

式中 $K_a$——腐蚀速度（mm/y）；

$t$——容器的设计寿命（y）。

对于碳钢和低合金容器，如果 $K_a < 0.1$mm/y 时，单面腐蚀量取 $C_2 = 2$mm，双面腐蚀量取 $C_2 = 4$mm；如果 $K_a < 0.05$mm/y 时，单面腐蚀量取 $C_2 = 1$mm，双

面腐蚀量取 $C_2=2\text{mm}$。对于不锈钢容器，当介质的腐蚀性能极弱时，$C_2$取0。

（3）加工减薄量。加工减薄量可根据部件的加工工艺条件，由制造单位根据加工工艺和加工能力自行选取。按 GB 150.1 ~ GB 150.4—2011《压力容器》的规定，钢制压力容器设计图样上注明的厚度不包括加工减薄量。

### 3.2.6 压力容器设计过程中各种厚度之间的关系

1. 计算厚度 $\delta$

计算厚度指按照强度理论建立的厚度计算公式计算得到的厚度。

2. 设计厚度 $\delta_d$

设计厚度指计算厚度 $\delta$ 和腐蚀裕量 $C_2$之和。

3. 名义厚度 $\delta_n$

名义厚度指设计厚度 $\delta_d$加上钢板的负偏差 $C_1$后向上圆整到钢材标准规格的厚度，即标注在图样上的厚度。

4. 有效厚度 $\delta_y$

有效厚度指名义厚度 $\delta_n$减去钢板的负偏差 $C_1$和腐蚀裕量 $C_2$后的厚度。

压力容器设计过程中各种厚度之间的关系如图3-3所示。

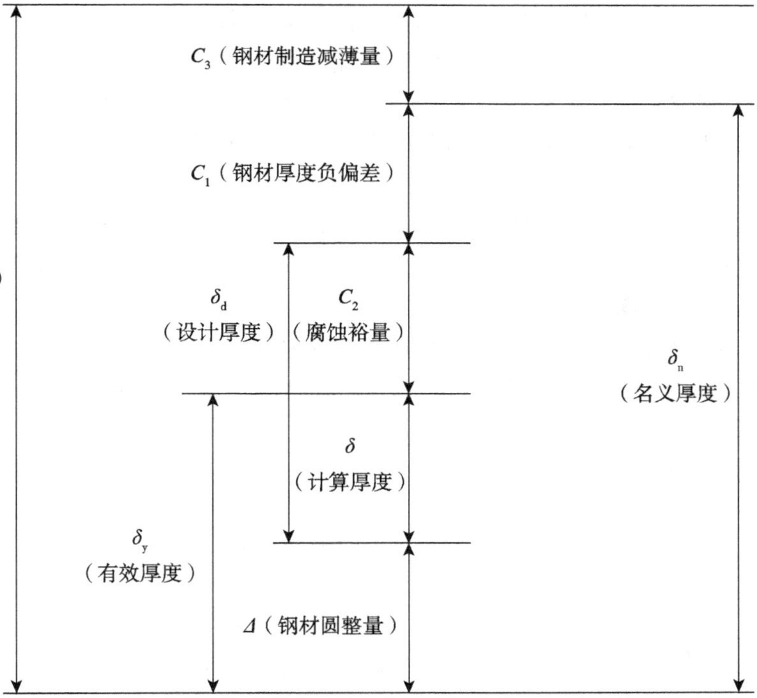


图3-3 压力容器设计过程中各种厚度之间的关系

### 3.2.7 设计实例

一个卧式圆筒形储罐，内装质量分数为99%的液氨，筒体内径 $D_i = 2.2\text{m}$，筒长 $L = 3.2\text{m}$，两端采用标准椭球封头，储罐最高操作温度（夏季）不超过50℃，具有可靠保冷措施，罐顶有安全阀，试初步确定其壁厚。

**解** 1. 设计参数及材料

（1）设计温度 $T$。因具有可靠保冷措施，故取最高操作温度 t = 50℃。

（2）设计压力 $p$。氨作为液化气体，查有关手册，在50℃时的饱和蒸汽压（绝对压力）为1.973MPa，设安全阀的开启压力为 $p_k = 1.1 \times (1.973 - 0.1)\text{MPa} \approx 2.06\text{MPa}$，取设计压力 $p$（或计算压力）为2.1MPa，由计算可知液柱静压力小于设计压力 $p$（或计算压力）的5%，故忽略不计。

（3）材料的选择。根据GB 150.2—2011《压力容器　第2部分：材料》的规定，因 $p > 1.0\text{ MPa}$，故不能够选用Q235A，综合考虑钢材力学性能、介质耐腐蚀性等因素，在此选用16MnR的钢板，使用状态为热轧或正火。

（4）腐蚀裕量。查《腐蚀数据手册》中16MnR的耐腐蚀性，其 $K_a < 0.1\text{mm/y}$时，若设计寿命为20年，这里可取腐蚀裕量 $C_2$为2mm。

（5）减弱系数。这里主要考虑焊缝减弱系数。该容器属于中压容器，按照《固定式压力容器安全监察规程》规定，氨属于中毒毒性介质，且 $pV = 2.1 \times [\pi \times (2.2)^2/4] \times 3.2\ \text{MPa} \cdot \text{m}^3 \approx 25.5\ \text{MPa} \cdot \text{m}^3 > 10\ \text{MPa} \cdot \text{m}^3$，故应视为第三类容器，筒体纵焊缝应采用全焊透双面对焊且100%无损探伤，所以焊接减弱系数 $\varphi$ 取1。

（6）许用应力。根据GB 150.1～GB 150.4—2011《压力容器》或表3-1可知，假设钢板厚度为16～36mm时，则在50℃的设计温度下，16MnR的许用应力 $[\sigma]^t$ 为163MPa。

（7）钢板负偏差。假设钢板厚度为8～25mm，根据GB 150.1～GB 150.4—2011《压力容器》或表3－3可知，钢板负偏差 $C_1$为0.8mm。

2. 壁厚计算

圆筒体计算厚度为

$$\delta_1 = \frac{pD_i}{2[\sigma]^t\varphi - p} = \frac{2.1 \times 2200}{2 \times 163 \times 1 - 2.1}\text{mm} \approx 14.3\text{mm}$$

封头计算厚度为

$$\delta_2 = \frac{pD_i}{2[\sigma]^t\varphi - 0.5p} = \frac{2.1 \times 2200}{2 \times 163 \times 1 - 0.5 \times 2.1}\text{mm} \approx 14.2\text{mm}$$

圆筒体设计厚度为

$$\delta_{d1} = \delta_1 + C_2 \approx 16.3\text{mm}$$

封头设计厚度为

$$\delta_{d2} = \delta_2 + C_2 \approx 16.2\text{mm}$$

储罐名义厚度 $\delta_n$ 为

$$\delta_n = \delta_{d1} + C_1 + \Delta_1 = 18\text{mm}, \quad \delta_n = \delta_{d2} + C_1 + \Delta_2 = 18\text{mm}$$

此厚度刚好满足上述（6）、（7）步骤中的假设，否则需要重新计算。因此最终储罐图样标明的名义厚度为18mm。

## 3.3　薄壁筒体开孔补强

开孔对壳体强度有一定程度的减弱，并在开孔及接管边缘造成应力集中，必须在强度计算中予以考虑。通常从两个角度来考虑和补偿开孔对筒体强度的影响：其一，在计算筒体壁厚时，考虑孔排的减弱作用，引进孔桥减弱系数，从整体上增加筒体的壁厚，补偿孔排对强度的影响；其二，对个别大直径的单孔及过于密集的孔排，进行补强计算和补强处理。所谓补强，就是在开孔边缘部位适当添加金属，以弥补开孔对筒体（封头）强度的减弱。补强主要对象是薄壁圆筒壳，也有压力容器中的球壳及凸形封头。

### 3.3.1　不需补强的最大孔径

开孔会减弱容器的强度，孔径越大，孔边应力集中越严重，对容器强度的减弱越厉害。显然，容器厚度设计时应留有一定的安全裕量，可以根据容器壁厚的安全裕量的大小，将开孔直径限制在一定范围，使开孔所造成的强度减弱正好由容器的富裕壁厚来补偿。因此，一定孔径的开孔是允许的，并不会减弱筒体强度。这种不影响容器强度的最大开孔孔径称为未加强单孔的最大允许直径 $[d]$。

圆筒体上未加强单孔的最大允许直径 $[d]$ 可按下面的经验公式计算，即

$$[d] = 8.1\sqrt[3]{D_i\delta_y(1-k)} = 8.1\sqrt[3]{D_i\Delta}$$

式中　$D_i$——筒体内径（mm）；

$\delta_y$——筒体有效壁厚（mm），$\delta_y = \delta_n - C_1 - C_2$；

$k$——筒体壁厚富裕程度的系数，$k = \delta/\delta_y$，$\delta$ 为未减弱筒体的理论计算壁厚；

$\Delta$——圆整量（mm）；

其中，$k$ 值越小，表示壁厚的富裕程度越大，相应的未加强单孔最大允许直径 $[d]$ 也就越大。

### 3.3.2 单孔补强

当圆筒体上单孔的孔径大于［$d$］时，应将此单孔补强，以降低边缘的应力高峰，使孔边强度不低于圆筒体其他部分。

1. 补强结构

试验表明，位于开孔边缘的筒体富裕壁厚、接管富裕壁厚、垫板、焊缝金属等都有补强作用，因而接管、垫板是最常见的补强件。补强件与被补强元件的连接形式称为补强结构。

补强结构必须满足一定的要求：管接头焊到开孔上当做补强结构时，管接头的壁厚除能承受内压外，必须有足够的富裕量；内插式管接头必须双面焊接；单面焊接的管接头焊缝必须开坡口。

2. 补强有效范围

接管、垫板等补强件的补强金属，只在孔边缘区域的一定范围内才能起补强作用。应力分析和试验都表明，补强的有效范围，在筒体的轴线方向2倍孔径范围内。

3. 补强原则和计算公式

我国压力容器强度计算中，根据“等面积补强”原则进行补强计算。即在过筒体轴线及开孔中心线的纵截面中，在有效补强范围内，筒体及补强结构除了自身承受内压所需要的面积外，多余的面积（称为补强面积）应不小于未开孔筒体由于开孔所减少的面积$A$（称为补强需要的面积）。

补强需要的面积$A$（图3-4）为

$$A = d\delta_0$$

式中 $d$——管接头内径（或开孔直径）；

$\delta_0$——未开孔筒体承受内压的计算壁厚。

补强面积由以下几个部分组成：

（1）有效补强范围内的焊缝金属面积$A_1$。

若焊脚高度为$e$，则$A_1 = e^2$（单面焊）或$A_1 = 2e^2$（双面焊）。

（2）有效补强范围内的筒体承受内压外的多余面积$A_2$。

$$A_2 = d(\delta_{y2} - \delta_0) = d\Delta_2$$

式中 $d$——管接头内径（或开孔直径）；

$\delta_0$——未开孔筒体承受内压的计算壁厚；

$\delta_{y2}$——筒体的有效壁厚；

$\Delta_2$——筒体的富裕壁厚。

（3）有效补强范围内的管接头承受内压外的多余面积$A_3$。

$$A_3 = 2h(\delta_{y3} - \delta_1) = d\Delta_3$$

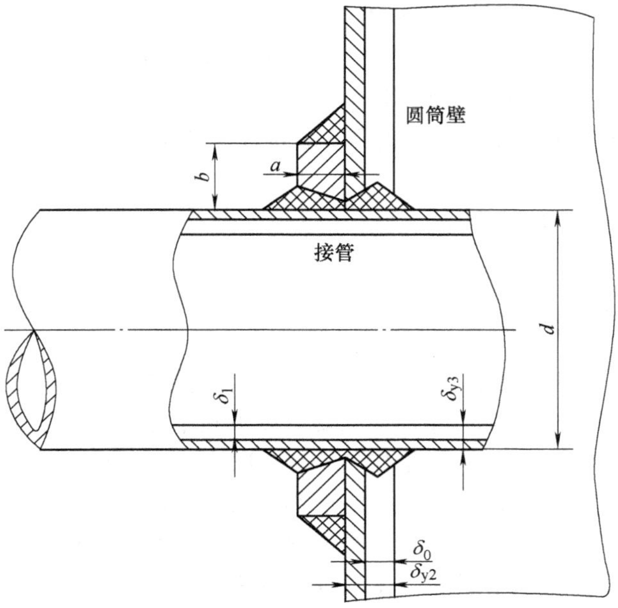


图 3-4　圆筒开孔补强

式中　$h$——补强区域内管接头的长度；

$\delta_1$——管接头的计算壁厚；

$\delta_{y3}$——管接头的有效壁厚；

$\Delta_3$——管接头的富裕壁厚。

需要说明的是，$h$ 的取值比较复杂。另外，对于双面焊内插式管接头，内插部分并不承受内压，因而内插部分可全部作为补强面积。

（4）有效补强范围内垫板的有效面积 $A_4$。

$$A_4 = 2ab$$

式中　$a$——垫板的厚度；

$b$——垫板外半径与内半径之差。

最后要求满足

$$A_1 + A_2 + A_3 + A_4 \geqslant A$$

4. 补强面积的分布

“等面积补强”是一种经验性的近似方法。长期的实践经验证实，按照这种方法进行补强计算能保证足够的强度，而且计算较为简便。但是“等面积补强”

并不考虑补强面积在有效补强范围内的分布情况。当富裕壁厚较大时，按等面积补强原则进行补强计算，就会出现不够合理的现象：实际情况是孔边缘的应力集中迅速衰减，补强面积离孔边缘越近，补强效果越好。而当富裕壁厚较大时，相应地在有效补强范围内离孔边缘较远的补强面积比例增大，但这些补强面积实际上不能完全起到补强作用。因而我国压力容器强度计算标准规定，在有效补强范围内，补强需要面积的2/3应布置在离孔边缘 $d/4$ 的范围内。

## 3.4 压力容器结构设计

### 3.4.1 结构设计的总体要求

压力容器的安全问题，涉及设计、制造、安装和使用等各个环节。从设计角度考虑部件结构的安全可靠性，主要有以下几个方面：承压部件要有足够的强度，且使结构各部分受力尽量均匀合理，减少应力集中；受热系统及部件的胀缩要不受限制；受热系统及部件要得到可靠的冷却。其总体要求如下：

（1）避免结构上的形状突变，使其平滑过渡。承压壳体存在几何形状突变或其他结构上的不连续，都会产生较高的局部应力，因此应该尽量避免。实在难以避免时，必须采取平滑过渡的结构形式，防止突变。

（2）能引起应力集中或削弱强度的结构应互相错开。在压力容器中，总是不可避免地存在一些局部应力较高或对部件的强度有所削弱的结构，如开孔、转角、焊缝等。这些结构在位置上应相互错开，以防局部应力叠加，产生更高的局部应力，导致设备的破坏。

（3）避免产生较大的焊接应力或附加应力的刚性焊接结构。刚性大的焊接结构既可以使焊接构件因焊接时的膨胀或收缩受到约束，产生较大的焊接应力，也可以使壳体在压力或温度变化时的变形受到约束，产生附加的弯曲或拉伸应力。因此在设计时应采取措施予以避免。

（4）受热系统及部件的胀缩不受限制。受热部件如果在热膨胀时受到外部或自身限制，在部件内部即产生热应力。在设计时应采取措施，使受热部件不受外部约束，减小自身约束。

### 3.4.2 对封头结构的要求

（1）压力容器的凸形封头最好采用椭球封头，并选用标准形式。标准椭球封头的长短轴比值（封头半径与不包括直边高度在内的封头高度之比）为2。采用非标准椭球封头时，其长短轴比值不得大于2.5。

（2）在封头半径与高度的比值相同的情况下，碟形封头较椭球封头存在较大的弯曲应力，因此应尽量少采用碟形封头。采用碟形封头时，封头过渡区的转角半径应不小于封头内直径的 10%，且应不小于封头厚度的 3 倍。

（3）无折边球形封头使筒体产生较大的附加弯曲应力，因此只适用于直径较小、压力较低的容器。在任何情况下，无折边球形封头的球面半径都不应大于圆筒体的内直径。因为封头球面半径过大将与平板封头相似，产生很高的边界应力。

（4）锥形封头只在容器的生产工艺确实需要的情况下才采用。平板盖与其他封头比较，受力情况最差。在相同的受压条件下，平板盖比其他形式的封头厚得多。因此，平板角焊封头一般不宜用于压力容器。需要采用时，应有足够的厚度，并采用全焊透的焊接结构。

### 3.4.3　对焊接接头的要求

当筒体与不同形式的封头及其他端部结构（管板、下脚圈等）连接时，在连接处因结构不连续或变形不连续会产生附加应力。不同几何形状在连接处变形不连续是难以避免的，而结构上的明显不连续会导致较大的附加应力，应尽量避免。实在难以避免时，应采取适当的结构措施，使形状突变转换为形状渐变或圆滑过渡。

在考虑部件结构时，必须考虑和选用合理的焊接接头形式。焊接接头的基本形式有对接接头、搭接接头和角接接头等。对接接头所形成的结构基本上是连续的，接头及所连接母材中的受力比较均匀，是各种焊接结构中采用最多也是最完善的结构形式。搭接接头、角接接头所形成的焊缝都是角焊缝，焊缝所连接的两部分钢板不在同一平面或曲面上。角焊缝及其附近受力时，应力状态比较复杂，应力集中比较严重，除了拉伸、压缩应力外，往往还有切应力和弯曲应力。能采用对接焊缝时应尽量采用对接焊缝，尽量避免角焊缝。

接头形式一般根据焊缝在结构中的受力状态及部件进行选择。对压力容器上的焊接接头形式主要有以下要求：

1）压力容器主要受压元件的主焊缝（纵向和环向焊缝，封头、管板的拼接焊缝等）应采用全焊透的对接接头形式。

2）当凸形封头与筒体的连接，因条件限制不得不采用搭接时，应双面搭接，搭接的长度不应小于封头厚度的 3 倍，且不应小于 25mm。

3）当必须采用角焊结构时，要选用合理的焊接坡口形式，尽量双面焊接，保证焊透。在任何情况下，焊脚尺寸都不得小于 6mm。对平封头的管板，还应采取必要的加强结构。

4）压力容器接管（凸缘）与筒体（封头）、壳体连接，平封头与筒体连接，有下列情况之一的，原则上采用全焊透形式：①介质为易燃或毒性程度为极度危害和高度危害的压力容器；②做气压试验的压力容器；③第三类压力容器；④低温压力容器；⑤按疲劳准则设计的压力容器；⑥直接受火焰加热的压力容器。

### 3.4.4 对减弱环节的要求

压力容器承压部件上的减弱环节，主要指各种开孔、焊缝及部件形状和厚度的变化。这些因素会降低部件的承载能力，因此在进行部件结构和工艺设计时，一个重要原则是避免减弱环节的叠加，在满足工作需要的条件下，尽量使上述减弱环节在部件上均衡分布，即尽量减小部件各处强度的差异，增加部件结构各处的等强度性。

1. 关于开设检查孔的要求

为了便于对压力容器定期进行内部检验和清扫，在容器上应开设必要的人孔、手孔和检查孔等。内径大于或等于800mm的容器都应在筒体或封头上开设人孔，圆形人孔直径应不小于400mm；椭圆形人孔的尺寸不应小于400mm × 300mm；圆形手孔的直径应不小于100mm；椭圆形手孔尺寸应不小于75mm × 50mm。工作介质为高温或有毒气体的容器，为了避免介质喷出伤人，承压部件的人孔盖、手孔盖应采用内闭式，盖的结构应保证密封垫圈不会被气体吹出。

2. 开孔位置与尺寸限制

1）容器壳体（包括圆筒体与封头）上所开的孔一般应为圆形、椭圆形或长圆形。在壳体上开椭圆形或长圆形孔时，孔的长径与短径之比应不大于2。

2）在圆筒体上开椭圆形或长圆形孔时，为了减小开孔对筒体强度的削弱，孔的短径一般设在筒体的轴向。

3）壳体上的所有开孔宜避开焊缝。胀接管孔中心与焊缝边缘的距离应不小于$0.8d$（$d$为管孔直径），且不小于$0.5d+12\text{mm}$。

4）在圆筒体上开孔，对于内径不大于1500mm的圆筒，最大孔径不应超过筒体内径的1/2，且不大于520mm；对于内径大于1500mm的圆筒，最大孔径不应超过筒体内径的1/3，且不大于1000mm；开孔之间应有一定距离，开孔过大、过密应按规定进行补强处理。

5）凸形封头或球形容器开孔，最大孔径应不大于壳体内径的1/2；锥形封头的开孔最大直径应不大于孔中心处锥体内径的1/3。平端盖上任意两孔的间距不得小于其中小孔的直径，孔边缘与平端盖边缘之间的距离不应小于平端盖厚度的2倍，孔不得开在内转角过渡圆弧上。

3. 关于焊缝的要求

焊缝与焊缝不得十字交叉，相邻焊缝之间应有足够的距离。封头、管板应尽量用整块钢板制造，必须拼接时，允许用两块钢板拼接，即允许有一条拼接焊缝。封头拼接焊缝离封头中心线的距离应不超过 $0.3D_i$（$D_i$为封头公称内径）。在承压部件主要焊缝上及其邻近区域，应避免焊接零件。如不能避免时，焊接零件的焊缝可穿过主要焊缝，而不要在焊缝上及其邻近区域中止。管子对接焊缝与相邻焊缝应有一定距离。开孔、焊缝、转角要错开，开孔及焊缝不允许布置在部件转角上，并应离开一定距离。

### 3.4.5　对受热部件热膨胀的考虑

设计压力容器时，通常从下列方面考虑膨胀问题：

1）温升部件，特别是筒体，其两端的支承不能同为固支，至少一端为铰支，以适应筒体沿轴线的膨胀。

2）温升部件如果两端是固定的，则部件本身应有吸收膨胀的结构。

3）在部件的膨胀部位应留有适当间隙，该间隙中不应布置其他部件及结构。

# 第 4 章　压力容器制造及检修

## 4.1　压力容器制造工序

除了可以直接采用管子制造压力容器外，圆筒形筒体成形方法主要有两种，即卷制焊接成形（包括多层包扎焊接成形）和锻造成形。这两类压力容器又称为板焊结构压力容器和锻接结构压力容器。

### 4.1.1　工艺过程

#### 4.1.1.1　板焊结构压力容器制造

板焊结构压力容器应用十分广泛，适用于各种类型的压力容器，其制造的基本工艺如图 4-1 所示。

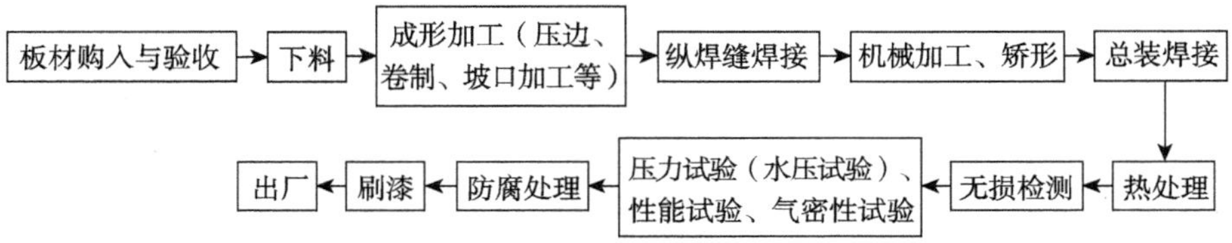


图 4-1　板焊结构压力容器制造的基本工艺

1. 加工成形

成形工艺主要有冲压、卷制、弯曲和旋压等。

圆筒形和圆锥形构件，如压力容器的筒体和过渡段、大直径管道等都是采用钢板卷制而成的。卷制过程通常在三辊或四辊卷板机上进行，厚壁筒体也可采用特制的模具在水压机或油压机上分片冲压成形。

筒体的卷制实质上是一种弯曲工艺。在常温下弯曲，即所谓的冷弯时，工件的弯曲半径不应小于该种材料特定的最小允许值。对于普通碳素结构钢，弯曲半径不应小于25倍板的厚度，否则材料的力学性能会大幅度降低。冷弯的筒体，当其外层的纤维伸长率超过15%时，应在冷弯后作回火处理，以消除冷作硬化引起的不良效果。冷弯工艺一般用于板厚小于50mm的钢板，大于50mm的钢板应采用热卷或热冲压成形。热卷和热冲压温度应选择在材料的正火温度，以保证热成形后材料的力学性能。如果在热成形过程中温度高于正火温度，则应在成形后，再作一次常规的正火处理，以恢复其力学性能。

球形封头、椭圆形封头、顶盖、球罐的球瓣通常采用冷冲压或热冲压而成。冷冲压和热冲压对冲压件材料性能的影响类似于冷弯和热卷。当工件冷变形度超过允许极限，或冲压温度超过材料正常的正火温度时，冲压后应对工件进行相应的热处理，以恢复材料的力学性能。

封头的成形也可以用旋压方法加工，按工件的壁厚不同，可采用冷旋压法和热旋压法。冷旋压成形又分为二步法和一步法两种。厚壁封头的热旋压通常采用冲旋联合成形方法。

2. 装配与焊接

装配与焊接是决定容器质量的关键工序。焊件的装配不仅要求部件的尺寸符合设计图样的要求，而且要保证接头的装配和定位，以保证焊缝质量符合焊接技术要求。影响焊接质量的重要接头装配尺寸是接头的间隙量和对口错边量。

容器焊接顺序是先焊筒节纵缝，焊好后校圆，再组装焊接环缝。当筒体直径太大无法校圆时，应先将单筒节的几条纵缝点焊，几个筒节组装点固定后，再进行纵缝和环缝的焊接。否则若先将环缝焊好再焊纵缝时，筒节的膨胀和收缩都要受到环缝的限制，其结果会引起过大的应力，甚至产生裂纹。

每条焊缝的焊接次序通常是先焊筒体里面，焊完后从外面用碳弧气刨清理焊根，将容易产生裂纹和气孔的第一层焊缝基本刨掉，经磁粉或着色探伤确信没有缺陷存在后再焊外侧。

#### 4.1.1.2 锻接压力容器制造

锻造是一种借助工具或模具在冲击或压力作用下加工金属零件或零件毛坯的方法。锻造生产根据使用工具和生产工艺的不同可分为自由锻、模锻和特种锻造。

1. 自由锻

自由锻一般是指借助简单工具，如锤、砧、型砧、摔子、冲子、垫铁等对铸锭或棒材进行墩粗、拔长、弯曲、冲孔、扩孔等生产零件毛坯的方式。自由锻加工余量大，生产效率低，锻件力学性能和表面质量受生产操作工人的影响大，不易保证。这种锻造方法只适合单件、极小批量或大锻件的生产。自由锻设备依锻件质量大小可选用空气锤、蒸气—空气锤或锻造水压机。自由锻还可以借助简单的模具进行锻造，又称胎模锻，其效果要比人工操作效率高，成形效果也大为改善。

2. 模锻

模锻是指将坯料放入上、下模块的型槽（按零件形状尺寸加工）间，借助锻锤锤头、压力机滑块或液压机活动横梁向下的冲击或压力成形为锻件。模锻件余量小，只需少量的机械加工（有的甚至不加工）；模锻生产效率高，内部组织均匀，件与件之间的性能变化小，形状和尺寸主要靠模具保证，受操作人员的影响较小。模锻需要借助模具，加大了投资，因此不适合单件和小批量生产。

3. 特种锻造

有些零件采用专用设备可以大幅度提高生产率，锻件的各种要求（如尺寸、形状、性能等）也可以得到很好的保证，这时可用特种锻造。特种锻造机械只能生产某一类型产品，有一定的局限性，因此适合于生产批量大的零配件。

锻造压力容器主要用于高温高压反应器，如加氢反应器、核电站的压力壳、人造水晶反应釜、超高压聚乙烯管式反应器等。锻造筒体的成形方法是用锻造水压机将钢锭锻成空心锻坯，加工成圆筒体或带有法兰或支座的筒节，或实心锻坯通过钻孔加工制成。锻造结构压力容器制造的基本工艺如图 4-2 所示。

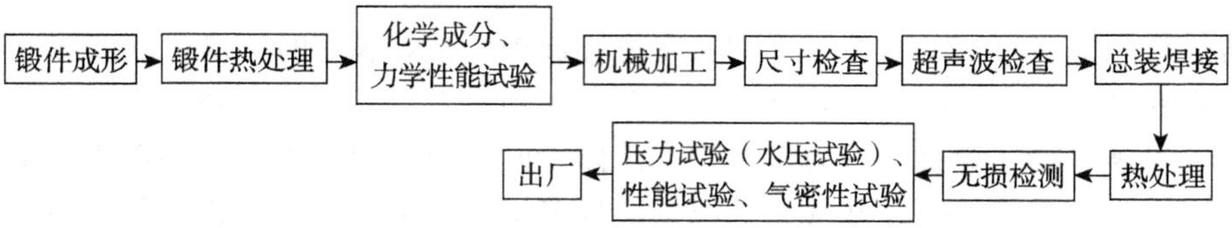


图 4-2　锻造结构压力容器制造的基本工艺

锻造的筒体没有纵焊缝，安全性得到较大的提高；锻件的形状、尺寸稳定性好，并有最佳的综合力学性能；由于金属材料通过塑性变形后，消除了内部缺陷，如锻合空洞，压实疏松，打碎碳化物、非金属夹杂并使之沿变形方向分布，改善或消除成分偏析等，得到了均匀、细小的低倍和高倍组织。但缺点是需要较大吨位的大型锻造水压机，锻件的加工余量较大，无损检测工作量大，一旦检测不合格，造成的损失较大。

### 4.1.2　制造质量控制

#### 4.1.2.1　锅炉压力容器制造管理的一般规定

为了确保制造质量，锅炉和压力容器应由有制造许可证的专业单位制造。许可证由制造单位提出申请，由上级主管部门和安全监察部门审批后颁发。

制造锅炉和压力容器的单位，必须具备保证产品质量所必要的设备、技术力量、检验手段和管理制度；必须按照有关规定，严格执行原材料验收制度、工艺管理制度和产品质量检验制度，保证产品的质量，不合格的产品不准出厂。

锅炉、压力容器的新产品，必须经过试制和鉴定，才准批量生产。新产品的鉴定，必须有当地锅炉压力容器安全监察机构的代表参加。

锅炉压力容器承压部件的焊接必须由经过考试合格的焊工施焊。

锅炉和压力容器出厂时，必须附有与安全有关的各种技术资料，包括设计图样、承压部件强度计算书、产品质量合格证明书和安装使用说明书等。

新制造的锅炉和压力容器，必须在明显的部位附有铭牌，注明产品型号、制造厂名、产品主要性能和制造日期等。对散装出厂的锅炉，还应在锅筒、集箱等承压部件上打上钢印，注明厂名、产品编号和工作压力，防止装错或散失。

#### 4.1.2.2　工艺要求与合格标准

1. 加工成形与组装

（1）一般要求。制造锅炉压力容器承压部件所用的材料入厂时，要按有关规定进行验收，投入使用前要先经过检查，看其是否符合设计图样的要求，有无材料出厂合格证明书等。证明书不全的材料应按证明书及设计图样的要求项目进行复验，合格后方可使用。

筒节、封头的接缝坡口可采用机械加工，也允许用火焰切割，但必须将坡口面的溶渣和氧化皮等清除干净。坡口面应经过检查，不允许有裂纹、分层和夹渣等缺陷。高强度钢（屈服强度 >400MPa）和低合金铬钼钢等钢板用火焰切割坡口时，还应对坡口表面进行无损探伤检查。

筒节、封头等经冷热加工成形后的最小壁厚不得小于设计图样规定的、包括腐蚀裕量在内的计算壁厚。

为避免产生过大的内应力，装配时不应用锤击或其他方式强制组对。

（2）筒身成形组装允许偏差，见表4-1。

封头和筒体表面应避免机械损伤。如有尖锐伤痕时，应进行修磨使其圆滑过渡，修磨后的剩余壁厚不应小于设计图样的计算壁厚（包括腐蚀裕量，不包括加工减薄量）。如修磨后的壁厚不符合要求，允许补焊，但焊后要打磨平滑。对不锈耐酸钢容器的表面损伤，如刻槽、刮痕等，必须修磨，修磨深度不应超过钢板厚度的负偏差。

**表 4-1 锅筒与压力容器筒身成形组装允许偏差**

<table>
<tr><th rowspan="2">部件</th><th rowspan="2" colspan="2">分组条件</th><th colspan="2">错边/mm</th><th rowspan="2">圆度（$D_{max}-D_{min}$）/mm</th><th rowspan="2">角变形造成的棱角度/mm</th><th rowspan="2">附注</th></tr>
<tr><th>纵缝</th><th>环缝</th></tr>
<tr><td rowspan="2">锅筒筒身</td><td rowspan="2">工作压力 $p$/MPa</td><td>≤3.82</td><td>≤10%$\delta$<br>且≤3</td><td>≤15%$\delta$+1<br>且≤6</td><td>4~8（冷卷）<br>6~9（热卷）</td><td>3（$D_1$≤1m）<br>4（$D_1$>1m）</td><td rowspan="7">1. $D_1$ 为筒身内径，$\delta$ 为筒身壁厚<br>2. 纵缝棱角度须用弦长等于 $\frac{1}{6}D_1$ 且不小于 300mm 的样板检查；环焊缝棱角度须用长度不小于 300mm 的平尺检查<br>3. $D_{max}$ 和 $D_{min}$ 为组装后壳体同一断面上最大内径与最小内径</td></tr>
<tr><td>>3.82</td><td>≤10%$\delta$<br>且≤3</td><td>≤15%$\delta$+1<br>且≤6</td><td>≤0.7%$D_1$</td><td>3</td></tr>
<tr><td rowspan="5">压力容器筒身</td><td rowspan="5">壁厚 $\delta$/mm</td><td>≤12</td><td>≤$\frac{1}{4}\delta$</td><td>≤$\frac{1}{4}\delta$</td><td rowspan="5">≤1% $D_1$ 且≤25（承受外压时查图决定）</td><td rowspan="5">≤0.1$\delta$+2<br>且≤5</td></tr>
<tr><td>12~20</td><td>≤3</td><td>≤$\frac{1}{4}\delta$</td></tr>
<tr><td>20~40</td><td>≤3</td><td>≤5</td></tr>
<tr><td>40~50</td><td>≤3</td><td>≤$\frac{1}{8}\delta$</td></tr>
<tr><td>>50</td><td>≤$\frac{1}{16}\delta$<br>且≤10</td><td>≤$\frac{1}{8}\delta$<br>且≤20</td></tr>
</table>

装配焊接坡口用的工、夹具应采用与壳体相同的材料，割除工、夹具后留下的焊疤必须打磨平滑。焊接性差的材料以及低温容器还应作宏观检查和无损探伤检查。

2. 焊接

（1）焊工。锅炉和压力容器的焊接质量在很大程度上取决于焊工的技术熟练程度，因此，所有承压部件的焊接都应由经过考试合格的焊工施焊。

焊工的考试依据“锅炉压力容器焊工考试规则”进行。考试合格的焊工应具有合格证明书和钢印代号。焊工在任何情况下中断焊接工作半年以上时，要重新考试。只经过一种材料焊接考试合格的焊工，只能焊接由本类材料制造的承压部件，改焊其他材料制造的承压部件时，需另经考试合格方可上岗。

焊工必须按照焊接工艺规程的规定进行焊接，并在自己所焊承压部件上打钢印，对焊接质量负责。

（2）焊接工艺。锅炉、压力容器的焊接规范参数及其他工艺要求体现在焊接工艺规程中，焊接工艺规程应根据设计图样技术要求以及经评定合格的焊接工艺制定。焊接工艺评定是针对锅炉压力容器的材料、结构等特点，在与产品实际制造条件相同的条件下进行的焊接试验。其目的是验证所制定的焊接工艺，包括焊接材料选择、焊接方法、焊接程序、焊接规范、预热、热处理等，能否保证焊接接头的质量，满足产品设计要求。

焊工应严格遵守通过焊接工艺评定验证合格的焊接工艺，不得随意变更。而在改变材料、改变焊接方法或修改焊接工艺时，应按有关规定重新进行焊接工艺评定。

焊接应在适宜的环境下进行，如无有效措施，不能在有下列情况之一的环境下施焊：风速达到10m/s以上；相对湿度大于90%；下雨或下雪。焊接环境温度低于0℃时，没有预热措施不得进行焊接。

（3）焊缝表面质量要求。锅炉、压力容器焊缝的内外表面应符合以下规定：

1）焊缝的外形尺寸应符合设计图样和技术标准的规定，焊缝与母材应圆滑过渡。

2）焊缝和热影响区表面不得有裂纹、气孔、弧坑和夹渣等缺陷。

3）锅筒及合金钢容器的焊缝不允许存在咬边缺陷。若发现有任何咬边，都必须进行磨光修补，修磨部位的厚度不应小于母材的厚度。其他容器焊缝局部咬边的深度不得大于0.5mm，咬边的连续长度不得大于100mm，焊缝两侧咬边的总长不得超过该焊缝长度的10%。

4）焊缝两侧的焊渣和飞溅金属应清除干净。

（4）焊缝返修。焊缝经过宏观检查或无损检测发现有不允许的缺陷时，可以进行修补。但是金属经多次熔焊以后常常会发生组织和性能的改变，使塑性和韧性降低，并重复产生缺陷，因此对焊缝的返修必须严格控制和认真进行。

对存在不允许缺陷的焊缝，修补前要先研究产生缺陷的原因，以便在补焊时采取相应的对策。对有裂纹的焊缝，应认真查找裂纹的端点，并在其端点处钻孔，钻孔的深度要稍大于裂纹的深度。然后将整条裂纹铲去，并修磨成合适的坡口，经无损探伤检查确认已不存在裂纹以后再进行补焊。补焊应采取与原焊缝相同的焊接材料和焊接工艺。锅炉压力容器的任何焊缝，在同一部位的返修次数一般不得超过两次。焊缝的返修应在焊后热处理前进行，如热处理后的焊缝需要返修时，返修后仍需进行热处理。

#### 4.1.2.3 压力容器制造监督管理

压力容器的制造必须符合《固定式压力容器安全技术监察规程》等国家强制标准和安全技术规范的要求。境外企业如果短期内完全执行我国压力容器安全技术规范确有困难时，对出口到我国的压力容器产品，在征得质检总局安全监察机构的同意后，可以采用国际上成熟的、体系完整的、并被多数国家采用的技术规范或标准，但必须同时满足我国对压力容器安全质量的基本要求，详见《锅炉压力容器制造许可条件》。

国家对压力容器制造单位实行强制的制造许可管理，没有取得制造许可证的单位不得从事压力容器制造工作，取得制造许可证的单位也只能从事许可范围之内的压力容器制造工作。境外企业生产的压力容器产品，若出口到我国，也必须取得我国政府颁发的制造许可证。无制造许可证企业生产的压力容器产品不得进口。

压力容器制造许可证的级别划分和许可范围见表4-2。D级压力容器的制造许可证，由制造企业所在地的省级质量技术监督局颁发，其余级别的制造许可证由国家质检总局颁发；境外企业制造的用于境内的压力容器，其制造许可证由国家质检总局颁发。

**表4-2 压力容器制造许可证的级别划分和许可范围**

| 级别 | 制造压力容器范围 | 备注 |
|---|---|---|
| A | A1 超高压容器、高压容器<br>A2 第三类低、中压容器<br>A3 球形储罐现场组焊或球壳板制造<br>A4 非金属压力容器<br>A5 医用氧舱 | A1 应注明单层、锻接、多层包扎、绕带、热套、绕板、无缝、锻造、管制等结构形式 |
| B | B1 无缝气瓶<br>B2 焊接气瓶<br>B3 特种气瓶 | B2 注明含（限）溶解乙炔气瓶或液化石油气瓶<br>B3 注明机动车用、缠绕、非重复充装、真空绝热低温气瓶等 |
| C | C1 铁路罐车<br>C2 汽车罐车或长管拖车<br>C3 罐式集装箱 | |
| D | D1 第二类低、中压容器<br>D2 第一类压力容器 | |

注：球壳板制造项目含直径大于或等于1800mm的各类型封头。

制造许可证有效期为4年。申请换证的制造企业必须在制造许可证有效期满6个月以前，向发证部门的安全监察机构提出书面换证申请，经检查合格后，由发证部门换发制造许可证。未按时提出换证申请或因审查不合格不予换证的制造企业，在原证书失效1年内不得提出新的取证申请。

各级别压力容器制造许可企业，应具备适应压力容器制造需要的制造场地、加工设备、成形设备、切割设备、焊接设备、起重设备和必要的工装。

压力容器制造企业具有与所制造压力容器产品相适应的，具备相关专业知识和一定资历的质量控制系统责任人员，包括设计工艺质量控制系统责任人员、材料质量控制系统责任人员、焊接质量控制系统责任人员、理化质量控制系统责任人员、热处理质量控制系统责任人员、无损检测质量控制系统责任人员、压力试验质量控制系统责任人员、最终检验质量控制系统责任人员。

企业应建立符合压力容器设计、制造，而且包含了质量管理基本要素的质量体系文件。质量体系文件应包括文件和资料控制、设计控制、采购与材料控制、工艺控制、焊接控制、热处理控制、无损检测控制、理化检验控制、压力试验控制、其他检验控制、计量与设备控制、不合格产品的控制、质量改进、人员培训和执行我国压力容器制造许可制度的规定。

压力容器制造企业必须接受国家授权的特种设备监督检验机构对其压力容器产品的安全性能进行的监督检验。监督检验在企业自检合格的基础上进行，不能代替企业的自检。监督检验应当在压力容器制造过程中进行，监督检验项目主要包括：设计图样审查、主要承压元件和焊接材料材质证明书及复验报告审查、焊接工艺及无损检测质量审查、外观及几何尺寸检查、热处理质量检查、耐压试验检查和出厂资料审查等。监督检验合格的压力容器产品应逐台（气瓶按批）出具“锅炉压力容器产品安全性能监督检验证书”，并在产品铭牌上打印监督检验钢印（图4-3）。未经监督检验或监督检验不合格的产品不得出厂。

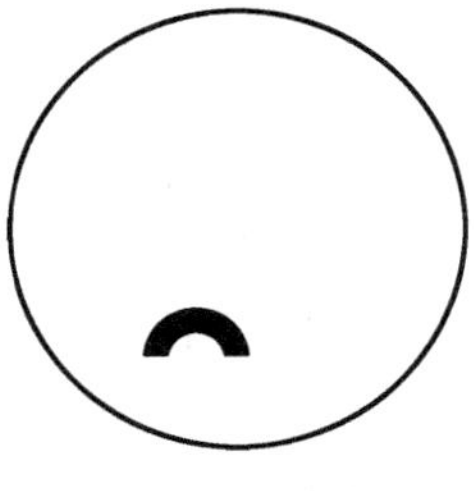

图4-3　监督检验钢印

## 4.2　压力容器的焊接

### 4.2.1　常用的焊接方法

#### 4.2.1.1　焊条电弧焊

焊条电弧焊是利用焊条与焊件之间的电弧热，将焊条及部分焊件熔化的一种焊接方式，如图4-4所示。焊接过程中焊条药皮熔化分解生成气体和熔渣，在空气和熔渣的共同作用下，有效地排除了周围空气对熔化金属的有害影响。通过高温下熔化金属与熔渣间的冶金反应，还原并净化焊缝金属，从而得到优质的焊缝。焊条电弧焊的优点如下：

1）设备简单，操作方便，易于维修。

2）对焊接接头的装配尺寸要求相对较低。

3）可进行各种位置的焊接。

4）适合焊接多种金属材料及各种结构形状。

焊条电弧焊的缺点是生产效率低，劳动强度大，对焊工的技术水平及操作要求较高。另外，在焊接时，常产生一种电弧偏吹现象，如图4-5所示。产生电弧偏吹现象是由于弧柱受到外界气流的干扰或焊条药皮偏心引起的，用直流焊机焊接或角焊缝焊接时也会引起。电弧偏吹常使焊缝产生气孔和未焊透缺陷，因此应避免在焊接过程中产生电弧偏吹现象。

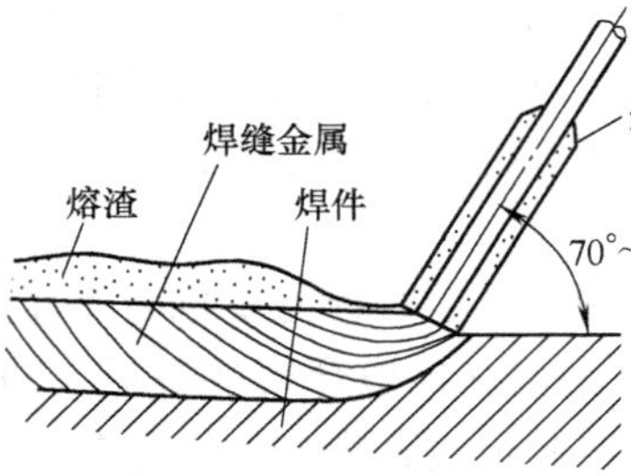


图 4-4 焊条电弧焊

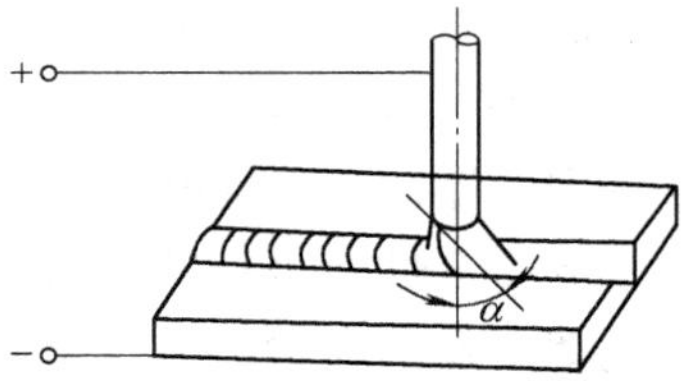


图 4-5 电弧偏吹示意

#### 4.2.1.2 埋弧焊

埋弧焊是一个（或多个）金属裸电极与工件之间形成的电弧在焊剂层下燃烧以进行焊接的方法，如图 4-6 所示。其焊接的主要操作过程（引燃及熄灭电弧、送进焊丝、移动焊丝等）由机械自动完成。

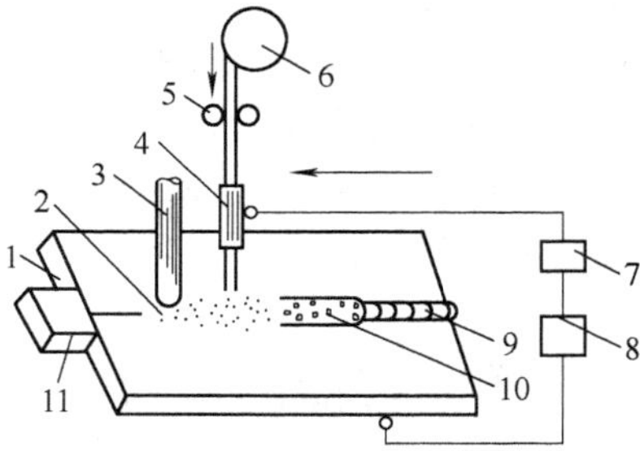


图 4-6 埋弧焊

1—焊件 2—焊剂 3—焊剂漏斗 4—导电嘴 5—焊丝送进轮 6—焊丝盘 7—电控箱 8—焊接电源 9—焊缝 10—渣壳 11—引出板

埋弧焊的材料是焊丝与焊剂。焊丝是裸体金属丝，与焊条电弧焊的焊芯相似，在焊接中不断熔化并填充于焊缝中。焊剂相当于焊条电弧焊所用焊条的药皮，但它在焊接过程所起的作用比药皮更为完善。

埋弧焊与焊条电弧焊相比，有以下一些特点：

（1）焊缝的化学成分较稳定。由于焊接参数变动极小，单位时间内熔化的金属量和焊剂的数量很少发生变化。

（2）焊接接头具有良好的综合力学性能。由于熔渣和焊剂的覆盖层使焊缝缓冷，熔池结晶时间长，冶金反应充分，缺陷较少，并且焊速较大。

（3）焊缝光滑、美观。

（4）适合厚度较大构件的焊接，它的焊丝伸出长度小，较细的焊丝可采用较大的焊接电流（埋弧焊的电流密度可达 100～150A/mm$^2$）。

（5）减少金属和电能的损耗。埋弧焊时电弧热量集中，减少了向空气中的散热及由于金属飞溅和蒸发所造成的热能损失及金属损失；又因熔深大，可减少焊件坡口尺寸，甚至不开坡口。

（6）易实现自动化、机械化操作，劳动强度低，操作简单，生产率高。

#### 4.2.1.3 氩弧焊

氩弧焊是利用氩气作为保护气体的保护电弧焊，如图4-7所示。焊接时电弧在电极与焊件之间燃烧，氩气使金属熔池、熔滴及钨极端头与空气隔绝。氩气属惰性气体，不溶于液态金属，也不与金属发生化学反应，因此焊接质量高。

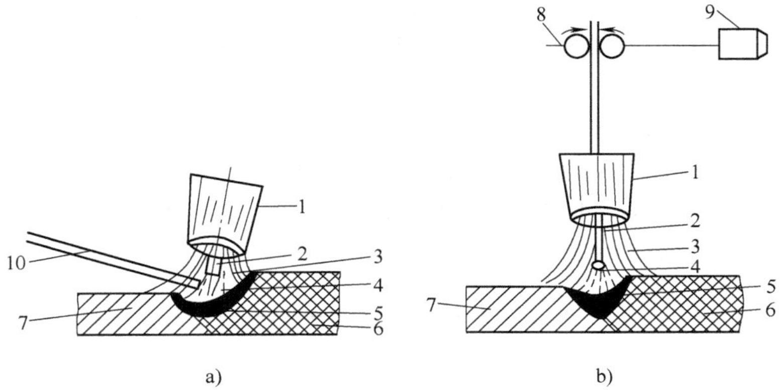


图4-7 氩弧焊

a）钨极 b）熔化极

1—喷嘴 2—焊丝或电极 3—氩气流 4—电弧 5—熔池 6—焊缝 7—焊件 8—送丝辊轮 9—送丝电动机 10—填充焊丝

氩弧焊根据电极是否熔化分为不熔化极氩弧焊和熔化极氩弧焊。不熔化极氩弧焊通常叫钨极氩弧焊，它以钨棒作为电极，在氩气的保护下，靠钨极与工件间产生的电弧热，熔化母材金属进行焊接。钨极氩弧焊电弧稳定，可使用小电流焊接薄工件，并可单面焊双面成形，在压力容器制造中得到广泛应用。特别是采用钨极氩弧焊打底，然后用焊条电弧焊或其他焊接方法形成焊缝，可以避免根部未焊透等缺陷，提高焊接质量。

熔化极氩弧焊是采用连续送进的焊丝作为电极，在氩气的保护下，靠焊丝与工件之间产生的电弧热，熔化母材金属与焊丝形成焊缝。在压力容器制造中，熔化极氩弧焊通常用于中厚板的焊接，其焊接速度快，生产率较钨极氩弧焊高几倍。

用氩气作保护气体的电弧焊接与其他焊接方法相比具有以下一些特点：

（1）应用氩气隔绝大气，防止了氧、氮、氢等气体对电弧及熔池的影响，被焊金属及焊丝的元素不易烧损。

（2）氩气流对电弧有压缩作用，故热量较集中；由于氩气对近缝区的冷却，可使热影响区变窄，焊件变形量减小。

（3）明弧焊接且电弧稳定，施焊方便；焊接时可不用焊剂，焊缝表面无焊渣，成形美观。

（4）焊接接头组织致密，综合力学性能较好；在焊接不锈钢时，焊缝的耐腐蚀性，特别是抗晶间腐蚀性能较好。

氩弧焊几乎可用于所有的钢材、有色金属及合金的焊接。通常多用于焊接铝、镁、钛及其合金，低合金钢耐热合金等，对于熔点低和易蒸发的金属（如铅、锡、锌），焊接较困难。氩弧焊也可用于定位焊、补焊，反面不加衬垫的打底焊等。

#### 4.2.1.4 二氧化碳气体保护焊

二氧化碳气体保护焊是利用二氧化碳作为保护气体的气体保护电弧焊，如图4-8所示。它以焊丝作为一个电极，靠焊丝与工件之间产生的电弧热熔化焊丝和工件，形成焊接接头。

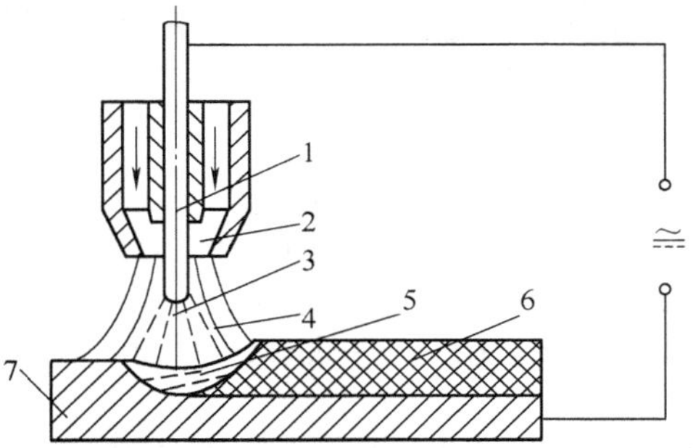


图4-8 二氧化碳气体保护焊

1—焊丝 2—喷嘴 3—电弧 4—$CO_2$气流 5—熔池 6—焊缝 7—焊件

与焊条电弧焊相比，二氧化碳气体保护焊的优点如下：

（1）焊接熔池与大气隔绝。

（2）明弧，可见度好，便于对中，操作方便，可进行全位置焊接。

（3）电弧在气流的压缩下使热量集中，熔池的体积较小，热影响区窄，焊后焊件的变形小。

（4）电弧的穿透能力强，熔深较大，对接焊件可减少焊接层数。角焊缝的焊脚尺寸也可以相应地减小。

（5）焊后无焊接焊渣，所以在多层焊时就无需中间清渣。

（6）焊丝自动送进，容易实现机械化操作，生产率高。

（7）二氧化碳气体的价格便宜，电能的消耗也少，成本低。

二氧化碳气体保护焊的缺点是：大电流焊接时，焊缝表面成形不如埋弧焊和氩弧焊平滑，飞溅较多。

#### 4.2.1.5　等离子弧焊

等离子弧焊是借助水冷喷嘴对电弧的拘束作用，获得较高能量密度的等离子弧进行熔焊的方法。电弧经过水冷喷嘴孔道时，受到机械压缩、热收缩和电磁收缩效应的作用，弧柱界面减小，电流密度增大，弧内电离度提高，成为等离子弧。

等离子弧焊按焊透形式不同分为熔透法和穿透法。熔透法多用于 3mm 以下薄板的焊接；穿透法又称小孔法，多用于 3 ~ 12mm 厚工件的焊接。电流在 30A 以上的称大电流等离子弧焊；30A 以下的熔透法焊接称微束等离子弧焊，可焊厚度 1mm 以下的焊件。穿透法等离子弧焊和微束等离子弧焊如图 4-9 所示。

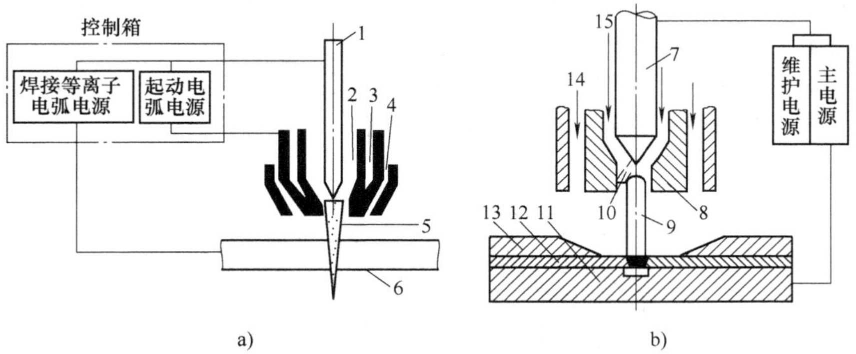


图 4-9　等离子弧焊

a）穿透法等离子弧焊　b）微束等离子弧焊

1、7—电极　2、15—离子气　3—冷却水　4、14—保护气　5、9—等离子弧　6、12—焊件　8—喷嘴　10—维弧　11—垫板　13—压板

与钨极氩弧焊相比，等离子弧焊有以下特点：

（1）等离子弧的能量密度大，弧柱温度高，弧流流速大，穿透能力较强，12mm 厚的板材可不开坡口，一次焊透双面成形。

（2）焊接电流小到 0.1A，电弧仍能稳定燃烧，并保持良好的挺度与方向性。

（3）电弧呈圆柱形，弧长变化时，对焊件表面加热点的能量密度影响较小，弧长变化的允许偏差不十分严格。

（4）钨极缩于喷嘴内，焊缝可避免钨夹杂污染。

（5）焊接速度快，生产率高。

（6）用穿透法焊接时，焊件不开坡口，背面无衬垫，可一次焊透双面成形。

（7）穿透法焊接不适于手工操作，灵活性不如手工钨极氩弧焊。

（8）设备较复杂，气体消耗量较大，只宜在室内焊接。

#### 4.2.1.6 电渣焊

电渣焊是利用电流通过液态熔渣所产生的电阻热进行焊接的一种熔焊方法，如图4-10所示。

电渣焊过程分为以下三个阶段：

（1）引弧造渣阶段。开始电渣焊时，在电极和起焊槽之间引出电弧，将不断加入的固体焊剂熔化，在起焊槽、冷却滑块之间形成液体渣池。

（2）正常焊接阶段。当电渣焊过程稳定后，焊接电流通过渣池产生的热量将电极和被焊工件熔化，形成的钢液汇集在熔渣的下部，成为金属熔池。随着电极不断向渣池送进，金属熔池和其上部的渣池逐渐上升，金属熔池的下部远离热源的液体金属逐渐凝固形成焊缝。

（3）引出阶段。被焊工件上部装有引出板，以便将渣池和停止焊接时易于产生缩孔和裂纹的那部分焊缝金属引出工件。

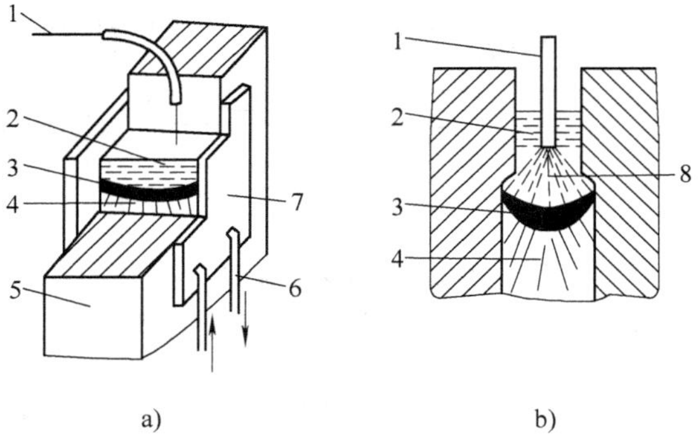


图4-10 电渣焊

1—电极（焊丝） 2—渣池 3—金属熔池 4—焊缝 5—焊件
6—冷却水管 7—冷却滑块 8—高温锥体（熔滴）

电渣焊有丝极电渣焊、熔嘴电渣焊和极板电渣焊等几种，其特点如下：

1）焊缝处于垂直位置，或最大倾斜30℃左右。

2）特别适合于大厚度焊件的焊接。焊件均可制成I形坡口，只留一定尺寸的装配间隙。生产率高，劳动卫生条件较好。

3）焊缝金属在液态停留的时间长，且焊缝轴线与浮力方向一致，因此不易产生气孔、夹渣等缺陷。焊缝及近缝区冷却速度缓慢，对碳当量高的钢材，不易出现淬硬组织和冷裂纹倾向，故焊接低合金高强度钢及中碳钢时，通常可以不预热。

4）焊接热输入大，热影响区在高温停留时间长，易产生晶粒粗大和过热组织。焊缝金属呈铸态组织。焊接接头的冲击韧度低，一般焊后需要正火加回火处理，以改善接头的组织与性能。

电渣焊主要用于厚壁压力容器纵缝的焊接和大型铸焊、锻接或厚板拼焊结构件的制造。可以焊接碳钢、低合金高强度钢、合金钢、珠光体型耐热钢，还可以焊接铬镍不锈钢和铝等。

焊件厚度为 30 ~450mm 的均匀断面（纵缝和环缝），多采用丝极电渣焊。厚度大于 450mm 的均匀断面及变断面焊件可采用熔嘴电渣焊。

## 4.2.2　焊缝与焊接接头

焊缝是指焊件经焊接后所形成的结合部分。它是在焊接热源的作用下，母材发生了局部熔化，并与熔化了的填充金属混合而形成熔池，热源离开后，熔池金属便开始凝固结晶形成的。在熔焊范围内，焊缝分为对接焊缝、角焊缝、槽焊缝、塞焊缝和端接焊缝五种形式。

焊接接头则是由两个或两个以上零件用焊接组合或已经焊合的接点，分为对接接头、T 形接头、十字接头、搭接接头、角接接头、塞焊搭接接头、槽焊接头、端接接头、套管接头、斜对接接头、卷边接头和锁底接头 12 种形式，见表 4-3。

为了保证焊接质量，一般在焊接接头处开适当的坡口。坡口的主要作用是保证焊透。此外，坡口的存在还可形成足够容积的金属液熔池，以便熔渣浮起，不致造成夹渣。对于钢板厚度小于 6mm 的双面焊，考虑到熔深可达 4mm，可以不开坡口。坡口的形式主要有 V 形坡口、单边 V 形坡口、双边 V 形坡口、单 U 形坡口、双 U 形坡口、J 形坡口、K 形坡口和 X 形坡口等。

**表 4-3　坡口、焊缝与焊接接头形式**

| 序号 | 简图 | 坡口形式 | 接头形式 | 焊缝形式 |
|---|---|---|---|---|
| 1 |  | I 形 | 对接接头 | 对接焊缝（双面焊） |
| 2 | 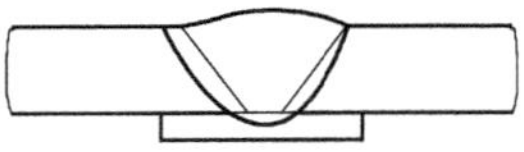 | V 形 | 对接接头 | 对接焊缝 |
| 3 | 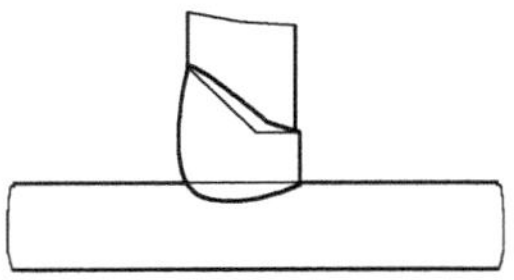 | 单边 V 形 | T 形接头 | 对接焊缝 |

（续）

| 序号 | 简图 | 坡口形式 | 接头形式 | 焊缝形式 |
|---|---|---|---|---|
| 4 | 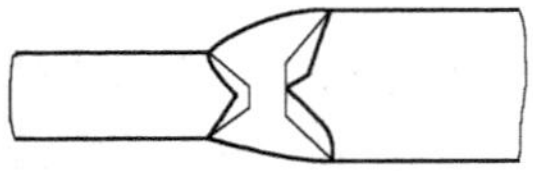 | X 形（带钝边） | 对接接头 | 对接焊缝 |
| 5 | 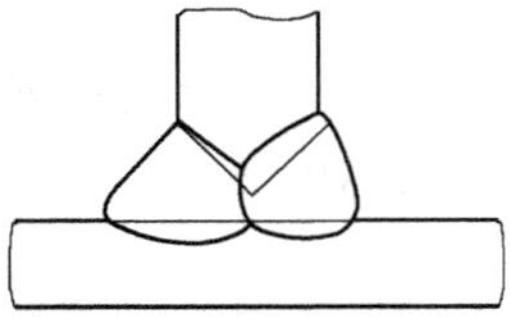 | K 形 | T 形接头 | 对接和角接的组合焊缝 |
| 6 | 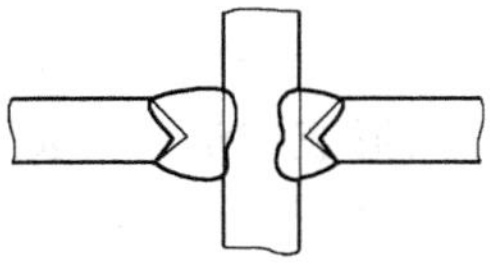 | K 形 | 十字接头 | 对接焊缝 |
| 7 | 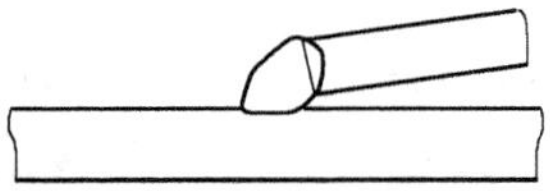 | I 形 | 搭接接头 | 角焊缝 |
| 8 | 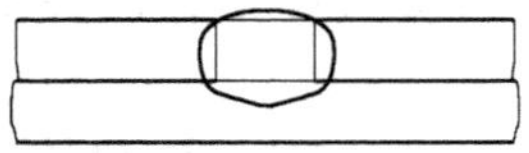 | — | 塞焊搭接接头 | 塞焊缝 |
| 9 | 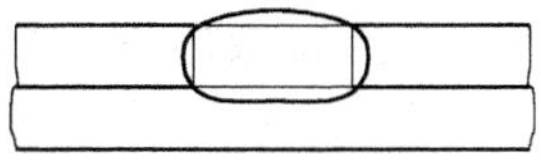 | — | 槽焊接头 | 槽焊缝 |
| 10 | 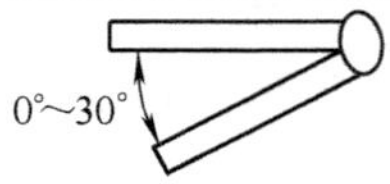 | — | 端接接头 | 端接焊缝 |
| 11 | 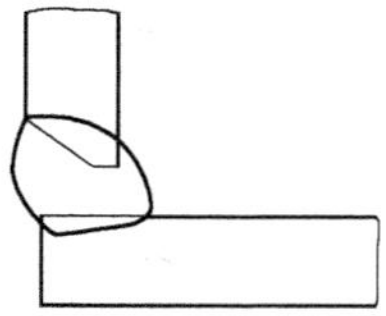 | 单边 V 形（带钝边） | 角接接头 | 对接焊缝 |
| 12 | 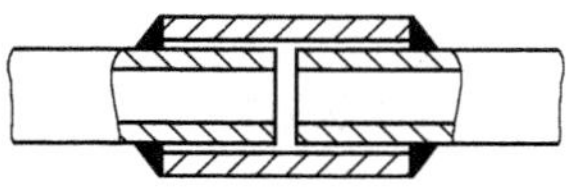 | — | 套管接头 | 角焊缝 |
| 13 | 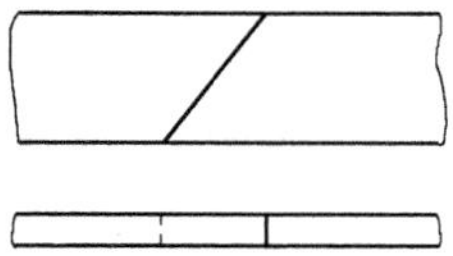 | — | 斜对接接头 | 对接焊缝 |

（续）

| 序号 | 简图 | 坡口形式 | 接头形式 | 焊缝形式 |
|---|---|---|---|---|
| 14 |  | — | 卷边接头 | 对接焊缝 |
| 15 | 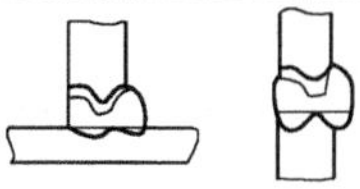 a)　b) | 双J形 | T形接头（a）<br>对接接头（b） | 对接焊缝 |
| 16 | 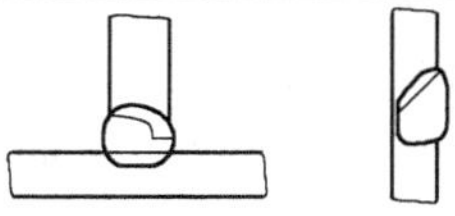 a)　b) | J形 | T形接头（a）<br>对接接头（b） | 对接焊缝 |
| 17 | 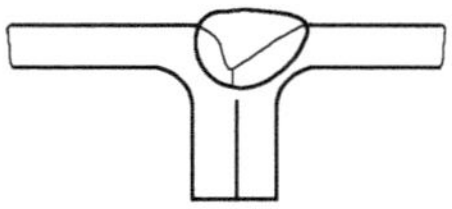 | V形 | 锁底接头 | 对接焊缝 |
| 18 | 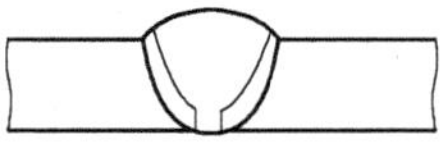 | U形<br>（带钝边） | 对接接头 | 对接焊缝 |
| 19 | 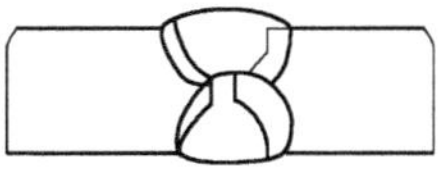 | 双U形<br>（带钝边） | 对接接头 | 对接焊缝 |

#### 4.2.2.1　焊接接头的组成

以对接接头、对接焊缝为例，焊接接头组成包括焊缝、熔合区和热影响区三部分，如图4-11所示。

焊缝是焊件经焊接后形成的结合部分，通常由熔化的母材和焊材组成，有时全部由熔化的母材组成。熔合区是焊接接头中焊缝与母材交接的过渡区域，是刚好加热到熔点与凝固温度区间的部分。热影响区是焊接过程中，材料因受热的影响（但未熔化）而发生金相组织和力学性能变化的区域。热影响区的宽度与焊接方法、热输入、板厚及焊接工艺有关。

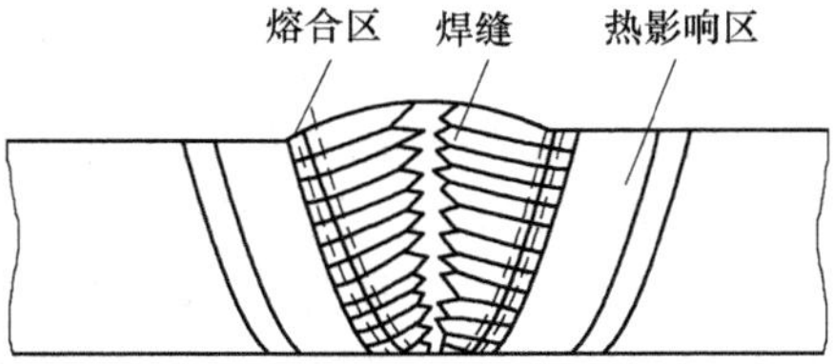


图4-11　焊接接头

#### 4.2.2.2　焊接接头的组织

1. 焊缝

焊接接头中焊缝金属是从高温液态冷却至常温固态的。这期间经历了两次结晶过程，即从液相转变为固相的一次结晶过程和在固相状态下发生组织转变的二次结晶过程。焊缝金属在一次结晶过程中，由于冷却速度快，焊缝金属元素来不及扩散，会产生化学成分分布不均匀的现象，这种现象称为偏析。偏析有可能使焊缝力学性能和耐腐蚀性能不均匀，还可能产生缺陷，如热裂纹。经过二次结晶的焊缝金属晶粒较细，具有较好的力学性能，再加上焊缝余高使焊缝部位的受力截面增大，所以，焊缝部分的金属强度要高于熔合区和热影响区的金属强度。

需要指出的是，焊缝余高并不能增加整个焊接接头的强度，因为余高仅使焊缝截面增大，而并没有使熔合区和热影响区截面增大。相反，由于余高的存在，恰好在熔合区和热影响区粗晶区部位造成结构不连续，从而产生应力集中，降低了焊接接头的疲劳强度。

2. 热影响区

从热处理特性看，用于焊接的结构钢可分为两类：一类是在一般焊接条件下淬火倾向较小的，称为不易淬火钢，如低碳钢和含合金元素很少的低合金钢；另一类是在一般焊接条件下淬火倾向较大的，称为易淬火钢，如含碳量或合金元素较多的高合金钢。这两类钢材焊接热影响区的组织、性能也不同，如图 4-12 所示。

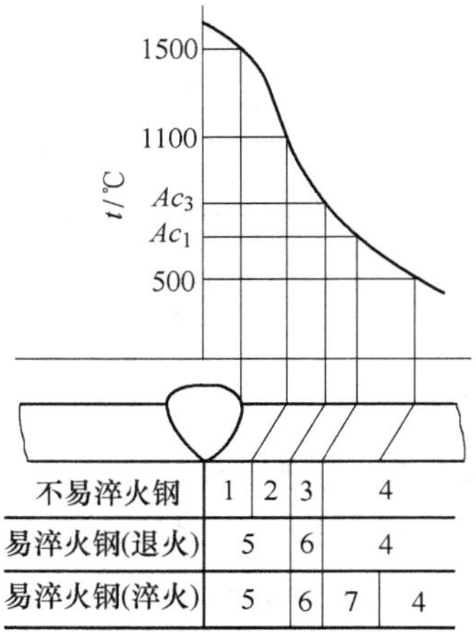


图 4-12　热影响区各部分组织分布

1—过热区　2—正火区　3—不完全重结晶区　4—未发生组织变化区　5—淬火区　6—部分淬火区　7—回火区

不易淬火钢的热影响区大体可分为四个部分：过热区（粗晶粒区）、正火区（重结晶区）、不完全重结晶区（部分相变区）和再结晶区。过热区段金属处于 1110℃ 以上，晶粒十分粗大，冷却后可能出现粗大魏氏体组织，使钢的塑性和韧性都大大降低。正火区加热温度在 $Ac_3$ 以上至 1110℃，冷却后得到均匀细小的铁素体加珠光体组织，既有较高强度，又有较好的塑性和韧性，是焊接接头中综合性能最好的部位。不完全重结晶区加热温度为 $Ac_1$ ~ $Ac_3$，冷却后，既有经过重结晶的细晶粒铁素体加珠光体，又有未发生相变的粗大铁素体晶粒，晶粒大小极为不均，力学性能也较差。如果母材焊前经过冷加工变形，温度在 $Ac_1$ ~ 450℃ 之间，还有再结晶区。该区域金属的力学性能变化不大，只是塑性有所增加。如果焊前未经冷塑性变形，则热影响区中就没有再结晶区。由此可知，不易淬火钢的热影响区性能差的是熔合区和过热区。该部位在结构上也容易形成应力集中，因而最容易破坏。低碳钢热影响区部分的组织特征见表4-4。

**表4-4　低碳钢热影响区部分的组织特征**

<table>
<tr><th colspan="2">热影响区部位</th><th>加热的温度范围/℃</th><th>组织特征及性能</th></tr>
<tr><td colspan="2">过热区（粗晶粒区）</td><td>1100～1250</td><td>晶粒粗大，形成脆性组织，力学性能下降</td></tr>
<tr><td colspan="2">正火区（重结晶区）</td><td>900～1100</td><td>晶粒变细，力学性能良好</td></tr>
<tr><td colspan="2">不完全重结晶区（部分相变区）</td><td>730～900</td><td>粗大铁素体和细小珠光体、铁素体，力学性能下降</td></tr>
<tr><td rowspan="2">未发生组织变化区</td><td>再结晶区</td><td>450～730</td><td>对于经过冷变形加工的材料，其破碎了的晶粒再结晶，使塑性稍有改变</td></tr>
<tr><td>蓝脆区</td><td>300～450</td><td>纤维组织看不出变化，似有脆性</td></tr>
</table>

易淬火钢的热影响区分为三个部分：淬火区、部分淬火区和回火区。淬火区相当于不易淬火钢的过热区和正火区，加热温度在 $Ac_3$ 至熔点之间。由于淬透性好，焊后冷却时很容易获得淬火马氏体组织。此区在焊后强度和硬度增高，塑性和韧性下降。由于组织不均匀，该区性能的不均匀程度也较大，易于产生冷裂纹。部分淬火区加热温度为 $Ac_1$～$Ac_3$，该区的不完全淬火组织使该区性能不均匀程度增加，塑性和韧性下降。回火区的加热温度低于 $Ac_1$，其组织依母材焊前热处理状态的不同而不同。若母材焊前为退火状态，则不形成回火区。若母材焊前为淬火状态，则形成不同的淬火组织。若母材焊前为调质状态，则部分组织和性能不发生变化，部分组织发生与母材淬火相似的变化。

3. 熔合区

熔合区是焊缝金属到母材金属的过渡部分，即熔合线处微观显示的母材半熔化区。温度处于固相线和液相线之间，一般为1250～1400℃。在这个区域内，晶粒十分粗大，化学成分及组织都十分不均匀，从而表现在性能上也必然是不均匀的。实践表明，熔合区往往是焊接接头最薄弱的部位，存在缺口效应，易于产生冶金缺陷。

### 4.2.3　焊接剩余应力与变形

#### 4.2.3.1　焊接剩余应力

在焊接过程中，焊接区以远高于周围区域的速度被急剧加热，并局部熔化。焊接区材料因受热而膨胀，热膨胀受到周围较冷区域的约束，并造成（弹性）热应力，受热区温度升高后屈服强度下降，热应力可部分地超过该屈服强度。结果焊接区形成了塑性的热压缩，冷却后，比周围区域相对缩短、变窄或减小。因此，这个区域就呈现拉伸剩余应力，周围区域则承受压缩剩余应力。冷却过程中的显微组织转变（如奥氏体—铁素体转变）会引起体积的增加，如果这种情况发生在较低的温度，而此时材料的屈服强度足够高，则会导致焊接区产生压缩剩余应力，周围区域承受拉伸剩余应力。

1. 焊接剩余应力的分类

焊接剩余应力可按应力形成的原因或应力在结构中的作用进行分类，见表4-5。

**表4-5 焊接应力的种类**

| 分类 | 名称 | 说明 |
|---|---|---|
| 按应力形成的原因分 | 温度应力 | 焊接时，由于受热不均匀使各部分的热膨胀不同所引起的应力 |
| | 组织应力 | 焊接时在不同的焊接热循环作用下，金属的金相组织会发生转变，由于这种转变而引起的内应力 |
| | 收缩应力 | 焊接时熔池从液体冷凝成固体，由于其体积发生收缩受到限制而形成的应力 |
| 按应力在结构中的作用分 | 线应力（单向应力） | 在焊接中应力只沿其中一个方向发生。焊接薄板对接焊缝及在焊件表面上堆焊时，焊件上存在的应力都属于此种应力 |
| | 平面应力（双向应力） | 应力存在于焊件中一个平面的不同方向上。焊接厚板对接焊缝时产生，虽不同向，但均在一个平面内，在薄板交叉焊缝中也产生 |
| | 体积应力（三向应力） | 焊件存在的应力，是沿空间三个方向作用的。存在于厚大焊件的对接焊缝和三个方向焊缝的交叉处 |

2. 焊接剩余应力的性质

焊接剩余应力属于内应力，呈现以下性质：

（1）相互平衡性。因为焊接剩余应力是内应力，在无外界因素的干扰下，拉应力、压应力分布特征将始终保持稳定不变，相互平衡。

（2）遵循应力叠加原理。未经消除剩余应力的焊接构件投入使用时，由载荷引起的工作应力将与焊接剩余应力相互叠加。如果两种应力的性质不同，方向相反，叠加的结果会提高构件的承载能力。如果两种应力的性质相同，方向相同，叠加后的应力数值往往在构件的局部区域超过材料的屈服强度$\sigma_s$。这对材料塑性、韧性较好的构件来讲，不会对强度产生影响，而只会影响其刚度；但对脆性材料来讲，将有不利的影响。

（3）有“应力重分布”现象。当焊件的外部因素（如载荷、温度）引起的应力与剩余应力叠加后超过屈服强度时，将在局部区域发生塑性变形；如果此时消除外部因素的作用，构件不但不能恢复原有的几何形状，而且还将改变剩余应力的分布情况，应力峰值可能有所减小。这就是“应力重分布”或“二次变形”。二次变形会使构件尺寸和形状的精度发生变化，而应力重分布则可使剩余应力数值降低，提高焊件的承载能力。

（4）没有明显的外观表现。

3. 影响焊接剩余应力的因素

影响焊接剩余应力的主要因素有材料的性质、焊接工艺条件和焊件拘束度等。

（1）材料的性质。母材的强度、热导率、热膨胀系数、相变温度、相变类型和相变程度等是影响焊接剩余应力的主要因素。此外，焊材的强度对焊接剩余应力也有一定程度的影响。

（2）焊接工艺条件。焊接方法、焊接热输入、焊接顺序、焊道分布、预热及后热等都对焊接剩余应力有影响。

（3）焊件拘束度。焊件的形状与刚性，包括焊件的厚度、焊缝类型及位置、坡口形式及尺寸、焊缝外围的刚性约束程度等，都对焊接剩余应力有影响。

#### 4.2.3.2 焊接变形

1. 焊接变形的分类

焊接变形可分为整体变形和局部变形。

整体变形是指整个结构的形状或尺寸发生变化，它将影响到整个外形和结构的承载能力。整体变形主要包括直线变形、弯曲变形和扭曲变形。弯曲变形是由于不在焊件截面中性轴上的焊缝，纵向收缩和横向收缩所引起的焊接弯曲。焊缝收缩量越大，焊缝数量越多，偏离截面中性轴越远，则弯曲变形越大。扭曲变形是由于焊缝的纵向或横向缩短所造成的。

结构的某些部分发生变形，也将影响到整个结构的外形和它的承载能力，主要包括角变形和波浪变形（失稳变形）。其中，角变形是由于横向收缩在厚度上的分布不均匀所引起的。在焊接内应力的压应力作用下，薄板可能失稳，产生波浪变形。

2. 影响焊接变形的因素

在材料一定的条件下，影响焊接变形的因素主要有热输入、板厚、根部间隙或坡口等。焊接时热输入增大，收缩变形量也增大；热输入一定时，板厚增大，收缩变形减小；根部间隙或坡口增大，单位长度焊条金属熔敷量必随之增大，则变形或横向收缩增大。

### 4.2.4 焊接质量控制方法

压力容器焊接质量控制的原则是避免淬硬组织和冷裂纹，为此，除了要求选择合适的焊接材料外，焊接质量的控制是至关重要的。

#### 4.2.4.1 设计方面

焊接结构的设计应使得能对结构在其制造过程中产生的焊接剩余应力和焊接变形加以有效控制，即应能保证焊接过程的可行性。采取措施的重点是降低拘束度。

1. 尽量减少焊缝的数量和尺寸

尽量减少焊缝的数量和尺寸，尤其是角焊缝的焊脚尺寸，应保证不要超出最小焊脚尺寸太多。焊接热输入与焊脚尺寸成正比，过大的，必然造成大的应力，而且会引起大的应变。

2. 避免焊缝密集与交叉

焊缝间相互平行且密集时，相同方向上的焊接剩余应力和塑性变形均会出现一定程度的叠加；焊缝交叉时，两个方向上均会产生较高的剩余应力。这两种情况下，作用于结构之上的双倍温度—形变循环均可能会在局部区域（如在缺口和缺陷处）超过材料的塑性。对此，可将横焊缝在（连续的）纵焊缝间作交错布置。图4-13a所示为用交错横焊缝（先焊）与连续纵焊缝（后焊）拼焊，图4-13b所示为用横焊缝连接两平板，再用连接加强肋，肋板需在横焊缝位置处开出切口，以避免焊缝交叉。

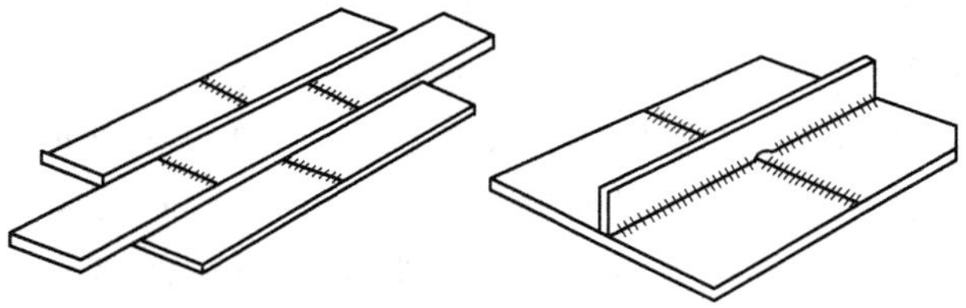

a)　　b)

图4-13　避免焊缝交叉的措施

3. 采用尽可能小的板厚

设计中要采用尽可能小的板厚，以限制三维拉伸应力的水平，因为三维拉伸应力会促使脆性断裂。当板厚较大时，第三主应力便可能在板厚方向上占有较大比例，因而设计规范中对超过一定板厚的焊接构件通常要安排退火。在实际应用时，圆柱形厚壁容器可用多层设计代替。

4. 避免复杂的多构件连接

对于大型复杂结构，可将其划分为若干组件（或部件），分别预制，使其达到规定的尺寸精度后再进行组装。这一措施不仅能非常有效地控制整个结构的焊接剩余应力与焊接变形，而且组件的尺寸精度保证了整体结构的尺寸精度。

#### 4.2.4.2 材料方面

目前，要在理论上足够准确地确定焊接剩余应力仍很困难。材料因素对于焊接剩余应力与焊接变形的影响，主要按材料特征值，如熔化温度、热扩散率、热膨胀系数、弹性模量、屈服强度来作出比较性评定，评定时不考虑它们与温度的相关性。

熔化温度对焊接剩余应力和焊接变形的影响是同向的，即较高的熔化温度引起较高应力和较大的变形。单位体积熔化热对焊接剩余应力与变形的影响也与熔化温度相同。就熔化温度而论，铝合金较适应焊接，而钛合金的适应性相对较差。

热扩散率对焊接应力与变形有着同向的影响，它表征瞬时热传导过程中的热均匀化速率，包含了几个参数的作用。较小的热导率配以较大的比定容热容特别适合于钢材或钛合金（但对铝、铜不利）。

热膨胀系数对焊接应力与变形也产生同向的影响，且特别明显，但在出现具有反向影响的相变应变时，其作用也会受到一定限制。就热膨胀系数而论，钛合金较适应焊接，而铝合金相对较差。

弹性模量（包括较少变化的泊松比 $v$）增大时，焊接剩余应力随之增大，而焊接变形随之减小，不稳定现象（翘曲）可因弹性模量较大而受到抑制。就此而论，焊接铝材时剩余应力会较小，但变形较大；而焊接钢、钛和铜等，则剩余应力较大，变形较小。

屈服强度（包括硬化系数）对焊接剩余应力与焊接变形的影响与弹性模量相同。较高的屈服强度会引起较高的剩余应力，且峰值应力与平均应力均较高。焊接结构储存的变形能也会因此而增大，从而可能会促使脆性断裂。此外，由于塑性应变较小，且塑性区域范围不大，因而变形（包括焊接熔池前方坡口面的位移）得以减少。上述现象也同样适用于高温下屈服强度增大（如采用高温钢时）的情形，不过这种情况下高温产生裂纹的可能性也会随之增大，为避免这种情况，则需增大材料的高温塑性（即可锻性）。

#### 4.2.4.3 工艺方面

焊接工艺上要求设法减少焊接热作用的集中，使焊缝有收缩余地，减少对焊缝的拘束作用。

1. 采用合理的焊接顺序和方向

焊接顺序对剩余应力和变形产生的影响极大，因此质量要求较高的焊接结构均要在其焊接工艺流程中精细安排焊接顺序。通过焊接顺序的优化，可使剩余应力分散，降低应力峰值。为了减小剩余应力，应该力求使焊缝能自由收缩，特别是横向收缩不受拘束或有较大的横向可变形长度，但这可能导致有较大的残余焊接变形，所以必须综合考虑。一般总是先焊接收缩量大的焊缝，焊缝收缩自由，应力自然小。因为对接焊缝收缩量大，对接焊缝和角焊缝同时存在时，应先焊对接焊缝。对于圆柱形容器的拼焊，应先焊纵向焊缝，再焊环向焊缝。

2. 厚壁构件采用多层焊

厚壁构件采用多层焊主要是为了限制焊接过程中的热功率。此外，从剩余应力的观点来看，多层焊也优于单层焊，即采用多层焊时板厚方向上不会产生明显的剩余拉应力，因而可增强其抗脆性断裂能力。但多层焊一般会使横向剩余应力和横向变形与角变形增大，不过，多层焊的纵向剩余应力会由随后熔敷其上的焊层消除。

3. 长焊缝采用分段退焊

分段退焊这一措施主要用于解决低速焊接长焊缝时，焊缝熔池前方坡口容易出现楔形张开或闭合的问题。若坡口面的位移因点固或横向刚性约束而受到限制，则可能会在焊接接头部位引起残留的屋顶状拱曲变形。

4. 预热

预热可以减缓焊接冷却速度，遏制或减少淬硬组织的形成，同时减少焊接区的温度梯度，降低焊接接头的剩余应力。预热还有利于焊缝中氢的逸出，因此是一种较好的降低焊接冷裂倾向的措施。预热温度与施焊时环境温度、钢材的强度级别、坡口形式、焊缝金属类型或焊缝金属的含氢量有关。

5. 焊接能量参数

焊接能量参数是指焊接电流、电弧电压和焊接速度。焊接能量参数的选择受焊接材料和焊接方法等因素的影响。在焊接各种合金钢时，焊接能量参数通常以热输入来表征，即熔焊时，由焊接能源输入给单位长度焊缝上的热能来表征。热输入影响焊缝和热影响区的冷却速度，因此也影响了焊接接头的淬硬程度、氢的扩散速度以及焊接剩余应力水平，即影响了焊接接头的冷裂倾向。

在低合金钢焊接中，适当增加热输入可提高接头的抗冷裂倾向。但增大热输入时必须注意避免奥氏体晶粒粗化，以免降低接头的冲击韧性与强度。

在铬镍奥氏体不锈钢的焊接中，过高的焊接热输入会扩大近缝区的敏化温度区间，并延长在高温的停留时间，导致接头热影响区耐腐蚀性的降低。对于含铌稳定元素的铬镍不锈钢，高的热输入还可能导致焊缝热裂纹的形成。因此对于这类不锈钢，在保证接头各层焊缝良好熔合的前提下，应采用尽可能低的焊接热输入。

6. 机械方法

反变形法和加热反应区法等机械方法可降低焊接剩余应力。反变形可降低局部刚度。其实，加热反应区法也是反变形法，它采用局部加热，使该加热点局部延伸，带动焊接部位，使之能够比较自由的伸缩。

7. 消除应力处理方法

消除应力处理可以采用热处理方法、温差拉伸法、拉力载荷法、爆炸冲击法和振动法。

（1）热处理。主要是高温回火（整体或局部），一般加热到可使屈服强度明显降低，从而产生应力松弛的温度。热处理方法主要用于低碳钢，对于高强钢或耐热钢，由于热处理温度下的屈服强度下降不多，所以消除应力的效果就不如低碳钢。

（2）温差拉伸法即低温消除应力，是在焊缝两侧各用一个适当宽度的氧乙炔火焰焰炬加热，并在焰炬后方一定距离处喷水冷却。这样可造成一个温差大的温度场，焰炬加热区因膨胀可对焊缝区产生拉伸作用，能部分抵消焊缝的压缩变形，它从而会有消除应力的效果。

（3）拉力载荷法又称机械拉伸法，或称超载拉伸法，它是基于应力重分布的原理，可以收到消除剩余应力的效果。对于容器，还可借助液体压力加载，同样能收到消除剩余应力的效果；而且还可与水压试验一起进行，不需另设装置。

（4）爆炸冲击法。这种方法是通过布置在焊缝及其临近区域的炸药带引爆发生的冲击波与剩余应力交互作用，使接头区产生塑性变形，从而使内应力松弛。

（5）振动法。这种方法是采用激振器或振动时效装置，使构件产生共振，降低剩余应力。

## 4.2.5　焊接性能评定

焊接质量是影响压力容器制造质量的一个关键因素，因此焊接控制系统是压力容器制造安装质量管理体系中最重要的控制环节。焊接控制系统包括焊接性能、焊接工艺评定和编制焊接工艺规程，焊接性能是焊接工艺评定的基础，焊接工艺评定又是焊接工艺规程的依据，而焊接工艺规程则是保证压力容器焊接质量的准则。

### 4.2.5.1　焊接性能试验

金属材料的焊接性能是指在限定的条件下，焊接成符合设计要求的焊接接头，并满足各种使用要求的能力。焊接性能试验是针对钢材是否可焊和如何焊接等问题进行的试验。首先根据钢材特点，通过试验选择与其相适应的焊接方法。然后，依据焊缝金属性能不低于钢材性能原则进行焊接材料的筛选或研制。之后，进行焊接工艺试验，确定适合的焊接规范参数。在确定焊接方法、焊接材料和焊接规范过程中所进行的试验称为焊接性能试验。

#### 4.2.5.2 焊接工艺评定

焊接工艺评定是为验证所拟定的焊接工艺的正确性而进行的试验过程及结果评价。主要通过焊接接头力学性能试验，判断所确定的焊接工艺是否合格。

在焊接工艺评定中，将焊接工艺因素分为重要因素、补加因素和次要因素。重要因素是指影响焊接接头抗拉强度和弯曲性能的焊接工艺因素；补加因素是指影响焊接接头冲击韧性的焊接工艺因素；次要因素是对要求测定的力学性能无明显影响的焊接工艺因素。例如，对于焊条电弧焊，重要因素有焊条牌号、预热温度；补加因素有用非低氢型药皮焊条代替低氢型药皮焊条、电流种类或极性等；次要因素有坡口形式、焊接位置等。对于埋弧焊，重要因素有药芯焊丝牌号、预热温度等；补加因素有电流种类或极性等；次要因素有坡口形式、焊丝直径等。当增加或变更任何一个补加因素时，则可按增加或变更的补加因素增焊冲击韧性试件进行试验；当变更次要因素时，不需要重新评定焊接工艺，但要重新编制焊接工艺指导书。

#### 4.2.5.3 焊接工艺规程

焊接工艺规程是指导焊接生产的指令性工艺文件。焊工应根据焊接工艺规程所要求的焊接条件、焊接材料、焊接参数进行施焊。

焊接工艺规程分为通用性焊接工艺规程和专用焊接工艺规程两种。对于批量生产、材料相同、厚度相同或变化范围不大、接头及坡口等参数基本相同的产品，可制定通用性焊接工艺规程。对于材料、结构、坡口或质量验收条件互不相同的产品，应制定专用焊接工艺规程。

#### 4.2.5.4 产品焊接试板

在焊接结构的生产过程中，影响焊接接头力学性能的因素是多方面的，包括焊接方法、焊接材料、焊接能量参数和温度参数，以及焊后热处理和其他偶然因素。为确保焊接接头的力学性能，并提供可信的证据，我国有关技术规程提出了在焊接产品的同时，应按要求制作见证件，即产品试板。

## 4.3 缺陷检测技术

### 4.3.1 无损检测

#### 4.3.1.1 概述

1. 无损检测的定义与分类

现代无损检测的定义是：在不损坏试件的前提下，以物理或化学方法为手段，借助先进的技术和设备器材，对试件的内部及表面的结构、性质、状态进行检查和测试的方法。

在无损检测技术发展过程中出现过三个名称，即无损探伤（Non-destructive Inspection）、无损检测（Non-destructive Testing）和无损评价（Non-destructive Evaluation）。一般认为，这三个名称体现了无损检测技术发展的三个阶段，其中无损探伤是早期阶段的名称，其含义是探测和发现缺陷；无损检测是当前阶段的名称，其内涵不仅仅是探测缺陷，还包括探测试件的一些其他信息，如结构、性质和状态等，并试图通过测试，掌握更多的信息；而无损评价则是即将进入或正在进入的新的发展阶段。无损评价包含更广泛、更深刻的内容，它不仅要求发现缺陷，探测试件的结构、性质和状态，还要求获取更全面、更准确的综合信息，如缺陷的形状、尺寸、位置、取向、内含物，缺陷部位的组织、残余应力等，结合成像技术、自动化技术、计算机数据分析和处理等技术，与材料力学、断裂力学等知识综合应用，对试件或产品的质量和性能给出全面、准确的评价。

射线检测（Radiography Testing，RT）、超声检测（Ultrasonic Testing，UT）、磁粉检测（Magnetic Testing，MT）和渗透检测（Penetrant Testing，PT）是开发较早、应用较广泛的探测缺陷的方法，称为四大常规检测方法。到目前为止，这四种方法仍是压力容器制造质量检验和在用检验最常用的无损检测方法。其中，射线检测和超声检测主要用于探测试件内部缺陷，对于检查材料内部的面型缺陷，以超声检测适宜，对体积型缺陷，则以射线检测更为敏感。磁粉检测和渗透检测主要用于探测试件表面缺陷，磁粉检测法主要用于铁磁性材料制的承压设备表面和近表面缺陷的检测，渗透检测法主要用于非多孔性金属材料和非金属材料制的承压设备的表面开口缺陷的检测。其他用于压力容器的无损检测方法有涡流检测（Eddy current Testing，ET）和声发射检测（Acoustic Emission，AE）等，见表4-6。

随着现代工业的发展，对产品质量和结构安全性、使用可靠性提出了越来越高的要求。由于无损检测技术具有不破坏试件、检测灵敏度高等优点，所以其应用日益广泛。目前，无损检测技术不仅应用于压力容器的制造检验和在用检验，而且在国内许多行业和部门，如机械、冶金、石油天然气、石化、化工、航空航天、船舶、铁道、电力、核工业、兵器、煤炭、有色金属和建筑等，都得到广泛应用。

**表4-6　无损检测的方法**

| 检测方法 | 用　途 | 特　点 |
|---|---|---|
| γ射线 | 检测焊接不连续性（包括裂纹、气孔、未熔合、未焊透及夹渣）以及腐蚀和装配缺陷。最宜检查厚壁体积型缺陷 | 优点：可获得永久记录，并且可以定位在物体内<br>缺点：有辐射，不安全 |

（续）

| 检测方法 | 用　途 | 特　点 |
|---|---|---|
| 超声 | 检测锻件的裂纹、分层、夹杂；焊缝中的裂纹、气孔、夹渣、未熔合、未焊透；型材的裂纹、分层、夹杂、折叠；铸件中的缩孔、气泡、热裂、冷裂、疏松、夹渣等缺陷及厚度测定 | 优点：对平面型缺陷十分敏感，易于携带，穿透力强<br>缺点：要求被测的表面光滑；难以检测出细小裂纹；不适用于形状复杂或表面粗糙的情况 |
| 磁粉 | 检测铁磁性材料和工件表面或近表面的裂纹、折叠、夹层、夹渣等，并能确定缺陷的位置、大小和形状 | 优点：简单，操作方便<br>缺点：仅限于铁磁性材料，检测前必须清洁工件，难以确定缺陷深度 |
| 渗透 | 检测金属和非金属材料的裂纹、折叠、疏松、针孔等缺陷，并确定缺陷的位置、大小和形状 | 优点：除疏松多孔性材料外，对其他任何种类的材料都适用<br>缺点：只能检测出表面开口的缺陷，对埋藏缺陷和闭合型的表面缺陷无法检出，且难以确定缺陷的深度 |
| 涡流 | 检测导电材料表面和近表面的裂纹、夹杂、折叠、凹坑、疏松等缺陷，并能确定缺陷位置和相对尺寸 | 优点：经济，简便，可自动对准工件检测<br>缺点：仅限于导体材料 |
| 声发射 | 检测构件的动态裂纹、裂纹萌生及裂纹生长率等 | 优点：实时并连续监控探测，可以遥控<br>缺点：试件必须处于应力状态 |
| X 射线 | 检测焊缝未焊透、气孔、夹渣，铸件中的缩孔、气孔、疏松、热裂等 | 优点：功率可调，照相质量高，可永久记录<br>缺点：投资大，不易携带，有危险 |
| 噪声 | 检测设备内部结构的磨损、撞击、疲劳等缺陷，寻找噪声源（故障源） | 优点：仪器轻便，检测分析速度快，可靠性高<br>缺点：仪器较贵，对人员要求高 |
| 工业 CT | 缺陷检测，尺寸测景，装配结构分析，密度分布表征 | 优点：能给出检测试件断层扫描图像和空间位置、尺寸、形状，成像直观；分辨率高；不受试件几何结构限制<br>缺点：检测成本高，检测效率低 |

2. 无损检测的应用特点

（1）无损检测要与破坏性检测相配合。

无损检测的最大特点是能在不损伤材料、工件和结构的前提下进行检测，所以实施无损检测后，产品的检查率可以达到 100%。但是，并不是所有需要测试的项目和指标都能进行无损检测，无损检测技术自身还有局限性，某些试验只能采用破坏性检测，因此目前无损检测还不能完全代替破坏性检测。也就是说，对一个工件、材料、机器设备的评价，必须把无损检测的结果与破坏性检测的结果互相对比和配合，才能作出准确评定。如液化石油气钢瓶除了无损检测外，还要进行爆破试验；锅炉管子焊缝，有时要切取试样做力学性能和金相断口检验。

（2）正确选用实施无损检测的时机。

在进行无损检测时，必须根据无损检测的目的，正确选择实施无损检测的时机。例如，锻件的超声检测，一般安排在锻造完成且进行过粗加工后，钻孔、铣槽、精磨等最终机加工前，因为此时扫查面较平整，耦合较好，有可能干扰检测的孔、槽、台还未加工，发现质量问题处理也较容易，损失也较小。又例如，要检查高强钢焊缝有无延迟裂纹，实施无损检测的时机就应安排在焊接完成 24h 以后进行。要检查热处理工艺是否正确，就应将实施无损检测的时机放在热处理之后进行。只有正确地选用实施无损检测的时机，才能顺利地完成检测，正确评价产品质量。

（3）正确选用最适当的无损检测方法。

无损检测在应用中，由于检测方法本身有局限性，不能适用于所有工件和所有缺陷，为了提高检测结果的可靠性，必须在检测前，根据被检物的材质、结构、形状和尺寸，预计可能产生什么种类、什么形状的缺陷，在什么部位、什么方向产生，根据以上各种情况进行综合分析，然后根据无损检测方法各自的特点选择最合适的检测方法。例如，钢板的分层缺陷因其延伸方向与板平行，不适合射线检测，而应选择超声检测；检查工件表面细小的裂纹，就不应选择射线和超声检测，而应选择磁粉和渗透检测。此外，选用无损检测方法和应用时还应充分认识到，检测的目的不是片面追求那种要求过高的“高质量”产品，而是在保证安全性的同时要保证产品的经济性。只有这样，无损检测方法的选择和应用才是正确、合理的。

（4）综合应用各种无损检测方法。

在无损检测应用中，必须认识到任何一种无损检测方法都不是万能的，每种无损检测方法都有它自己的优点和缺点。因此，在无损检测的应用中，如果可能，不要只采用一种无损检测方法，而应尽可能多地同时采用几种方法，以便保证各种检测方法互相取长补短，从而取得更多的信息。另外，还应利用无损检测以外的其他检测所得的信息，利用有关材料、焊接、加工工艺的知识及产品结构的知识，综合起来进行判断，例如，超声波对裂纹缺陷探测灵敏度较高，但定性不准是其不足，而射线的优点之一是对缺陷定性比较准确，两者配合使用，就能保证检测结果既可靠，又准确。

3. 压力容器无损检测标准

压力容器无损检测现行标准是 JB/T 4730－2005，该标准规定了射线检测、超声检测、磁粉检测、渗透检测和涡流检测五种无损检测方法，适用于金属材料（碳钢、不锈钢、铝和钛）制压力容器的原材料、零部件和焊缝的检测与缺陷等级评定。

#### 4.3.1.2 射线检测

1. 射线及其特性

射线是一种电磁波，它与无线电波、红外线、可见光、紫外线等本质相同，具有相同的传播速度，但频率与波长则不同，射线的波长短、频率高，因此它有许多与可见光不同的性质。射线不可见，不带电荷，所以不受电场和磁场的影响。它能够透过可见光不能透过的物质，能使物质产生光电子、反跳电子以及引起散射现象。它可以被物质吸收产生热量，也能使气体电离，并能使某些物质起光化学作用，使照相胶片感光，又能使某些物质发生荧光。

2. 射线的产生

(1) X 射线。在工业应用上，X 射线是由一种特制的 X 射线管产生的，X 射线管的原理如图 4-14 所示，它由阴极、阳极和高真空的玻璃管和陶瓷外壳组成。阴极是一加热灯丝，用于发射电子。阳极靶由耐高温的钨制成。工作时在两极之间加有高电压，从阴极灯丝发射的高速电子撞击到阳极靶上，其动能消耗于阳极材料原子的电离和激发，然后转变为热能，部分电子在原子核场中受到急剧阻止，产生所谓的韧致 X 射线，即连续 X 射线。

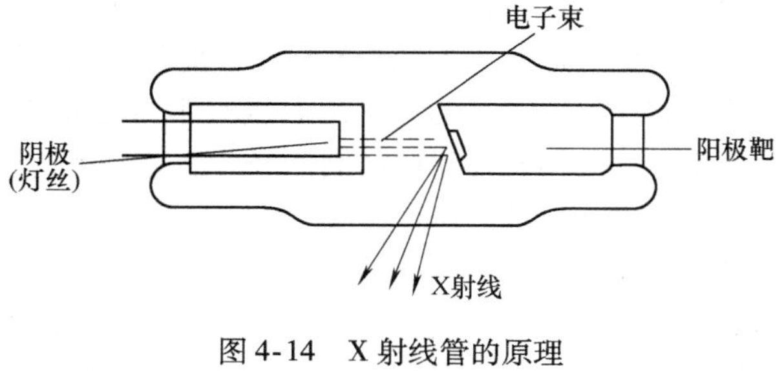


图 4-14 X 射线管的原理

电子从阴极发射出来，其数量取决于灯丝电压。X 射线管所产生 X 射线量的大小主要取决于从阴极飞往阳极的电子流（即为管电流）。至于 X 射线质的高低，或其穿透力的强弱，则主要取决于电子从阴极飞往阳极的运动速度，从而取决于 X 射线管的管电压。

普通 X 射线和 $\gamma$ 射线检测，由于其能量低，穿透能力差，检测能力受到限制。例如，超过100mm厚的钢板不能用一般X射线检测，超过300mm厚的钢板很难用γ射线进行检测。此时可采用加速器产生的高能X射线检测，所谓高能X射线，是指能量超过1000kV的射线。例如，对于厚度达300～500mm的钢板，采用高能X射线检测可以获得满意的结果。

高能X射线的产生和上述基本相似，所不同的是高能X射线的电子发射源不是热灯丝，而是电子枪，电子运动的加速也不是由于管电压，而是加速器。射线检测中应用的加速器都是电子加速器，能量在数兆电子伏到数十兆电子伏范围内。

（2）γ射线。γ射线和X射线从本质上和性质上并没有区别，只是其产生方式有所不同。γ射线是由放射性同位素产生的，放射性同位素是一种不稳定的同位素，能不停地衰变释放出γ射线，γ射线的能量等于两个能级间的能量差。射线检测中所用的γ射线通常是由核反应制成的人工放射源，应用较广的γ射线源有钴60、铱192、铯75等。

3. 射线检测的基本原理

射线检测的基本原理是利用强度均匀的X射线和γ射线照射工件，使照相胶片感光。当射线透过被检测物体时，有缺陷部位（如气孔、非金属夹杂物等）与无缺陷部位对射线吸收的能力不同（以金属物体为例，缺陷部位所含空气和非金属夹杂物对射线的吸收能力大大低于金属对射线的吸收能力），透过有缺陷部位的射线强度高于无缺陷部位的射线强度，因而可以通过检测透过工件后的射线强度差异来判断工件中是否存在缺陷。

目前，国内外应用最广泛、灵敏度比较高的射线检测方法是射线照相法。它是采用感光胶片来检测射线强度的，在射线感光胶片上对应的有缺陷部位因接收较多的射线，从而形成黑度较大的缺陷影像。

当缺陷沿射线透照方向长度越大或被透照物质线吸收系数越大时，则透过有缺陷部位和无缺陷部位的射线强度差越大，感光胶片上缺陷与本体部位的黑度差越大，底片的对比度也就越大，缺陷就越容易被发现。

4. 射线检测技术

射线检测技术分为三级：A级、AB级和B级。其中，A级射线检测技术属于低灵敏度技术，AB级射线检测技术属于中灵敏度技术，B级射线检测技术属于高灵敏度技术。

射线检测技术等级的选择应符合制造、安装、在用等有关技术法规、标准及设计图样的规定。承压设备对接焊接接头的制造、安装、在用时的射线检测，一般应采用AB级射线检测技术进行检测。对重要设备、结构、特殊材料和特殊焊接工艺制作的对接焊接接头，可采用B级技术进行检测，A级射线检测技术通常用于承压设备的支承件和结构件对接接头的检测。

5. 射线透照方式

按射线源、工件和胶片三者之间的相互位置关系，透照方式分为纵缝透照法、环缝外透法、环缝内透法、双壁单影法和双壁双影法五种，如图 4-15 所示。

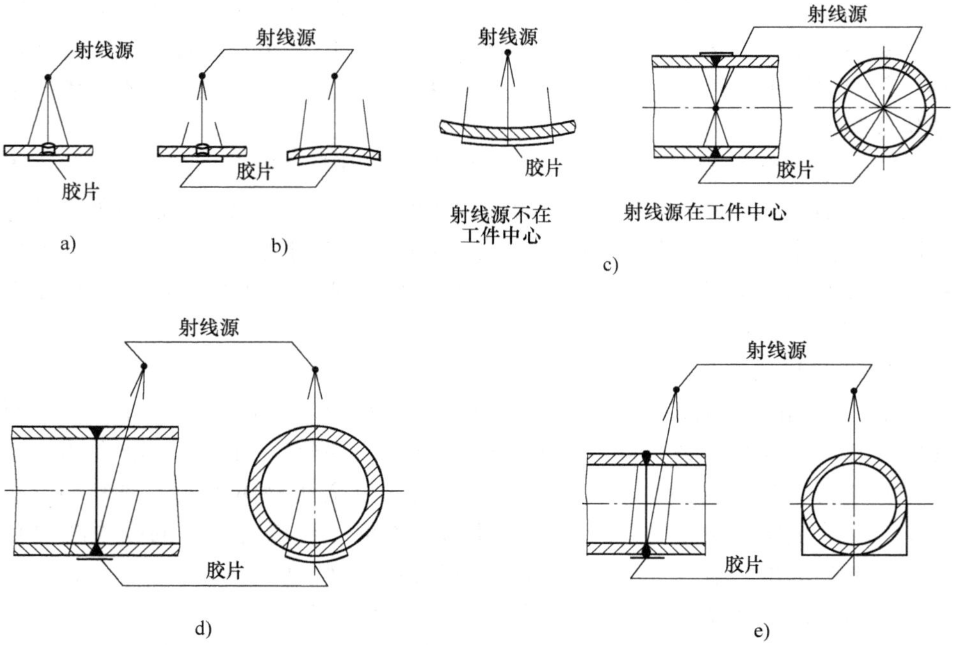


图 4-15 透照方式

a) 纵缝透照法 b) 环缝外透法 c) 环缝内透法 d) 双壁单影法 e) 双壁双影法

射线透照方式应根据工件特点和技术条件的要求选择适宜的透照方式。由于单壁透照方式的灵敏度明显要高于双壁透照方式，因此，在可以实施的情况下应尽量选用单壁透照方式，在单壁透照不能实施时才允许采用双壁透照方式。

6. 射线检测方法的适用范围

射线检测能确定缺陷平面投影的位置、大小，可获得缺陷平面图像，并能据此判定缺陷的性质。

射线检测适用于金属材料制承压设备熔焊对接接头的检测，用于制作对接焊接接头的金属材料包括碳素钢、低合金钢、不锈钢、铜及铜合金、铝及铝合金、钛及钛合金和镍及镍基合金。射线检测不适用于锻件、管材和棒材的检测。T 形焊接接头、角焊缝以及堆焊层的检测一般也不采用射线检测。

射线检测的穿透厚度主要由射线能量确定，见表 4-7。

表 4-7　不同射线源检测的厚度范围

| 射线源 | 透照厚度（AB级）/mm | 射线源 | 透照厚度（AB级）/mm |
|---|---|---|---|
| X射线（300kV） | ≤40 | 钴60 | 40~200 |
| X射线（300kV） | ≤80 | X射线（1~4MeV） | 30~200 |
| 铯75 | 10~40 | X射线（4~12MeV） | 50~400 |
| 铱192 | 20~100 | X射线（>12MeV） | ≥80 |

7. 射线检测方法的特点

（1）射线检测方法有底片，能够详细记录检测的信息，且可以长期保存，从而使射线照相法成为各种无损检测方法中记录最真实、最直观、最全面、可追踪性最好的检测方法。

（2）在定量方面，射线检测方法对体积型缺陷（气孔、夹渣类）的尺寸确定比较准确，检出率高。但对面积型缺陷（如裂纹、未熔合类），若缺陷端部尺寸（高度和张口宽度）很小，则底片上影像尖端延伸可能辨别不清，此时定量数据会偏小，检出率会受到多种因素的影响。

（3）普通的射线检测适宜检验厚度较薄的工件，对于较厚的工件，需要高能量的射线检测设备。此外，板厚增大，射线照相的绝对灵敏度是下降的，也就是说对厚工件采用射线照相，小尺寸缺陷以及一些面积型缺陷漏检的可能性增大。

（4）适宜检测对接焊缝。检测角焊缝的透照布置比较困难，摄得底片的黑度变化大，成像质量不够好，所以检测效果较差。另外板材、锻件中的大部分缺陷与板平行，射线照相无法检出，因此不适宜检测板材、棒材和锻件。

（5）由于是穿透过检验，检测时需要接近工件的两面，因此结构和现场条件有时会限制检测的进行，如有内件的容器、有厚保温层的容器、内部液态或固态介质未排空的容器等均无法检测。采用双壁单影法透照虽然可以不进入容器内部，但只适用于直径较小的容器，对直径较大（一般大于1000mm）的容器，双壁单影法透照很难实施。此外，射线照相源至胶片的距离（焦距）有一定要求，如焦距太短，则底片清晰度会很差。

（6）根据射线底片的缺陷图像，可以精确地判别缺陷在平面（垂直于射线透照方向的平面）上的位置、尺寸和种类，但对缺陷在工件中厚度方向（射线透照方向）的位置、尺寸（高度）的确定比较困难。

（7）射线不仅对人体有伤害，而且对环境也有一定的污染作用，因此需要对射线进行防护，以保证操作人员的健康及生命安全。目前国内采用的防护措施主要有屏蔽防护、距离防护和时间防护。

#### 4.3.1.3 超声检测

1. 超声波的性质

超声波是弹性介质中的机械振动，与人耳可以听到的声波类似，所不同的是人耳所能感受的振动频率为 20 ~ 20 000Hz，频率超过 20 000Hz 的才是超声波。在检测中用得最多的超声波频率为 2 ~ 5MHz。

超声波具有以下一些类似于光的传播特性：

（1）超声波能在固体、液体和空气中直线传播。超声波有良好的指向性（束射性），当频率越高、波长越短时，其指向性越好。指向性好，声束所传播的能量集中，检测的灵敏度和分辨率也就较高，因而易于发现微小缺陷并确定其位置，这和聚光的手电筒射出的光束能清楚地分辨黑暗中的物体是同样的道理。

（2）超声波在界面的反射和折射。超声波与光波一样，在界面具有反射和折射的性质。由于超声波振动频率高、波长短，在均匀介质中能定向传播且能量衰减很小，因此可传播很远的距离。但当它在传播路径上遇到不同介质的界面时，能反射和折射，遇到一个细小的缺陷，如气孔、裂纹等缺陷（缺陷大多为空气囊）时，在空气与金属界面上就会发生反射，并且当两介质的声阻抗（介质密度和声速的乘积为声阻抗）相差越大时，反射率就越大。如钢的声阻抗比空气的声阻抗大得多，所以在传播的超声波遇到裂纹等缺陷时，其反射率接近 100%。测出反射回来的超声波，就能判别缺陷是否存在，这就是超声检测的基本依据。

当超声波垂直地传到界面上时，一部分超声波被反射，而剩余的部分就穿透过去，这两部分的比率取决于两种介质的声阻抗。例如在钢与空气的界面，其反射率接近 100%；而钢与水接触时，则有 88% 的声能被反射，有 12% 的声能穿透进入水中。

当超声波斜射到界面上时，在界面上会产生反射和折射。

（3）超声波在介质中传播时会逐渐衰减。超声波在气体介质中衰减最快，液体次之，固体最慢。因此，它在金属材料中可以传播很远。探测钢材或构件的最大厚度常达数米。超声波在金属中的衰减程度与其波长和金属的晶粒大小有关。波长越短，晶粒越大，则衰减越大。奥氏体晶粒粗大，因此超声波在奥氏体不锈钢中衰减很快，晶粒粗大的铸件中也有类似情况。所以一般的超声检测仪就不适合于探测奥氏体不锈钢和铸件中的缺陷。

此外，当超声波遇到比其波长小得多的障碍物（即较小的缺陷）时，由于衍射作用，会发生绕射现象。这样波的传播与缺陷的存在与否就没有关系了。因此，在超声检测中，检测出的缺陷尺寸极限与超声波的波长有关，一般为波长的一半。

2. 超声波的波形特征

在检测中所用的超声波波型主要有纵波、横波、表面波和板波。

（1）纵波。声波在介质中传播时，质点振动方向与波传播的方向一致时的波称为纵波。纵波可在各种介质中传播，在固体介质中传播时，速度为横波的2倍。

目前使用中的探头（超声波辐射器）所产生的波型一般是纵波形式。纵波在被检零件中的传播情况如图4-16所示。利用纵波，可以检验几何形状简单的物体的内部缺陷。

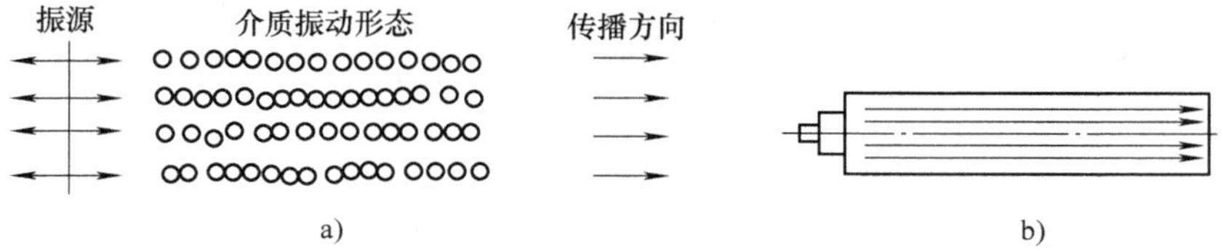


图4-16　纵波及其传播
a）纵波振动形式　b）纵波传播情况

（2）横波。质点振动方向与波的传播方向相互垂直时的振动波称为横波。横波只能在固体和切变模数高的粘滞流体中传播。横波在被检零件中的传播情况如图4-17所示。

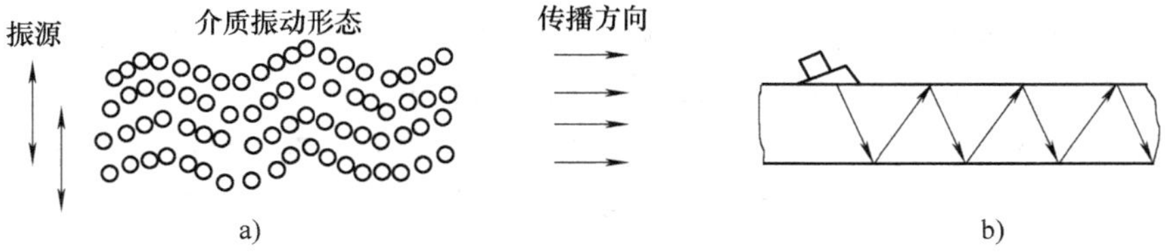


图4-17　横波及其传播
a）横波振动形式　b）横波传播情况

横波通常是由纵波通过波型转换器转化而来的。利用横波可以探测管件、杆件和其他几何外形复杂零件的缺陷。在同样工作频率下，横波检测的分辨率要比纵波几乎高1倍。

（3）表面波。表面波是沿着零件表面传播的波。其幅值随传播深度增加而迅速减小，传播速度约为横波的0.9倍。产生表面波的方法也是通过波型转换器转化而得到的。

由于表面波是沿着零件表面进行传播，因此它用来检测零件表面的裂纹和缺陷。

（4）板波。板波是在无限大板状介质的整个厚度范围内传播的波。其传播速度与材质、板厚和频率有关。

3. 超声波的发生和接收

产生超声波的方法有很多，如热力学法、力学法、电磁法、电动法、激光法和压电法等，目前在超声检测中应用最广的是压电法。在应用中，常采用装有压电晶体的探头来发射和接收超声波。压电晶体能将电能转变为机械能，也可将机械能转变为电能。通过对压电晶体施加一个处于超声频率范围的交变电压，晶体就会产生超声振荡。当探头与表面光洁并涂有耦合剂的被测工件紧密接触时，这种超声振荡就通过耦合剂进入工件，一旦遇到缺陷就会在缺陷形成的空气囊和金属本体的界面上产生反射。反射波回到探头的压电晶体上又被转变为交变电压，经仪器接收、放大，最后在显示仪器上显示出反射的缺陷。

4. 超声检测的方法

超声检测可按多种方法进行分类。

（1）按原理分类。超声检测按原理来分，有脉冲反射法、穿透法和共振法三种。目前用得最多的是脉冲反射法。

脉冲反射法是将具有一定时间和一定频率间隔的超声脉冲发射到被测工件，当超声波在工件内部遇到缺陷时，就会产生反射，根据反射信号的时差变化及在显示器上的位置就可以判断缺陷的大小及深度。该方法可以通过改变入射角发现不同方位的缺陷；利用表面波检测复杂形状的表面缺陷；利用板波对薄板缺陷进行检测。

穿透法是根据超声波穿透工件后能量的变化来判断工件内部有无缺陷。适于探测较薄工件的缺陷和衰减系数较大的匀质材料工件，但是不能检测缺陷的深度，检测灵敏度较低。该方法设备简单、操作容易，检测速度快，对形状简单、批量较大的工件容易实现连续自动检测，但对发射探头和接收探头的位置要求较高。

共振法是利用共振现象来检测物体缺陷，常用于壁厚的测量。该方法设备简单、测量准确，可以检测出板材内部夹层等缺陷。

（2）按显示方式分类。按超声波检测图形的显示方式分有 A 型显示、B 型显示和 C 型显示等。目前用得最多的是 A 型显示检测法。

A 型显示是一种波形显示，检测仪屏幕的横坐标代表声波的传播距离，纵坐标代表反射波的幅度。由反射波的位置可以确定缺陷位置，由反射波的幅度可以估算缺陷大小。该方法的特点是可以在 CRT（显示器）上以脉冲形式来显示缺陷大小，根据脉冲位置来判断缺陷深度和部位。A 型显示可用纵波、横波检测，设备简单、方便。

B 型显示是一种图像显示，屏幕的横坐标代表探头的扫查轨迹，纵坐标代表声波的传播距离，因而可直观地显示出被探工件任一纵截面上缺陷的分布及缺陷的深度。B型显示也可以在CRT（显示器）上显示缺陷的断面像，即缺陷在某截面上的范围、深度和大小。为了有利于检测自动化和不使探头磨损，常采用液浸法方式。

C型显示也是一种图像显示，屏幕的横坐标和纵坐标都代表探头在工件表面的位置，探头接收信号幅度以光点辉度表示，因而当探头在工件表面移动时，屏上显示出被探工件内部缺陷的平面图像，但不能显示缺陷的深度。

（3）按检测波型分类。按超声波的波型来分，脉冲反射法大致可分为纵波检测法（直射检测法）、横波检测法（斜射检测法）、表面波检测法和板波检测法四种。用得较多的是纵波和横波检测法。

纵波检测是利用纵波进行检测。检测时探头放置在探测面上，电脉冲激励的超声脉冲通过耦合剂耦合进入工件，如果工件中有缺陷，超声脉冲的一部分被缺陷反射回探头，其余部分到达底面后再返回探头。纵波检测主要能发现和探测面平行或稍有倾斜的较大的缺陷，而对于垂直于探测面或相对探测面斜度较大的缺陷就难以发现，且要求工件有比较规则的几何形状。

利用横波进行检测的横波检测法，对垂直于探测面或相对探测面斜度较大的缺陷比较敏感，特别是检查类似于表面张口的裂纹缺陷。横波检测对工件的几何形状要求低些。

表面波是超声波在介质中传播的一种形式。它只在物体表面很浅的表层上传播。当其沿表面传播的过程中遇到表面裂纹时，表面波的传播将会发生变化。因此，该方法主要探测表面和近表面的裂纹。

板波检测法是利用超声波在板中传播时，频率、板厚、入射超声速度之间可以满足一定的关系来进行检测。板波一般应用于薄板、薄壁钢管检测。

（4）按探头分类。超声波探头是一种电—声换能器，主要由压电晶片组成。其主要作用是在高频电脉冲激发下发射超声波信号，再将接收到的超声波信号转换成电信号，从而以波幅和数字的形式显示出来。

按检测时探头形式、晶片尺寸、功能、使用条件等不同，探头分为直探头、斜探头、水浸探头、聚焦探头和可变焦探头。压力容器检测中最常用的有单晶探头、双晶探头（纵波）和单晶斜探头。

1）单直探头。单直探头主要用于发射和接收纵波，又称为纵波探头。

2）单斜探头。根据入射角度的不同，单斜探头可分为纵波斜探头、横波斜探头、表面波斜探头、爬波探头和板波探头。

3）双晶探头（分割探头）。双晶探头有两块压电晶片，一块用于发射超声波，一块用于接收超声波。根据探头入射角不同，双晶探头分为双晶纵波探头和双晶横波探头两种，主要用于检测近表面缺陷。

4）聚焦探头。根据焦点形状不同可分为点聚焦和线聚焦。点聚焦的声透镜为球面，线聚焦的声透镜为柱面。根据耦合情况不同，聚焦探头可分为水浸聚焦和接触聚焦两种。

5）可变焦探头。可变焦探头入射角是可变的，可实现纵波、横波、表面波和板波检测。

（5）按接触方法分类。按接触方法不同可分为有直接接触法和水浸法两种。

直接接触法是利用探头与工件表面直接接触而对缺陷进行检测的一种方法。通过在探头与工件表面之间的一层很薄的耦合剂来实现。

水浸法在探头与工件表面直接充以液体，或将探头与工件全部浸入液体进行检测。它是把探头发射的超声波经过液体耦合层后，再入射到工件中，探头与工件不直接接触。

5. 超声检测方法的适用范围

超声检测适用于板材、复合材料、碳钢和低合金钢锻件、管材、棒材、奥氏体不锈钢锻件等承压设备原材料和零部件的检测，也适用于承压设备对接接头、T形焊接接头、角焊缝以及堆焊层等的检测。

不同检测对象相应的超声厚度检测范围见表4-8。

**表4-8 不同检测对象相应的超声厚度检测范围**

| 超声检测对象 | 适用的厚度范围/mm |
| --- | --- |
| 碳素钢、低合金钢、镍及镍合金板材 | 母材为6~250 |
| 铝及铝合金和钛合金板材 | 厚度大于或等于6 |
| 碳钢、低合金钢锻件 | 厚度小于或等于1000 |
| 不锈钢、钛及钛合金、铝及铝合金、镍及镍合金复合板 | 基板厚度大于或等于6 |
| 碳钢、低合金钢无缝钢管 | 外径为12~660，壁厚大于或等于2 |
| 奥氏体不锈钢无缝钢管 | 外径为12~400，壁厚为2~35 |
| 碳钢、低合金钢螺栓件 | 直径大于36 |
| 全熔焊钢对接焊接接头 | 母材厚度为6~400 |
| 铝及铝合金制压力容器对接焊接接头 | 母材厚度大于或等于8 |
| 钛及钛合金制压力容器对接焊接接头 | 母材厚度大于或等于8 |
| 碳钢、低合金钢压力管道环焊缝 | 壁厚大于或等于4.0，外径为32~159，或壁厚为4.0~6，外径大于或等于159 |
| 铝及铝合金接管环焊缝 | 壁厚大于或等于5.0，外径为80~159，或壁厚为5.0~8，外径大于或等于159 |
| 奥氏体不锈钢对接焊接接头 | 母材厚度为10~50 |

6. 超声检测方法的特点

（1）超声检测时，缺陷检测的灵敏度受缺陷反射面的影响较大。对于体积型缺陷，如果缺陷不是相当大或比较密集，就不能提供好的反射面和获得足够的反射波，因而体积型缺陷的检出率较低。而对于面积型缺陷，只要超声波垂直射向它，就能获得足够的反射波，因而检出率较高。

（2）超声检测适用于金属板材、管材、棒材、钢锻件和焊缝等的检测，应用范围广。但晶粒度对工件不规则的外形检测有影响，因此不适用或很难适用粗晶材料（如奥氏体钢）、形状复杂和表面粗糙的工件。

（3）可以检验厚度较大的工件。采用纵波直射法检测工件（如锻件）内部缺陷，其最大有效探测深度可达1m左右；采用横波斜射法检测工件（如焊缝），其最大有效探测深度可达0.5m。

（4）对缺陷在工件厚度方向上的定位（位置和缺陷高度）较准确。

（5）一般情况下检测结果没有记录，无法得到缺陷直观图像，定性困难，定量精度也不高。

7. 超声波相控阵无损检测技术

普通的超声波采用单一晶片探头，采用缺陷反射波和底波来检测金属内部缺陷，这种检测技术很难分辨出缺陷的性质，检测精度和效率均很低。而超声波相控阵技术中采用的探头具有多个晶片，即阵列探头。每个晶片相当于一个普通探头，具有独立的脉冲驱动和信号接收放大电路，相当于一部完整的普通超声波探测仪，称为一个通道。在检测当中，通过计算机控制按照预定的规则顺序激发各晶片，可以获得在某个方向上或摆动的主声束或聚焦点，极大地提高了检测效率和精度。

最初，由于系统的复杂性、固体中波动传播的复杂性及成本费用高等原因，超声波相控阵技术在工业无损检测中的应用受限。然而随着电子技术和计算机技术的快速发展，这种技术逐渐应用于工业无损检测，特别是在核工业及航空工业等领域。

超声波相控阵换能器的设计基于惠更斯原理。换能器由多个相互独立的压电晶片组成阵列，每个晶片称为一个单元，按一定的规则和时序用电子系统控制激发各个单元，使阵列中各单元发射的超声波叠加形成一个新的波阵面。同样，在反射波的接收过程中，按一定规则和时序控制接收单元的接收并进行信号合成，再将合成结果以适当形式显示。

由其原理可知，相控阵换能器最显著的特点是可以灵活、便捷而有效地控制声束形状和声压分布。其声束角度、焦柱位置、焦点尺寸及位置在一定范围内连续、动态可调，而且探头内可快速平移声束（图4-18）。

因此，与传统超声检测技术相比，相控阵技术的优势是：用单轴扇形扫查替代栅格形扫查，可提高检测速度；不移动探头或尽量少移动探头，可扫查厚大工件和形状复杂工件的各个区域，成为解决可达性差和空间限制问题的有效手段；通常不需要复杂的扫查装置，不需更换探头就可实现整个体积或所关心区域的多角度多方向扫查，因此在核工业设备检测中可减少受辐照时间；优化控制焦柱长度、焦点尺寸和声束方向，在分辨力、信噪比和缺陷检出率等方面具有一定的优越性。

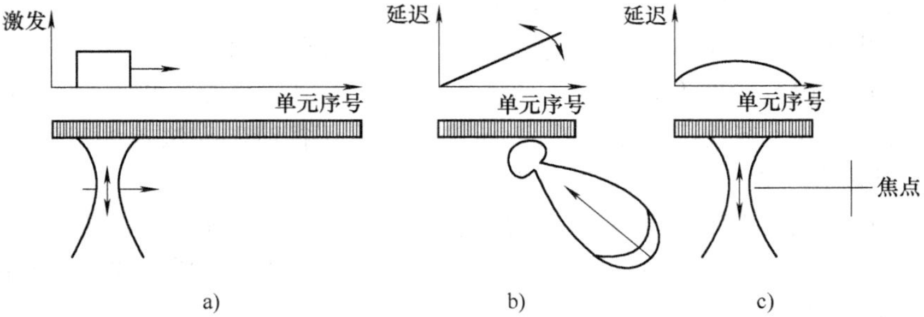


图 4-18　相控阵换能器的声束控制

a）声束的平移　b）声束角的控制　c）聚焦的控制

超声波相控阵换能器按其晶片形式主要分三类，即线阵、面阵和环形阵列。线阵最为成熟，已有含 256 个单元的线阵（$N\times1$，$N$ 为单元序号），可满足多数情况下的应用要求；面阵又叫二维阵列（$N\times M$），可对声束实现三维控制，对超声成像及提高图像质量大有益处，目前已有含 $128\times128$ 阵列的超声成像系统应用于金属和复合材料的检测与性能评价，该系统具有实时扫描成像功能，以标准视频图像在液晶显示器上显示，然而同线阵相比，面阵的复杂性剧增，其经济适用性影响该类探头在工业检测领域的应用；环形阵列在中心轴线上的聚焦能力优异，旁瓣低，电子系统简单，应用广泛，但不能进行声束偏转控制。

#### 4.3.1.4　磁粉检测

1. 检测原理

对于没有缺陷的铁磁性材料和零件，经外加磁场磁化后，由于介质是连续均匀的，故磁力线的分布也是均匀的。当材料中有缺陷存在时，缺陷本身（裂纹、气孔、非金属夹杂物等）是空气和夹杂物，其磁导率远远小于铁磁性材料本身的磁导率。由于缺陷的存在，引起磁力线密度的变化。磁力线必须绕过磁阻较大的缺陷处，因而产生磁力线突变。位于表面或近表面的缺陷，磁力线将暴露在空气中，形成漏磁场，如图 4-19 所示。缺陷处的漏磁场强度与漏磁场的磁通密度成正比。其强度和分布状态取决于缺陷的尺寸、位置及磁化强度等。漏磁场强度越大，缺陷越容易吸附磁粉，如图4-19中$a$处所示；内部缺陷的漏磁场有时也可在表面显示，但比开口缺陷的漏磁场要弱，如图4-19中$b$处所示；如果缺陷的方向平行于磁力线的方向，因为缺陷不切割磁力线，无法吸附磁粉，缺陷就无法显示，如图4-19中$c$处所示。

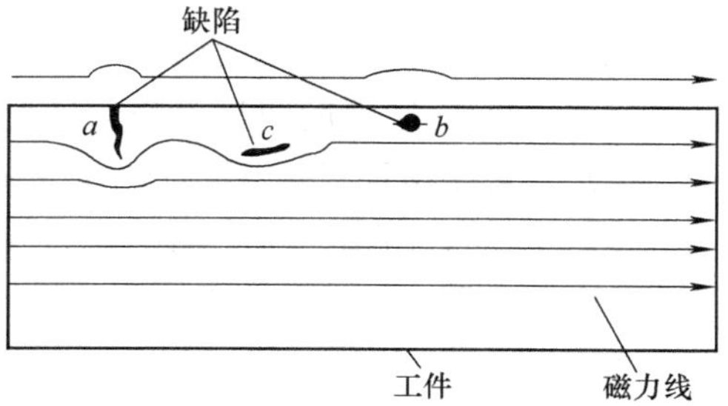


图4-19 缺陷产生的漏磁场

磁粉检测的基本原理就是将钢铁等磁性材料磁化后，利用位于磁力线上缺陷部位能吸收磁粉的原理来检测表面和近表面缺陷。如使漏磁场吸附磁粉，即为磁粉检测法；如对漏磁场通过检测元件和指示仪表显示，即为漏磁检测法。

由基本原理可知，磁力线的方向与缺陷垂直时，漏磁场最大，所以在检测工件的纵向裂纹时，应采用周向磁化法；在检测工件的横向缺陷时，应采用纵向磁化法。这是两种最基本的磁化方法，如图4-20所示，图中$H$表示磁场强度。

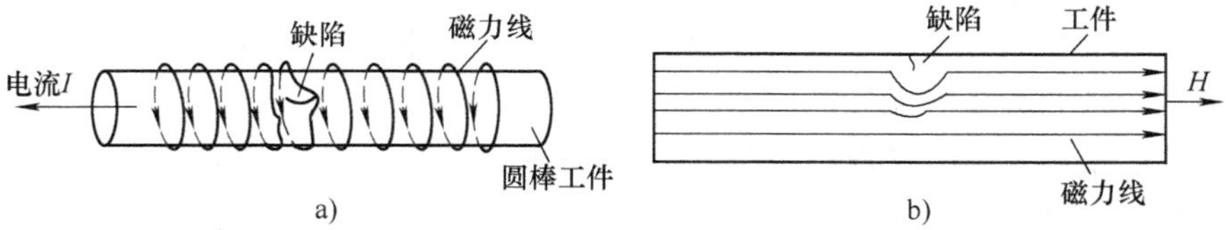


图4-20 周向磁化和纵向磁化

a）周向磁化 b）纵向磁化

值得注意的是，漏磁场吸附磁粉，就会形成与缺陷形状一致的磁粉堆积区，这种堆积区叫做磁痕，磁痕的宽度远大于缺陷的实际宽度（一般约大10～20倍），所以磁粉检测能够显示出人眼不可见的微细缺陷。

另外，较深缺陷的漏磁场无法暴露于工件的表面。所以这种方法仅限于检查铁磁性材料的表面和近表面缺陷。交流磁化还由于趋附效应的影响，使磁力线集中在工件的表面，检查的深度更浅，约为2mm；直流磁化法可检测表层4～6mm范围内的缺陷。

2. 影响漏磁场的几个因素

1）外加磁场强度越大，形成的漏磁场强度也越大。

2）在一定外加磁场强度下，材料的磁导率越高，工件越易被磁化，材料的磁感应强度越大，漏磁场强度也越大。

3）当缺陷的延伸方向与磁力线的方向垂直时，由于缺陷阻挡磁力线穿过的面积最大，形成的漏磁场强度也最大。随着缺陷的方向与磁力线的方向的夹角从90°逐渐减小（或增大），漏磁场强度明显下降，因此磁粉检测时，通常需要在两个（两次磁力线的方向互相垂直）或多个方向上进行磁化。

4）随着缺陷的埋藏深度增加，溢出工件表面的磁力线迅速减少。缺陷的埋藏深度越大，漏磁场就越小。因此，磁粉检测只能检测出铁磁材料制成的工件表面或近表面的裂纹及其他缺陷。

3. 检测用材料

（1）磁粉。磁粉（一般为$Fe_3O_4$或$Fe_2O_3$的粉末）应具有高磁导率、低矫顽力和低剩磁，并应与被检工件表面颜色有较高的对比度。湿法磁粉粒度不大于0.045mm，干法磁粉平均粒度不大于0.18mm。按加入的染料不同，可将磁粉分为荧光磁粉和非荧光磁粉，非荧光磁粉有墨色和红色等。由于荧光磁粉的显示对比度比非荧光磁粉高得多，所以采用荧光磁粉进行检测具有磁痕观察容易、检测速度快、灵敏度高的优点。但荧光磁粉检测需暗环境和黑光灯。

（2）载体。湿法应采用水或低粘度油基载体作为分散媒介。若以水为载体，应加入适当的防锈剂和活化剂，必要时添加消泡剂。油基载体的运动粘度在38℃时小于或等于3.0mm$^2$/s，使用温度下小于或等于5.0mm$^2$/s，闪点不低于94℃，且无荧光和无异味。

（3）磁悬液。磁悬液浓度应根据磁粉种类、粒度、施加方法和被检工件表面状态等因素来确定。一般情况下，磁悬液的配比要求应符合表4-9的规定。

**表4-9 磁悬液配比要求**

| 磁粉类型 | 配制浓度/（g/L） | 沉淀浓度（含固体量）/（mL/100mL） |
|---|---|---|
| 非荧光磁粉 | 10~25 | 1.2~2.4 |
| 荧光磁粉 | 0.5~3.0 | 0.1~0.4 |

4. 磁粉检测方法分类

磁粉检测方法有多种分类方式，根据不同的分类条件，磁粉检测方法的分类见表4-10。

**表 4-10　磁粉检测方法分类**

| 分类条件 | 磁粉检测方法 |
| --- | --- |
| 施加磁粉的载体 | 干法（荧光、非荧光）、湿法（荧光、非荧光） |
| 施加磁粉的时机 | 连续法、剩磁法 |
| 磁化方法 | 线圈法、磁轭法、中心导体法、旋转磁场法、交叉磁轭法、轴向通电法、触头法 |

按施加磁粉的载体分类可分为干法和湿法。其中，干法直接喷洒干粉，湿法采用磁悬液。前者多用于粗糙表面，后者适宜检测表面光滑工件上的细小缺陷。压力容器焊接接头表面呈焊态和轧制态，比较光滑，湿法比较适用。

按施加磁粉的时机不同可分为连续法和剩磁法。磁化、施加磁粉和观察同时进行的方法称为连续法；先磁化，后施加磁粉和检验的方法称为剩磁法。剩磁法只适用于剩磁很大的硬磁材料，如某些高压螺栓可以应用。压力容器材料多为软磁材料，所以焊缝的检测一般都是采用连续法。

检测方法按磁化方法分类有很多种。利用通电线圈环绕试件的局部或全部进行磁化的方法为线圈法；借助磁轭将纵向磁场导入试件中的一部分的磁化方法为磁轭法；用一根通电的棒、管或电缆从试件的内孔或开孔中心穿过而进行磁化的方法为中心导体法；利用旋转磁场进行磁化的方法为旋转磁场法；交叉磁轭是由两个轭状电磁铁以一定的夹角进行空间或平面交叉，并用两个不同相位的交流电激励而产生旋转磁场的方法。

按使用电流的种类不同可分为交流法和直流法两大类。交流电因有趋肤效应，对表面缺陷检测灵敏度较高。对厚度在 10mm 以上的压力容器焊缝的检测采用交流磁轭。

按磁粉的种类不同可分为荧光法和非荧光法。其中，荧光法所用的磁粉外表面用荧光染料包覆，在紫外光照射下发出明亮的黄绿光，显示对比度很高，所以比非荧光法的灵敏度高得多。

交流法、连续法、荧光法、湿法是大型压力容器内壁焊缝检测常用的、效果较好的检测方法。

5. *磁粉检测的适用范围*

磁粉检测适用于铁磁性材料制板材、管材以及锻件等表面和近表面缺陷的检测，也适用于铁磁性材料的对接接头、T 形接头以及角焊缝等表面和近表面缺陷的检测。不适用于非铁磁性材料的检测。

对于铁磁性材料的承压设备和零部件，应主要采用磁粉检测方法，只有在不能使用磁粉检测时，方可采用渗透检测。这是因为对尺寸相当的表面开口缺陷检测，用磁粉检测一般要比用渗透检测灵敏度高。并且磁粉检测不仅能检出表面开口缺陷，也能有效地检出表面不开口缺陷和近表面缺陷，而渗透检测不能检出后者。

6. *磁粉检测的特点*

（1）适合于铁磁性材料检测，不能用于奥氏体、钛及钛合金、铝及铝合金、铜及铜合金等非铁磁性材料检验。

（2）对于表面和近表面缺陷检出率比较高，但难以检测内部缺陷。可检出的缺陷埋藏深度与工件状况、缺陷状况以及工艺条件有关。

（3）检测灵敏度比渗透检测高，可以发现极细小的裂纹以及其他缺陷。

（4）能确定缺陷的位置和表面指示长度，但无法判断缺陷在深度方向的尺寸和趋向。

（5）检测成本很低，速度快。

（6）工件的形状和尺寸有时对检测有影响，因其难以磁化而无法检测。

磁粉检测的磁化方法有很多种，根据工件的形状、尺寸和磁化方向的要求，选取合适的磁化方法是磁粉检测工艺的重要内容。如果磁化方法选择不当，有可能导致检测失败。

#### 4.3.1.5 渗透检测

1. *渗透检测原理*

零件表面被施涂含有黄绿色荧光渗透液或着色染料的渗透液后，在毛细管作用下，经过一定时间，渗透液可以渗进表面开口的缺陷中；去除零件表面多余的渗透液后，再在零件表面施涂显像剂。同样，在毛细管作用下，显像剂将吸引缺陷中保留的渗透液，渗透液回渗到显像剂中；在一定的光源下（紫外线光或白光），缺陷处的渗透液痕迹被显示（黄绿色荧光或鲜艳红色），从而探测出缺陷的形貌及分布状态。

2. *渗透检测方法分类*

根据渗透剂和显像剂的种类不同，渗透检测方法可按表4-11进行分类。

**表4-11 渗透检测方法分类**

| 渗透剂 | | 渗透剂的去除 | | 显像剂 | |
|---|---|---|---|---|---|
| 分类 | 名称 | 分类 | 名称 | 分类 | 名称 |
| Ⅰ | 荧光渗透检测 | A | 水洗型渗透检测 | a | 干粉显像剂 |
| Ⅱ | 着色渗透检测 | B | 亲油型后乳化渗透检测 | b | 水溶解显像剂 |
| Ⅲ | 荧光、着色渗透检测 | | | c | 自显像 |
| | | C | 溶剂去除型渗透检测 | d | 溶剂悬浮显像剂 |
| | | D | 亲水型后乳化渗透检测 | e | 水悬浮显像剂 |

（1）根据渗透剂成分分类。根据渗透剂所含染料成分不同，渗透检测方法可分为荧光法和着色法两大类。渗透液内含有荧光物质，缺陷图像在紫外线下能激发荧光的方法为荧光法。渗透液内含有有色染料，缺陷图像在白光或日光下显色的方法为着色法。此外，还有一类方法是，同时加入荧光和着色染料，缺陷图像在白光或日光下能显色，在紫外线下又激发出荧光。

（2）根据渗透液去除方法分类。根据渗透液去除方法分类，渗透检测方法可分为水洗型、后乳化型和溶剂去除型三大类。水洗型渗透法是渗透液内含有一定量的乳化剂，零件表面多余的渗透液可直接用水洗掉。有的渗透液虽不含乳化剂，但溶剂是水，即水基渗透液，零件表面多余的渗透液也可直接用水洗掉，它也属于水洗型渗透法。后乳化型渗透法的渗透液不能直接用水从零件表面洗掉，必须增加一道乳化工序，即零件表面上多余的渗透液要用乳化剂"乳化"后方能用水洗掉。溶剂去除型渗透法是用有机溶剂去除零件表面多余的渗透液。

（3）显像法的种类。在渗透检测中，常用的显像方法有湿式显像法、快干式显像法和干式显像法。

1）湿式显像法。湿式显像法是把白色细粉末状的显像材料调匀在水中作为显像剂的一种方法。把试件浸渍在显像剂中或者用喷雾器把显像剂喷在试件上，当显像剂干燥时，在试件上就形成白色显像薄膜，由白色显像薄膜吸出缺陷中的渗透液而形成显示痕迹。这种方法适合于大批量工件的检测，其中，水洗型荧光渗透检测法用得最多。但必须注意，缺陷显示痕迹是会扩散的，所以随着时间的推移，痕迹大小和形状会发生变化。

2）快干式显像法。快干式显像法是把白色细粉末状的显像材料调匀在高挥发性的有机溶剂中作为显像剂的一种方法。将显像剂喷涂到试件上，在试件表面快速形成白色显像薄膜，由白色显像薄膜吸出缺陷中的渗透液而形成显示痕迹。因这种显像方法操作简单，在溶剂去除型荧光渗透检测和着色渗透检测法中用得最多。但该方法随着时间的推移，缺陷显示痕迹会扩散，因此必须注意显示痕迹的大小和形状变化。

3）干式显像法。干式显像法是直接使用干燥的白色显像粉末作为显像剂的一种方法。显像时，直接把白色显像粉末喷洒到试件表面，显像剂附着在试件表面上并从缺陷中吸出渗透液形成显示痕迹。用这种方法，缺陷部位附着的显像剂粒子全部附在渗透剂上，而没有渗透剂的部分就不附着显像剂。因此，显像痕迹不会随着时间的推移发生扩散，而能显示出鲜明的图像。这种显像方法在后乳化型荧光渗透检测和水洗型荧光渗透检测中用得较多。而着色渗透检测法，因为显示痕迹的识别性能很差，所以不适于干式显像法。

压力容器通常使用的是水洗型着色渗透、快干式显像，或溶剂去除型着色、快干式显像的渗透检测法。

3. 渗透检测方法选用

着色法只需在白光或日光下进行，在没有电源的场合下也能操作。荧光法需要配备黑光灯和暗室，无法在没有电源及暗室的场合下工作。

水洗着色法适于检查表面较粗糙的零件，操作简便，成本较低。该法灵敏度较低，不易发现微细缺陷。水基渗透液着色法适用于检查不能接触油类的特殊零件，但灵敏度很低。后乳化型着色法具有较高的灵敏度，适宜检查较精密的零件，但对螺栓、有孔、槽零件以及表面粗糙的零件不适用。溶剂去除型着色法应用较广，特别是使用喷罐，可简化操作，适用于大型零件的局部检验。

水洗型荧光法成本较低，有明亮的荧光，易于水洗，检查速度快，适用于表面较粗糙的零件，带有螺纹、键槽的零件，及大批量小零件的检查。但其灵敏度较低，宽而浅的缺陷容易漏检，表面粗糙度值小的零件重复检查效果差，水洗操作时容易过洗，荧光液容易被水污染。后乳化型荧光法具有极明亮的荧光，对细小缺陷检验灵敏度高，能检出宽而浅的缺陷，重复检验效果好，但成本较高。因清洗困难，不适用有螺纹、键槽及盲孔零件的检查，也不适用于表面粗糙零件的检验。溶剂去除型荧光法轻便，适用于局部检验，重复检验效果好，可用于无水源场所，灵敏度较高，成本也较高。

4. 渗透检测方法适用范围

渗透检测主要适用于非多孔金属材料或非金属材料制承压设备表面开口缺陷的制造、安装检测和在用检测，这是因为渗透检测基于毛细作用，使渗透剂渗入工件表面开口缺陷中，从而达到检测的目的。若是缺陷在工件表面没有开口或是开口被阻塞，则渗透检测就无能为力了。此外，对于多孔型金属材料来说，由于金属材料中存在许多连通或是不连通的孔、洞，破坏了毛细作用的基础，因此也无法采用渗透检测。

另外，对于可以使用磁粉检测的场合，应尽量使用磁粉检测。大量的工程实践证明尚未开口的近表面缺陷与表面开口缺陷对工件的危害是相同或相近的。铁磁性材料制成的承压设备可使用磁粉检测方法检测表面和近表面缺陷，而对于非铁磁性材料，如铝、铜、钛、奥氏体不锈钢等，则只能依靠渗透检测方法。所以在使用渗透检测方法进行表面检测时，就不可避免地会漏检近表面不开口缺陷，给承压设备的安全使用留下隐患。

5. 渗透检测方法的特点

（1）渗透检测可以用于除了疏松多孔性材料外任何种类的材料，因此该检测方法对压力容器材料的适应性是最广的。但考虑到方法特性、成本、效率等各种因素，一般对铁磁材料工件首选磁粉检测，渗透检测只是作为替代方法。但对非铁磁材料，渗透检测是表面缺陷检测的首选方法。

（2）与磁粉检测相比，工件几何形状对渗透检测的影响很小。因此，对于形状复杂的部件，或因结构、形状、尺寸不利于实施磁化的工件，可考虑用渗透检测代替磁粉检测。另外，对同时存在几个方向的缺陷，用一次渗透检测操作就可完成检测。而磁粉检测往往需要进行至少两个方向的磁化检测，才能保证缺陷不漏检。

（3）可以检出表面开口的缺陷，但对埋藏缺陷或闭合型的表面缺陷无法检出。由渗透检测原理可知，渗透液渗入缺陷并在清洗后能保留下来，才能产生缺陷显示。缺陷空间越大，保留的渗透液越多，检出率越高。埋藏缺陷渗透液无法渗入，闭合型的表面缺陷没有容纳渗透液的空间，所以无法检出。

（4）试件表面粗糙度对渗透检测的影响大，因此检测结果往往容易受操作人员水平的影响。由于渗透检测是手工操作，过程工序多，如果操作不当，就会造成漏检。而且检测工序多，速度慢。

（5）渗透检测不需要大型的设备，可不用水、电。对无水源、电源或高空作业的现场，使用携带式喷罐着色渗透检测剂十分方便。

（6）检测灵敏度比磁粉检测低，比射线照相或超声检测高。检测用材料较贵、成本较高。

（7）渗透检测所用的检测剂，几乎都是油类可燃性物质，一般是低毒的，如果人体直接接触和吸收渗透液、清洗剂等，有时会感到不舒服，会出现头痛和恶心。尤其是在密封的容器内或室内检测时，容易聚集挥发性气体和有毒气体，所以必须充分进行通风。

#### 4.3.1.6 涡流检测

1. 涡流检测原理

涡流检测是以电磁感应理论为基础的。通过对探头中的激励线圈接通电流，给试件施加交流磁场，试件在交变磁场作用下产生感应涡流，涡流的分布又影响着线圈周围的磁场，使线圈的阻抗产生增量。当导体中存在缺陷时，相当于一个等效的电流源，它在空间产生扰动磁场，使线圈阻抗增量发生变化，涡流检测仪器根据该变化来识别缺陷。

2. 检测线圈分类

实际应用的检测线圈可以按励磁电源不同分为正弦波电源激励线圈和脉冲波电源激励线圈；按运动形式不同分为固定式线圈、平移式线圈和旋转式线圈；按获取信号的方式不同分为磁差式线圈和电差式线圈；按试件和工件的相互位置不同分为穿过式线圈、内通式线圈和放置式线圈。

（1）穿过式线圈。穿过式线圈是将试件插入并通过线圈内部进行检测。它能检测管材、棒材、丝材、球体和滚柱等各种可以从线圈内部通过的导电试件。由于采用穿过式线圈的涡流仪容易实现批量、高速和自动检测，因此，它广泛应用于小直径的管、棒、丝材等试件的表面质量检验。

(2) 内通式线圈。在对管件进行的外交涡流检测中，有时必须把线圈放入管子的内部才行，这种插入试件内部进行检测使用的线圈即内通式线圈。采用这种线圈适合于对组装好的管子进行检测，如热交换器的U形管，或对大部件内的小孔进行检测。

(3) 放置式线圈。放置式线圈又称点式线圈或探头。在检测时，把线圈放置在被检工件表面进行。这种线圈大多绕成探头形式，线圈内部一般带有磁芯，具有磁场聚焦的性质，灵敏区小，但灵敏度高。适合于板材、大直径管材、棒材表面和复杂形状零件的检测，是另一类广泛应用的线圈。

3. 涡流检测的应用范围与特点

涡流检测适用于导电金属材料和焊接接头表面和近表面缺陷的检测。其特点如下：

(1) 适用于各种导电材质的试件检测，包括各种钢、钛、镍、铝、铜及其合金。

(2) 因为涡流电是交流电，所以在导体的表面电流密度较大。随着向内部的深入，电流按指数函数而减少，这种现象叫做趋肤效应。因此，涡流检测可以检出表面和近表面缺陷，埋藏较深的缺陷无法检出。

(3) 探测结果以电信号输出，容易实现自动化检测。由于采用非接触式检测，所以检测速度很快。

(4) 形状复杂的试件很难应用，因此一般只用其检测管材、板材等轧制型材。

(5) 不能显示出缺陷图形，因此无法从显示信号判断出缺陷性质。各种干扰检测的因素较多，容易引起杂乱信号。

#### 4.3.1.7 声发射检测

1. 声发射检测原理

当材料或构件在应力作用下发生微观活动（变形或断裂）时，会以弹性波的形式释放出应变能，这种现象即为声发射现象。声发射检测技术就是利用材料声发射的原理对材料中动态活动缺陷进行检测的，是一种动态检测技术。

声发射检测是被动接收缺陷声发射应力波，应力波在材料中传播，可以使用压电材料制作的换能器将其接收，并转化成电信号进行处理，因此其监测范围仅仅和传感器的接收半径以及材料的声衰减和监测通道数相关。理论上声发射检测可以监视任何复杂的结构件，而不受被检件形状、尺寸的影响。但同时声发射对材料十分敏感，不同的材料由于其声发射特性不同，会对声发射检测造成一定的影响，如声发射对某些贫声材料和脆性材料的检测就存在很大的技术难度。但实际生产生活中碰到的绝大多数金属材料基本上都适合于声发射检测。

2. 影响材料声发射特性的有关因素

不同材料的声发射特性差别很大，即使是同一材料也有很大不同，这说明其影响因素很复杂。其中除了凯塞尔效应即不可逆效应外，可概括为外部影响因素和内部影响因素。材料的塑性变形和材料的扩展是不可逆的，如果试样第一次受力后，再以同样的方式受力时，即使是达到前一次加载仍不产生声发射的现象称为不可逆效应。它可用来检测声发射信号的真实性，还可用来判断材料曾经受过的最大应力。

声发射的不可逆效应是近似的，有些材料在某些试验条件下不存在不可逆效应，如第二次加载方式或方向与第一次不同时，不可逆效应就不存在；还有些材料卸载后长期放置，内部结构会发生变化，声发射会恢复；还有些材料，如碳纤维复合材料，二次加载时应力可能重新分布，某些地方有新的扩展，声发射还会提前出现。

（1）外部有关影响因素。外部因素包括试验条件、试件形状、变形速度、试验温度和加载方式等。而且多数材料的声发射特性与变形速度有关，称为应变速率效应。无缺陷试样在拉伸试验时常常出现幅度低但是信号密度大的连续声发射信号，变形速率越大，声发射计数率越高，在屈服点附近声发射计数率达到最大值。

声发射信号的平均强度也随应变速率的增大而增大。同一材料在相同试验条件下，试样的厚度不同，声发射特性也有所不同，这种效应称为声发射的体积效应。研究表明，试样的厚度影响带裂纹试样的突发型声发射强度，如25mm和37.5mm厚度的拉伸试样的声发射信号幅度有明显差别。厚的试样信号强度大，这是由于厚的试样裂纹前沿的三向应力大，它可能会改变试样的断裂形式。

试验的温度也会影响试样的变形和断裂形式，同一材料在高温下容易产生塑性变形，连续声发射比较活跃，随着温度降低，往往由塑性断裂变成脆性断裂，容易出现突发型声发射信号，声发射的强度与活动性都会增大。

（2）内部有关影响因素。内部因素是指试件内部的晶体结构、均匀性、热处理引起的组织结构变化等，它们会明显地改变材料的声发射特性。

金属材料的晶体结构是影响声发射信号幅度的一个基本因素。往往可以根据材料晶体结构的不同，估计这种材料的声发射状态。一般说来，各向异性大的晶体结构，声发射信号的幅度也大，如六方晶系的材料变形时，其声发射信号比立方晶系强，锡是立方晶系，在弯曲时可以听到“噼噼啪啪”的“锡鸣”声。晶体的结构对声发射信号的影响主要是变形的机理，如孪生变形的声发射强度比滑移变形的声发射强度大，马氏体相变是非扩散型的相变，这种相变改变了晶格结构的正方性，会出现强烈的声发射，而扩散型相变几乎不出现声发射。

材料的均匀性也明显地影响声发射特性。对存在着杂质的、第二相的金属材料，由不同的材料制成的复合材料，其声发射特性与原材料相比有着明显的不同，如断裂韧度试验中含有非金属杂质时，非金属杂质的开裂和非金属夹杂物与金属机体界面的开裂会形成很强的声发射源。如果开裂尖端非金属夹杂物较多，则裂纹穿过非金属夹杂物的区域就会有较强的声发射信号出现。此外，夹杂物的取向对声发射特性也有一定的影响，如某钢中的 MnS 夹杂物在板材的厚度方向取样进行拉伸试验，则突发型的事件计数随含硫量的提高而增加，而在纵向取样和横向取样时，只观察到连续型声发射，且声发射的强度与含硫量无关。

热处理工艺不同，如晶体的细化、强度的提高、组织结构的变化、变形方式和断裂方式的变化等，将导致不同的应力腐蚀敏感性，使声发射有较大的差异。

3. *声发射检测适用范围*

声发射检测通常用于确定内部或表面存在的活性缺陷的强度和大致位置，也适用于对承压设备在加载过程中进行局部或整体检测，以及用于在线检测。

4. *声发射检测特点*

（1）声发射检测相对于其他无损检测技术而言，具有动态、实时、整体、连续等特点，能够监控和探测出活动的缺陷，为在用压力容器的使用安全评定提供了依据。

（2）声发射检测无法探测静态缺陷，因此不能作为压力容器制造质量控制方法和验收依据。

（3）声发射产生的物理基础和声发射波在材料中传播的复杂性决定了该技术易受噪声的干扰。

（4）声发射检测对检测人员的分析水平和实践经验要求较高。

## 4.3.2 耐压试验和泄漏试验

### 4.3.2.1 耐压试验

耐压试验是压力容器检验的重要手段之一。压力容器制成后，应当进行耐压试验。耐压试验分为液压试验、气压试验以及气液组合压力试验，是一种验证性的综合检验，用于压力容器的制造、安装、运行、定期检验修理、改造等各个环节的检验。它不是压力容器检验的唯一手段，不能代替别的检验方法。

1. 目的和作用

耐压试验是用适宜的液体介质或气体介质，对压力容器的受压元件进行强度和密封性的综合检验。耐压试验的目的是检验受压元件在超负荷条件下的结构强度，验证其是否具备在设计压力下安全运行所必需的承压能力，同时检查压力容器的致密性及是否产生局部变形等，从而可以在压力容器投运之前及时发现材料、结构和制造工艺中存在的缺陷和问题。在压力容器使用中进行耐压试验时，受压零件的实际最高工作压力低于设计压力，则耐压试验可验证它是否具备在最高工作压力下安全运行所需的承压能力。进行耐压试验时，对于高压或小容量压力容器，还可进行残余变形测定，以判明受压元件材料是否已出现整体屈服。对中低压压力容器，不易准确测定残余变形值，可以从试验过程中升压异常及直接观测来考察是否出现屈服。压力容器如果存在潜在性缺陷或连接部件不严密，也可以在做耐压试验的同时发现其是否泄漏。

根据断裂力学理论，压力容器的线弹性断裂判据为

$$K_{IC} = y\sigma\sqrt{\pi\alpha_C} \tag{4-1}$$

式中 $K_{IC}$——应力强度因子；

$y$——几何因子；

$\sigma$——周向应力（MPa）；

$\alpha_C$——临界裂纹尺寸（mm）。

在设计（工作）压力载荷下

$$K_{IC} = y\sigma_D\sqrt{\pi\alpha_{CD}} \tag{4-2}$$

在水压试验载荷下

$$K_{IC} = y\sigma_\tau\sqrt{\pi\alpha_{C\tau}} \tag{4-3}$$

式中 $\sigma_D$——设计（工作）应力（MPa）；

$\sigma_\tau$——水压试验应力（MPa）；

$\alpha_{CD}$——设计（工作）应力下临界裂纹尺寸（mm）；

$\alpha_{C\tau}$——水压试验应力下可能存在的最大裂纹尺寸（mm）。

则

$$\frac{\sigma_\tau}{\sigma_D} = \sqrt{\frac{\alpha_{CD}}{\alpha_{C\tau}}} \tag{4-4}$$

通常 $\sigma_\tau = 1.25\sigma_D$，则

$$\frac{\alpha_{CD}}{\alpha_{C\tau}} = 1.25^2 \text{ 或 } \alpha_{C\tau} = 0.64\alpha_{CD}$$

或 $\sigma_\tau = 1.5\sigma_D$，则

$$\frac{\alpha_{CD}}{\alpha_{C\tau}} = 1.5^2 \text{ 或 } \alpha_{C\tau} = 0.44\alpha_{CD}$$

以上分析说明，安全通过耐压试验的压力容器受压元件，至少不存在大于 $0.64\alpha_{CD}$ 或 $0.44\alpha_{CD}$ 的裂纹。从这个意义上说，耐压试验也是一种特殊的无损检测。

耐压试验还可以改善缺陷处的应力状况，使裂纹产生闭合效应。较高的试验压力，可以使裂纹尖端产生较大的塑性变形，裂纹尖端的曲率半径将增大，从而使裂纹尖端处材料的应力集中系数减小，降低了尖端附近的局部应力。在卸压后，裂纹尖端的塑性变形区会受到周围弹性材料收缩的影响，使此区域出现剩余压缩应力，从而可以部分抵消容器所承受的拉伸应力。因此容器存在的裂纹经受过载应力后，在恒定低载荷下，裂纹扩展速度可能明显延缓。

此外，耐压试验可以通过超压改变容器的应力分布。由于结构或工艺方面的原因，容器局部区域可能存在较大的剩余拉伸应力。试验时，它们与试验载荷应力相叠加，有可能使材料局部屈服而产生应力再分布，从而消除或减小原有的剩余拉伸应力，使应力分布均匀。压力容器中存在的某些缺陷经耐压试验可使其扩展导致泄漏，而将隐蔽缺陷暴露出来，从而避免恶性事故的发生。

当压力容器或其零件的强度难以准确地计算时，还可以采用耐压试验来确定最高许用工作压力。

2. 试验介质

压力容器耐压试验的压力要比容器实际工作压力高，因此，容器在试验压力下发生破裂的可能性也大。为了防止压力容器在耐压试验时发生破裂造成严重事故，除了采取其他防护措施外，最重要的是采用卸压释放能量较小的介质作为试验介质。

压力容器爆炸时释放出的能量与其试验介质的物性状态有很大的关系。由于一般液体（如水）的压缩性很小，因此爆炸时的膨胀功也很小。

水的等温压缩系数很小，而气体的压缩性要大得多。如果压力容器在进行耐压试验时，气压试验的爆破能量将比水大得多，可以认为容器破裂时瞬间泄压的过程为绝热膨胀过程，气体的状态参数应符合等熵指数。由此可以推导出压缩气体的膨胀倍数为

$$n = p^{1/\kappa} \tag{4-5}$$

式中 $n$——压缩气体介质容器破裂时的气体膨胀系数；

$p$——容器破裂前内压力，绝对大气压（MPa）；

$\kappa$——气体的等熵指数，对于空气，$\kappa = 1.4$。

常温下有压力的水在容器破裂时的容积膨胀倍数为

$$n' = V_1/V_2 \tag{4-6}$$

式中 $n'$——容器破裂时水的膨胀倍数；

$V_1$——水在容器破裂后的比体积（$m^3/kg$）；

$V_2$——水在耐压试验压力下的比体积（$m^3/kg$）。

比较上述两式可以看出，在同样的试验压力下，气体的体积膨胀倍数比水大得多。因此，容器在耐压试验时一旦破裂，压缩气体的释放能量也大得多，气压试验的危险性很大。一般在相同的试验压力下，气体的爆炸能量比水大数百倍甚至数万倍，压力越高，其差值越大。所以，为了防止事故发生，压力容器耐压试验时通常采用液体作为试验介质，其中最易得到的和最适宜的液体就是水，通常将液体耐压试验称为水压试验。

以水为介质进行耐压试验时，其所用的水必须是符合设计图样或有关标准规定的洁净水。奥氏体不锈钢压力容器用水进行耐压试验后，应及时将水渍去除干净，控制水的氯离子含量不超过 25mg/L，防止氯离子对奥氏体不锈钢造成晶间腐蚀。如无法达到这一要求时，则应控制水中氯离子含量。若水中氯离子含量过高，可加硝酸钠溶液进行处理。

如果由于某种特殊原因不能用水做耐压试验时，可采用试验时不会导致危险的液体，在低于其沸点的温度下，进行耐压试验。当采用可燃性液体进行耐压试验时，试验温度必须低于可燃性液体的闪点。试验场地附近不得有火源，且应配备适用的消防器材。

当由于结构或支承原因，不能向压力容器内安全充灌液体进行耐压试验，以及运行条件是压力容器不允许残留试验液体时，可按设计图样规定采用气压试验。气压试验所用气体应为干燥洁净的空气、氮气或其他惰性气体。具有易燃介质的在用压力容器，必须进行彻底的清洗和置换，否则严禁用空气作为试验介质。

3. 试验温度

耐压试验温度的确定应考虑两个因素。一方面由于在压力容器上广泛使用的碳素钢、普通低合金钢等珠光体型钢种存在一个无延性转变温度，低于该温度材料韧性急剧下降，因此必须保证耐压试验时器壁温度高于钢材的无延性转变温度。耐压试验时，试验温度（容器器壁金属温度）应当比容器器壁金属无延性转变温度高 30℃。此温度点对确定高温容器的耐压试验温度下限尤为重要，这是由于高温容器的材料一般多注意高温力学性能，而少注意低温下的低应力脆性。低应力脆性破坏是结构存在一定裂纹缺陷，并在一定的应力条件和温度下发生的，试验结果证明，当名义应力降低到一定程度后，无论在多低的温度下都不会发生脆性破坏。当温度升高到一定程度后，无论多大的裂纹都并不再扩展，而是被阻止。无塑性转变温度是材料在破裂前没有变形（实际上是有少量变形）的最高温度，低于此温度，脆性裂缝很容易通过弹性载荷区域传播，即所谓的“全塑性破坏”。另一方面，耐压试验温度过高或过低都会影响观察。当温度值过低时，在容器外壁表面易结存空气中的水分（结露），甚至冻结，影响观察；温度过高，当少量液体泄漏时将会很快蒸发，不易被观察到。

为使耐压试验安全进行且保证试验的观察效果，耐压试验的温度按《固定式压力容器安全技术监察规程》和 GB 150—2011《压力容器》的要求规定，Q345R、Q370R、07MnMoVR 制容器进行液压试验时，液体温度不得低于 5℃；其他低合金钢制压力容器，液体温度不得低于 15℃。如果由于板厚等因素造成材料无延性转变温度升高，则需相应提高液体温度。其他材料制压力容器液压试验温度按设计图样规定。铁素体钢制低温压力容器液压试验时，液体温度不得低于受压元件及焊接接头进行夏比冲击试验的温度，且需要再加 20℃。当用可燃、易燃液体介质代替水进行耐压试验时，其试验温度上限不仅应低于该介质沸点的一定数值，还必须低于油品的闪点。

采用气体进行气压试验时，碳素钢和低合金钢制压力容器的试验用气体温度不得低于 15℃；其他材料制压力容器，其试验用气体温度应符合设计图样的规定。

4. 试验压力

耐压试验的压力与压力容器最高工作压力（设计压力）的比值，各类标准中的规定不完全相同，这主要与它所采用的设计安全系数有关。《固定式压力容器安全技术监察规程》规定，内压容器耐压试验压力应符合设计图样的要求，且不小于表 4-12 的规定。

**表 4-12 试验压力的确定**

| 压力容器名称 | 压力等级 | 耐压试验压力 $p_T = \eta p$ | | 气密性试验压力 |
|---|---|---|---|---|
| | | 液（水）压 | 气压 | |
| 钢制和有色金属制压力容器 | 低压 | 1.25$p$ | 1.10$p$ | 1.00$p$ |
| | 中压 | 1.25$p$ | 1.10$p$ | 1.00$p$ |
| | 高压 | 1.25$p$ | | 1.00$p$ |
| 铸铁 | | 2.00$p$ | | 1.00$p$ |
| 搪玻璃 | | 1.25$p$ | 1.15$p$ | 1.00$p$ |

（1）钢制压力容器耐压试验压力取 1.25$p$ 和 $p$+0.1MPa 两者中较大值。

（2）对不是按内压强度计算公式决定壁厚的压力容器（如考虑稳定性等因素设计的），应适当提高耐压试验压力。

（3）对设计温度（壁温）大于或等于 200℃的钢制压力容器，以及大于

或等于50℃的有色金属制压力容器，耐压试验压力$p'_{\tau}$按下式计算，即

$$p'_{\tau} = p_{\tau}\frac{[\sigma]}{[\sigma]^{t}} = \eta p\frac{[\sigma]}{[\sigma]^{t}} \tag{4-7}$$

式中　$p$——压力容器的设计压力（对在用压力容器来讲，为最高工作压力，MPa）；

$p'_{\tau}$——设计温度下的耐压试验压力（MPa）；

$p_{\tau}$——试验温度下的耐压试验压力（MPa）；

$\eta$——耐压试验压力系数，按表4-12取用；

$[\sigma]$——试验温度下材料的许用应力（或者设计应力强度，MPa）；

$[\sigma]^{t}$——设计温度下材料的许用应力（或者设计应力强度，MPa）。

外压容器和真空容器进行液压试验时，耐压试验压力按下式确定，即

$$p_{\tau} = 1.25p \tag{4-8}$$

式中　$p$——设计外压力（MPa）。

外压容器和真空容器进行气压试验时，耐压试验压力按下式确定，即

$$p_{\tau} = 1.1p \tag{4-9}$$

对于带夹套的压力容器，应在设计图样上分别注明内筒和夹套的试验压力。当内筒设计压力为正值时，按内压容器确定内筒的试验压力；当内筒设计压力为负值时，按外压容器规定进行内筒的液压试验。夹套内的试验压力按内压容器计算公式确定，确定试验压力后，必须校核内筒在该试验外压力作用下的稳定性。如不能满足稳定要求，则应规定做夹套的液压试验时，必须同时在内筒内保持一定压力，以使整个试验过程（包括升压、保压和卸压）中的任一时间内，夹套和内筒的压力差不超过设计压差。设计图样上应注明这一要求，以及试验压力和允许压差。

立式容器在进行液压试验时，其底部除承受液压试验时的压力载荷外，还要承受整个容器充满液体时的重量载荷，两者的共同作用有可能使容器底部所产生的应力超过应力校核的允许值，此时，则应适当增加底部的器壁厚度。如果立式容器采用卧式进行液压试验，为了与立置试验时底部承受的载荷相同，其试验压力值应为立置时的试验压力加上液柱静压力。

5. 耐压试验时的应力校核

耐压试验前，应当对压力容器进行应力校核，圆筒的环向薄膜应力按下式计算，即

$$\sigma_{\tau} = \frac{p_{\tau}(D_{i} + \delta_{e})}{2\delta_{e}\varphi} \tag{4-10}$$

式中　$\sigma_{\tau}$——圆筒的环向薄膜应力（MPa）；

$D_{i}$——圆筒的内直径（mm）；

$p_T$——试验压力（MPa）；

$\delta_e$——圆筒的有效厚度（mm）；

$\varphi$——圆筒的焊缝系数。

环向薄膜应力值应当符合以下要求：

1）液压试验时，不得超过试验温度下材料屈服强度的90%与焊缝系数的乘积。

2）气压试验时，不得超过试验温度下材料屈服强度的80%与焊缝系数的乘积。

校核应力时，所取的壁厚为实测壁厚最小值扣除腐蚀量，液压试验所取的压力还应当计入液柱静压力。对壳程压力低于管程压力的列管式热交换器，可以不扣除腐蚀量。

6. 试验程序

（1）耐压试验前的准备工作。具体如下：

1）查阅容器设备档案，在内外部检验的基础上确定耐压试验压力，如因腐蚀等原因使壁厚减薄，应对其进行强度核算。

2）耐压试验前，压力容器各连接部位的紧固螺栓应当装配齐全，紧固妥当。

3）进行耐压试验前，必须彻底清除容器内的残留物以及与试验介质接触后能引起器壁强烈腐蚀的物质。

4）试验用压力表应至少采用两个量程相同并且经过校验的压力表，压力表的最大量程应为试验压力的1.5～3倍，最好选用2倍，表盘直径不应小于100mm，精度等级应符合试验要求，低压容器使用的压力表精度不应低于2.5级，中压及高压容器使用的压力表精度等级不应低于1.5级，试验用压力表应当安装在被试验压力容器顶部便于观察的位置。

5）耐压试验时，压力容器上焊接的临时受压元件，应当采取适当的措施，保证其强度和安全性。

6）耐压试验场地应当有可靠的安全防护设施，并且经过单位技术负责人和安全管理部门检查认可。

（2）耐压试验通用要求。具体如下：

1）保压期间不得采用连续加压来维持试验压力不变，耐压试验过程中不得带压紧固螺栓或者向受压元件施加外力。

2）耐压试验过程中，不得进行与试验无关的工作，无关人员不得在试验现场停留。

3）压力容器进行耐压试验时，监检人员应当到现场进行监督检验。

4）耐压试验后，对于焊接接头或者接管泄漏时进行返修的，或者返修深度大于1/2厚度的压力容器，应当重新进行耐压试验。

7. 液压试验

（1）液压试验要求。

1）压力容器中应当充满液体，排净滞留在压力容器内的气体，并使压力容器外表面保持干燥。

2）当压力容器器壁金属温度与液体温度接近时，才能缓慢升压至设计压力，确认无泄漏后继续升压到规定的试验压力，保压30min；然后降至设计压力，保压足够时间进行检查，检查期间压力应当保持不变，不得采用连续加压维持试验压力不变的做法。不得在压力下紧固螺栓或者向受压元件施加外力。

3）液压试验完毕后，使用单位按其规定进行试验液体的处置以及对内表面进行专门技术处理。新制造的压力容器液压试验完毕后，应当用压缩空气将其内部吹干。

4）对内筒外表面仅部分被夹套覆盖的压力容器，分别进行内筒与夹套的液压试验；对内筒外表面大部分被夹套覆盖的压力容器，只进行夹套的液压试验。

5）液压试验合格标准为：无渗漏，无可见的异常变形，试验过程中无异常的响声。

（2）液压试验分析。压力容器耐压试验时如果受压部件已产生肉眼可见的塑性变形，表明器壁材料已整体屈服。表示材料产生微量塑性变形抗力的强度指标有比例极限$R_p$、弹性极限$\sigma_e$和屈服强度$R_{eH}$和$R_{eL}$。规定的残余变形率相应为$R_p=0.0015\%\sim0.01\%$、$\sigma_e=0.0055\%\sim0.05\%$、$\sigma_s=0.1\%\sim0.5\%$。国内外有关压力容器规范习惯上以残余变形率不超过0.03%为合格。

在容器进行水压试验时测定其残余变形，然后按下式计算出容器的残余变形率，即

$$\varepsilon=\frac{\Delta V'}{\Delta V}\times100\% \tag{4-11}$$

式中 $\varepsilon$——水压试验容积残余变形率；

$\Delta V'$——容积的残余变形值（$cm^3$）；

$\Delta V$——容积的全变形值（$cm^3$）。

容积的全变形值包括水压试验时容器器壁材料的弹性变形和残余变形使容器容积增长的数值。筒形容器水压试验径向残余变形率0.03%与容积变形率10%大致相对应，容积残余变形率的测定有两种方法，即直接测量法和计算法。直接测量法是直接测量径向残余变形值或容积残余变形值。但这种方法很少采用，如直径为0.8m的筒形容器，按残余变形率0.03%计算，允许径向残余变形的绝对值仅0.24mm，虽然可以用一般的千分卡尺测量得到数值，但由

于受器壁表面情况、量具固定、测量时振动等因素的影响，测值误差很大。

水压试验容积残余变形多采用内测法测定，然后通过计算求出其残余变形率。内测法求取水压试验容积残余变形率的原理如图4-21所示。容器充水后停留一段时间让水中气体充分逸出，试压系统管路也不应留有气体，水温一般维持为5～40℃。然后调整量筒水位到零刻度，容器连接试压泵后按耐压试验程序升压到试验压力，试压泵将量筒中或计量系统中的水压入容器内。但试压时压入容器的水量与容器的全变形值是两个完全不同的概念。

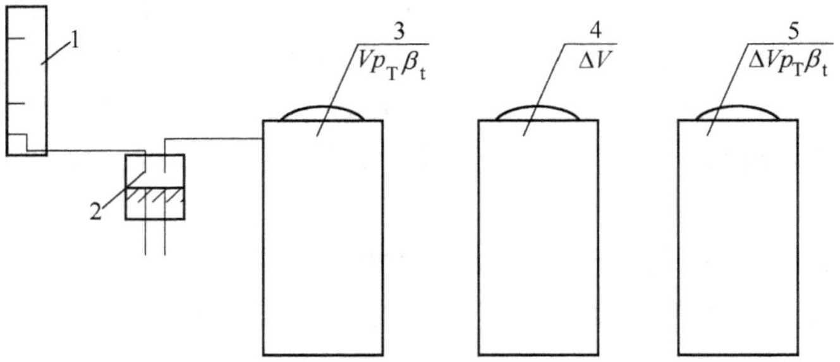


图4-21 内测法求取水压试验容积残余变形率的原理
1—量筒 2—试压泵 3、4、5—容器

试压时压入容器的水量包括三部分：①打压前已注入容器内水的压缩量，大小为$Vp_T\beta_t$；②容器在试验压力下容积增加，即容积全变形值$\Delta V$，对一般高压容器，这部分水量占总压入水量的20%～30%；③因容器容积变形需补充加水，该部分补充水受压的压缩量，大小为$\Delta Vp_T\beta_t$，其数值较小。在①～③中，$V$为容器试压前初始容积，$p_T$为水压试验压力，$\beta_t$为水的等温压缩系数。在水压试验检查后，将容器及试压系统压力卸到常压，但是筒中水位已回复不到零刻度，这部分水量差值就是水压试验时所产生的容积残余变形值，可直接由量筒读数求得。但容器的全变形值必须通过计算，计算方法如下：

设水压试验时总压入水量为$A$，试验时管路中压入水量为$B$，由上面分析可得

$$A - B = Vp_T\beta_t + \Delta V + \Delta Vp_T\beta_t$$

$$\Delta V = \frac{A - B - Vp_T\beta_t}{1 + p_T\beta_t} \tag{4-12}$$

式中 $\Delta V$——水压试验时容器的容积全变形值（$cm^3$）；

$A$——试验时总压入水量实测值（$cm^3$）；

$B$——试验管路在水压试验温度和压力下压入的水量（$cm^3$）；

$V$——容器的实际容积（$cm^3$）；

$p_T$——水压试验压力（Pa或$kgf/cm^2$）；

$\beta_t$——试验温度和压力下水的等温压缩系数（$Pa^{-1}$或$cm^2/kgf$）。

其中，管路压入水量$B$由试验求得，当管路行程确定后，在5～40℃的任意水温下加压实测均可，实测值扣除管路容积后即为$B$值。但如果同一管路用于不同试验压力，应按不同的水压试验压力分别测定。管路如果变动，也应重新测定。

容器的实际容积应在水压试验前实际测定。从设备档案中查得的容器容积是不可靠的，因为腐蚀及内件变更都将使容器的容积改变，水在不同温度和压力下的压缩系数也是不同的。

8. 气压试验

试验前必须对容器的主要焊缝进行无损检测，并且应全面核查容器的有关技术资料和检验报告，制定和落实试验时的安全防护措施，经批准和安全措施合格后方可进行试验。气压试验时，试验单位的安全部门应进行现场监督。

气压试验时，试验温度（容器器壁金属温度）应当比容器器壁金属无延性转变温度高30℃，如果由于板厚等因素造成材料无延性转变温度升高，则需相应提高试验温度。

气压试验时，应先缓慢升压至规定试验压力的10%，保压5～10min，并且对所有焊缝和连接部位用肥皂水进行初次检查；如无泄漏，可继续升压到规定试验压力的50%，如无异常现象，其后再按每级为规定试验压力的10%，逐级升压到试验压力，或根据容积大小保压10～30min；然后降至设计压力，保压进行检查，其保压时间不少于30min。检查期间压力应保持不变，不得采用连续加压维持试验压力不变的做法。不得在压力下紧固螺栓或者向受压元件施加外力。气压试验过程中，压力容器无异常响声，经过肥皂液或者其他检漏液检查无漏气，无可见的异常变形即为合格。气压试验检查完毕后，开启放空阀，缓慢泄压至常压。

9. 气液组合压力试验

1）对因承重等原因无法注满液体的压力容器，可根据承重能力先注入部分液体，然后注入气体，进行气液组合压力试验。

2）试验用液体、气体应当分别符合上述液压试验与气压试验的有关要求。

#### 4.3.2.2　泄漏试验

泄漏试验的目的是检查压力容器焊缝质量和各连接部位的密封性。

1. 需要进行泄漏试验的条件

（1）耐压试验合格后，对于介质毒性程度为极度、高度危害或者设计上不允许有微量泄漏的压力容器，应当进行泄漏试验。

（2）设计图样要求做气压试验的压力容器，是否需要再做泄漏试验，应当在设计图样上规定。

2. 泄漏试验种类

泄漏试验根据试验介质的不同，分为气密性试验以及氨检漏试验、卤素检漏试验和氦检漏试验等。

（1）气密性试验。气密性试验的基本要求如下：

1）气密性试验应在液压试验合格后进行。对设计图样上要求进行气压试验的压力容器，是否需做气密性试验，应在设计图样上作出具体规定。

2）对碳素钢和低合金钢制压力容器，其试验用气体的温度不应低于5℃，其他材料制的压力容器按设计图样规定进行。

3）气密性试验用气体应符合气压试验的规定。

4）压力容器进行气密性试验时，安全附件应安装齐全，各紧固螺栓必须装配齐全，紧固牢靠。可拆部件一般应拆卸。

5）压力表应经计量检定合格并在有效期内。压力表的精度与刻度，必须与试验要求相匹配，并便于观察和记录。

6）有衬里的压力容器进行气密性试验，应考虑气体介质对衬里材料的影响，如试验气体中氯、氟、硫元素的含量应满足衬里材料的要求。

试验的检查方法如下：

1）在被检查部位涂（喷）肥皂水，检查肥皂水是否鼓泡。

2）检查试验系统和容器上装设的压力表，其指示值是否下降。

3）小型容器可浸入水中检查，被检部位应在水压约20～40mm深处，检查是否有气体逸出。

4）多层包扎压力容器进行气密性试验时，应对各层板的检漏孔进行检查。可采用在检漏孔接管上装设压力表的方法检查，或采用对试验介质气体会产生变色反应的变色剂检查各层板检漏孔的泄漏现象。

试验升压程序如下：

1）首先应使试验系统压力保持平衡。

2）缓慢通入试验气体。当达到试验压力的1%（不小于1个表压）时，应暂停进气，对连接密封部位及焊缝等进行检查，若无泄漏或异常现象可继续升压。

3）升压应按相同梯次逐级提高，每级一般为试验压力的10%～20%，每级之间应适当保压，以观察有无异常现象。

4）在升压过程中，严禁工作人员在现场作业或进行检查工作。

5）在达到试验压力后，首先观察有无异常现象，然后由专人进行检查和记录。保压时间一般不应小于10min，保压过程中试验压力不得下降。禁止采用连续加压以维持试验压力不变的做法。

6）试验过程带有压力时，不得紧固螺栓或进行修理工作。试验完毕后，应缓慢将试验气体排净。

7）对盛装易燃介质的容器，在气密性试验前，必须进行彻底的蒸汽清洗、置换，并且经过取样分析合格，否则严禁用空气作为试验介质。如果以氮气进行气密性试验，试验后，应保留0.05～0.1MPa的余压，并保持密封。

8）容器上开孔补强圈的气密性试验，必须在容器耐压试验之前进行，不允许先进行耐压试验然后再装焊补强圈的做法，以防因开孔削弱而使容器在耐压试验中过载损坏。补强圈气密性试验的压力为0.4～0.5MPa。

（2）氨检漏试验。氨具有较强的渗透性，并且易溶于水，因此，对有较高致密性要求的容器，如液氨蒸发器、带衬里的容器等，常常在压力容器中充入100%（体积分数，下同）、30%或1%的氨气为试验介质进行气密性试验，又称氨渗透试验。氨渗透试验属于比色法检漏，氨为示踪剂。

常用的氨渗透试验方法有以下三种：

1）氨—空气法。在试验时，在空气中加入1%（体积分数）的氨气为试验介质，被检查的部位贴上用5%（质量分数）硝酸亚汞或酚酞溶液浸过的纸带试纸。若有不致密的地方，氨气就会透过而使试纸的相应部位形成黑色的痕迹。压力容器常用此方法进行检漏。

2）氨—氮法。在试验时，先用氮气置换容器内的空气，达到规定的含氧量要求后抽真空，然后充入氨气与氮气的混合气体，将检漏试纸涂敷在待检部位进行检漏试验。该方法常用于管壳程压差较大的换热器和对泄漏要求较高的容器。

3）100%氨气法。试验时先将容器抽真空至真空度93.7kPa，然后注入2～3kPa的纯氨进行检漏。试验后再将氨抽至水中。此方法多用于小容器的检漏。

（3）卤素检漏试验。卤素检漏试验利用卤素化合物具有足够蒸发压力的特点，用氟利昂和其他卤素压缩空气作为示踪气体，在待检部位用铂离子吸气探针进行探测检漏。一般用于不锈钢及钛设备的气密性试验。

（4）氦检漏试验。在试验介质中充入氦气，在不致密的地方，因氦气质量小，能穿过微小的空隙，就可以利用氦气检漏仪（氦质谱分析仪）检测出氦气。目前的氦气检漏仪可以发现气体中含有千万分之一的氦气存在，相当于在标准状态下漏气率为$1cm^3/a$，因此氦检漏试验是一种灵敏度极高的致密性试验方法。该方法对工件清洁度和试验环境要求较高，一般仅用在有特殊要求容器的检漏。

## 4.3.3 其他检测技术

### 4.3.3.1 磁记忆检测技术

1. 磁记忆检测技术原理

任何物质都是由原子组成的，而原子又是由原子核和电子组成的。电子不停地作两种运动，即环绕原子核的运动和本身的自旋运动。这两种运动可看做形成了一个个闭合电流，由此将产生一个个磁矩，这些磁矩便产生磁效应。一般将由电子绕核运动产生的磁矩称为轨道磁矩，而电子的自旋运动产生的磁矩称为自旋磁矩。铁磁性物质的自旋磁矩在无外加磁场的条件下自发地取向一致，这种行为称为自发磁化。铁磁体在其未被磁化之前，其内部早已存在自发磁化的小区域，这些自发磁化了的小区域称为磁畴。在无外加磁场磁化前，磁畴的磁化向量是无序分布的，总磁矩为零；被磁化后，在外加磁场的作用下，磁畴取向于磁场方向，铁磁物质便表现出强烈的磁性。评价组成不同物体的物质的磁性大小，常用单位体积中的磁矩来表示，称为物质的磁化强度 $M$。

计算漏磁场的分布如图 4-22 所示。

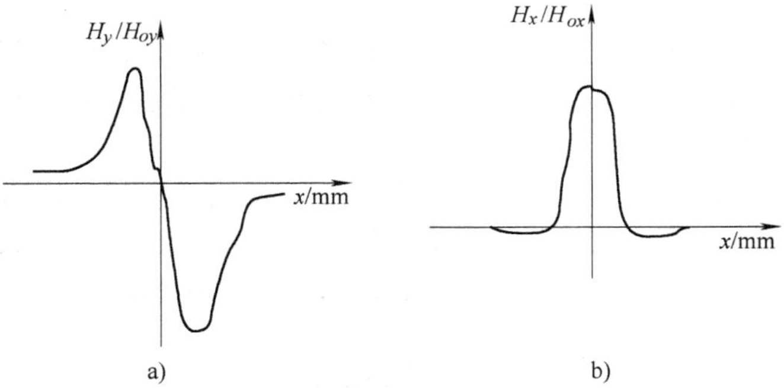


图 4-22 漏磁场分量的空间分布曲线

a）$H_y/H_{oy}$-$x$ 曲线 b）$H_x/H_{ox}$-$x$ 曲线

由图 4-22 可以看出：

（1）漏磁场垂直分量 $H_y/H_{oy}$-$x$ 曲线在中点（即应力集中点）有过零值点，且靠近中点两侧各有一个大小相等、正负相反的极值。

（2）漏磁场的水平分量 $H_x/H_{ox}$-$x$ 曲线与纵轴对称，在中心处有极大值。

磁记忆检测仪正是基于漏磁场磁场强度的法向分量 $H_p$（$y$）改变符号的性质，通过对 $H_p$（$y$）过零点的检测来判断应力集中的部位，对有可能形成缺陷的部位实行早期诊断。

2. 磁记忆检测仪器

磁记忆检测仪器是基于磁记忆效应原理开发出来的无损检测设备，它与其他电磁检测设备一样都是由传感器、主机及其他辅助设备组成的。图4-23所示为典型的磁记忆检测仪器的原理框图，它包括由磁敏传感器、温度传感器、测速装置组成的探头，由滤波器、放大器及A/D转换器等组成的信号处理电路，显示及键控装置，CPU系统等。其中，传感器是磁记忆检测仪器中相当重要的部件，传感器性能的好坏对检测结果的影响非常大。

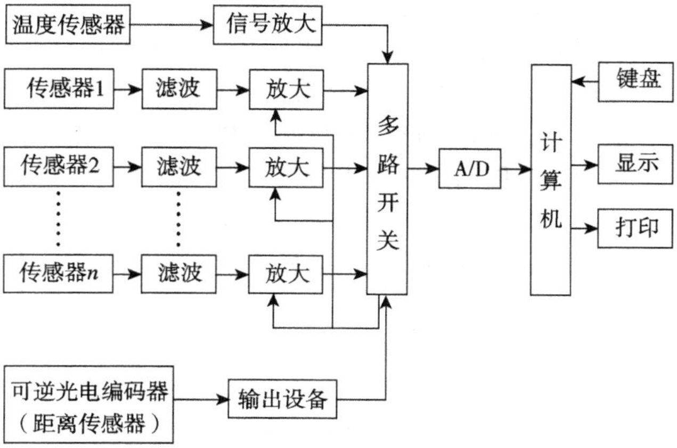


图4-23 磁记忆检测仪器的原理框图

3. *磁记忆检测的应用*

金属磁记忆方法本质为漏磁检测方法。此法不要求对被测对象表面作专门准备（清理金属等），不要求专门的磁化装置（自磁化就是利用设备和金属结构在制造及使用过程中的自磁化现象），还具有高灵敏度（能按危险程度对缺陷和应力集中区加以分类）等特点，金属磁记忆方法能够区别出弹性变形区和塑性变形区，能确定金属层滑动面位置和产生疲劳裂纹的区域，能显示出裂纹在金属组织的走向，确定裂纹是否继续发展。磁记忆检测是继声发射后第二次利用结构自身发射信息进行检测的方法，除了早期发现已发展的缺陷外，还能提供被检测对象实际应力—变形状况的信息，并找出应力集中区的形成原因。当然，该方法目前不能单独作为缺陷定性的无损检测方法，在实际使用中，必须辅助以其他的无损检测方法。

磁记忆检测方法的主要优点如下：

1）不需要清理金属被测表面或做其他准备工作，可以在保持金属的原始状态下进行检测。

2）传感器和被测表面间不需要充填耦合剂，传感器可以离开金属表面。

3）不需要采取专门的充磁装置（即不需要主动励磁设备），而是利用管道工作过程中的自磁化现象。

4）应力集中点是未知的，可以准确地在检测过程中确定。

5）检测仪器体积小，重量轻，有独立的电源及记录装置，检测速度快。

金属磁记忆方法的应用和发展在以下几方面：研究金属的物理和力学性能，各工业部门中技术对象的检测和诊断；在制造过程中检测机械零件质量；检测修理工艺质量；建立各种设备部件状态的数据库；完善检测装置和处理检测结果的软件；检测方法的标准化等。

（1）管道的磁记忆检测。机械应力集中是各种不同用途管道（包括电站汽、水管道，油管道等）破坏的主要原因。现有的无损检测方法只能用于查找常见的缺陷，而不能进行管道的早期诊断。利用金属磁记忆检测新技术可以检验管道外表面和管道金属内部的应力分布状态，以达到早期诊断的目的。

采用磁记忆检测方法对管道进行诊断，是沿着管道表面探测散射磁场 $H_p$ 的法向分量，通过对金属残余磁特性的分析，指示管道工作应力与残余应力作用下的应力集中区域。

管道磁记忆检测方法应用范围如下：

1）找出在最大应力条件下易损伤的管段、弯管及坡口。

2）评估管道及其支、吊架系统的实际应力变形情况。

3）确定管道金属腐蚀、疲劳、蠕变等正在加剧的最大应力集中区域。

4）找出管道的卡死部位，确定支、吊架系统及固定系统不正常工作的情况及原因。

5）确定管道的监测部位，以观察其以后运行中的情况。

6）缩小管道检验工作量及检验时间，减少管道更换量。

7）利用典型金属样品确定实际使用寿命。

（2）磁记忆检测方法在对接焊缝中的应用。各种不同工艺用途的管道和容器以及重要结构的焊接接头会突然发生脆性疲劳损坏，有时会导致具有重大后果的严重事故。现有的常规无损检测方法不能在破坏前期实现对焊接接头的早期诊断。而制造厂对焊接接头进行检测时，基本任务也是找出超过允许标准的具体缺陷。当应力等级和均匀性、几何形状偏差、焊缝组织变化、塑性变形以及其他因素对焊接接头的可靠性产生影响时，必须采取从整体上对接头状态进行鉴定的诊断方法。

采用磁记忆检测方法可以实施对焊缝状态的早期诊断。根据磁记忆检测原理可知，在焊接接头中其他条件相同的情况下，焊缝中会有残余磁化现象产生，其残余磁化分布的方向和性质完全取决于焊接完成后金属冷却时形成的残余应力和变形的方向与分布情况，因此在焊缝的应力集中部位或在金属组织最不均匀处和有焊接缺陷的地方，散射磁场的法向分量 $H_p$ 具有突跃性变化，即散射磁场 $H_p$ 改变符号并具有零值。这样，通过读出在焊接过程中形成的散射磁场，就可以完成对焊缝实际状态的整体鉴定，同时确定每道焊缝中残余应力和变形以及焊接缺陷的分布。

#### 4.3.3.2　磁光/涡流成像技术

1. 概述

磁光/涡流成像（Magneto-Optic Imaging，MOI）技术运用了涡流感应和法拉第磁光效应，在被测试件中的磁光成像区域产生直线流动、均匀分布的层状电涡流，如果试件中被成像区域有缺陷，则缺陷处电涡流的流动将发生变化，从而引起该处磁场发生变化，再用磁光传感元件将磁场的变化转换成相应发光强度的变化，即可对缺陷进行实时成像。

法拉第磁光效应的原理简述如下：以平行于外磁场方向传播的线性偏振光传播穿过磁场中的旋光介质时，其偏振平面会被扭转，如图4-24所示。

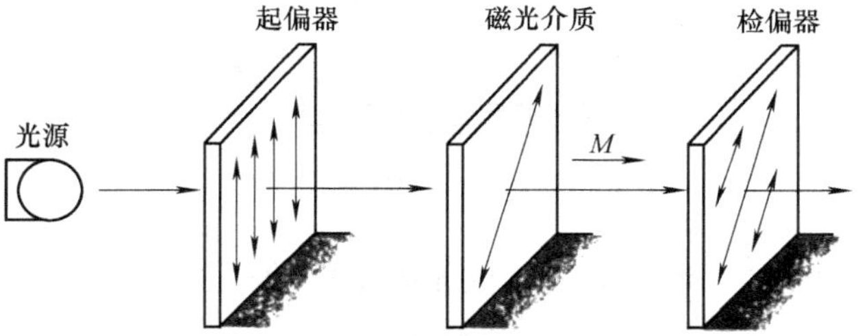


图4-24　法拉第磁光效应

由光源发出的光通过起偏器后变成线性偏振光（检偏器的透光轴方向与起偏器一致）。如果没有施加外磁场，线性偏振光传播穿过旋光介质时其偏振平面不产生转动，线性偏振光将全部通过检偏器；如果施加了外磁场，线性偏振光在传播穿过旋光介质时，其偏振平面将发生转动，而只有与检偏器透光轴平行的光分量才能通过检偏器，故此时在检偏器后观察到的发光强度将会减弱；如果光的偏振平面与检偏器透光轴垂直，将没有光线通过检偏器。

法拉第旋光度定义为磁光片光偏振平面的旋转角度 $\theta$，计算式为

$$\theta = \frac{\theta_f(\overline{K}\,\overline{M})h}{|\overline{K}||\overline{M}|} \qquad (4-13)$$

式中　$\theta_f$——磁光片的法拉第旋光率；

$\overline{K}$——通过旋光介质的入射光波矢量；

$h$——旋光介质的厚度；

$\overline{M}$——旋光介质的磁化强度矢量。

由式（4-13）可见，如果旋光介质的厚度、材料和入射光的大小、方向一定，则 $\theta$ 的大小只与磁化强度矢量有关。为了提高检测的灵敏度，磁光/涡

流成像装置通常采用法拉第旋光率 $\theta_f$ 很大的掺铋钇铁石榴石［（Bi，Tm)$_3$(Fe，Ga)$_5$O$_{12}$］或其他磁性晶体作为旋光介质。典型的磁光传感元件有在直径为3in、厚度为0.02in的钆镓石榴石（GGG）晶体上生长一层厚度约为3 μm的掺铋钇铁石榴石晶体薄膜。

2. 磁光/涡流检测装置

磁光/涡流检测成像装置如图4-25所示。

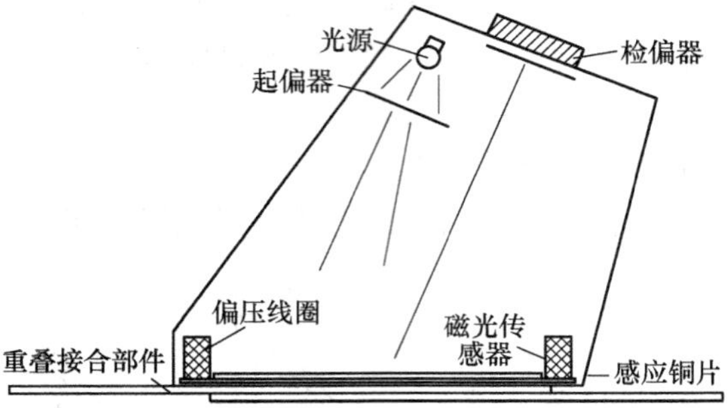


图4-25　磁光/涡流检测成像装置

成像装置由光源、起偏器（提供偏振光）、偏压线圈（用于清除磁光片原来记忆的图像）、涡流线圈及涡流电源（提供磁光片旋转所用磁场，即涡流产生部分）、磁光敏感元件（磁光片、背面带光反射层）和检偏器（显示光学图像）等部分组成。

工件中涡流产生部分如图4-26所示。

图4-26中变压器的初级线圈、次级线圈由薄铜片制成，次级产生的涡电流为280~350A。

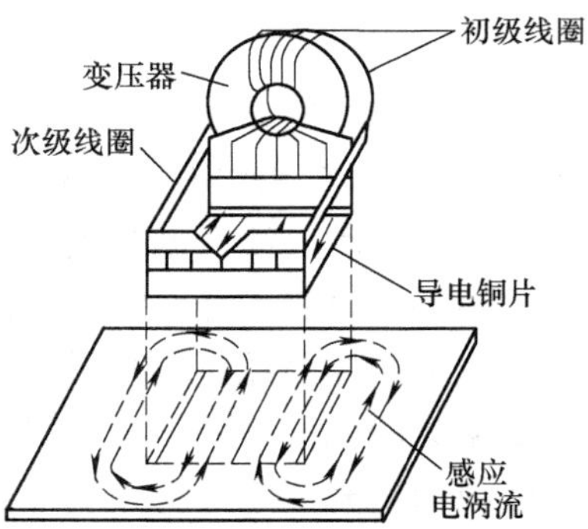


图4-26　涡流线圈示意图

磁光片要求磁光传感器具有以下几个特性，以保证检测的有效性：

1）尽可能大的磁光旋转系数，以提高图像的对比度。

2）尽可能高的温度稳定度，以保证执行过程的稳定。

3）近似线性的磁光响应曲线，以获得简洁的调节操作。

由光源发出的光经起偏器变为线性偏振光，投射到磁光传感元件上，光线通过传感元件后，经反射层反射回来再次穿过磁光传感元件，故光矢量偏振平面的偏转角共为 $2\theta$。

成像过程为：先在围绕磁光传感元件的偏压线圈中加上宽度约为0.001s的电

脉冲，清除磁光片原来记忆的图像，调节检偏器的角度，在检偏器视场呈现均匀的最高亮度。随后涡流线圈和偏压线圈轮流通电，在涡流线圈通电后，偏压线圈通电前，当检测到该区域有缺陷时，由于缺陷使涡流的电流流动路径发生变化，从而引起该局部区域的磁场发生变化，并使得线性偏振光在通过磁光传感元件的相应部位时产生不同的旋转角度，在检偏器上便能观察到表示缺陷存在的图像。由于传感元件具有“记忆”能力，所以图像将保留，直至在偏压线圈中再次通过电脉冲。成像时图像的刷新时间为 1/26s，检测过程中涡流线圈的通电时间仅为检测周期的 20%，这可有效避免涡流线圈中由于大电流通过而产生的发热现象。

图 4-27 显示了一个实际缺陷的磁光/涡流成像情况。图 4-27 中，涡流线圈和被测试件中的电流轨迹都描绘出来了。在一个完整的电流周期中，用实线来表示前半个周期（或正半周）电流，用虚线来表示后半个周期（或负半周）电流。试件中感应涡流的畸变是由于被测试件的不连续性（如洞、铆钉或裂纹等）引起的，通常会产生一个垂直于被测试件表面的可检测的磁场。注意，只有这个磁场才位于平行于磁光传感元件的磁化易轴方向，故此才能由磁光传感元件检测出来。图 4-27 中还分别用实线和虚线描绘出对应于一个完整的电流周期的正半周和负半周期间在被测试件中感应涡流产生的磁场的垂直分量。这些时变磁场通常与裂纹或腐蚀等缺陷（图 4-27 中为铆钉）相联系，且在该装置所采用的频率下能轻易穿透薄（相对于被测试件的表皮深度而言）铜片（涡流线圈），所以能影响磁光传感元件的磁化状态。

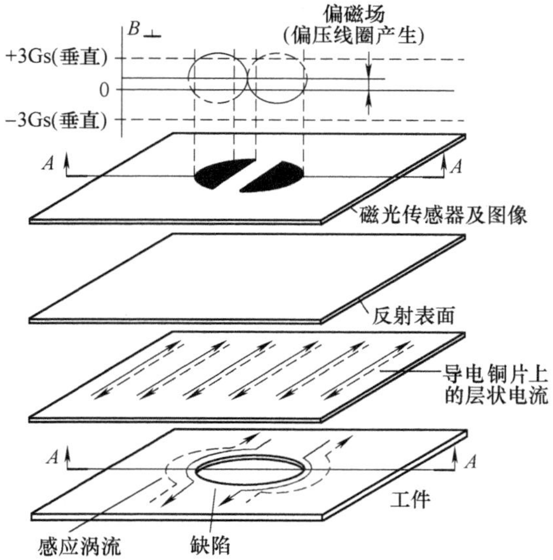


图 4-27　缺陷及其磁光/涡流图像

1Gs = $10^{-4}$T

3. 磁光/涡流成像检测技术的特点

磁光/涡流成像技术具有以下几个显著特点：

（1）可对表面和近表面缺陷进行快速实时成像检测。检测的深度主要取决于涡流的渗透深度，成像的清晰度则受缺陷深度影响，缺陷越深，成像越不清晰。

（2）探伤准确度高。研究表明，磁光/涡流成像技术的探伤性能等同甚至优于在飞机检测中采用的常规涡流方法。

（3）探伤效率高。磁光/涡流实时成像一次即可完成对磁光传感元件覆盖区域的检测，其探伤速度为常规涡流方法的5～10倍。

（4）检测前不需对油漆或贴花纸等表面覆层进行清除。因为磁光/涡流成像的质量不受小提离距离（0.04cm）的影响，而常规涡流检测则必须对表面覆层进行清除。

（5）检测的结果图像化，直观易懂，且操作直接简便，检测人员经短期培训基本上即可胜任检测工作。

（6）检测结果很容易用录像进行保存或直接用电视屏幕进行监测。

磁光/涡流成像检测技术自20世纪90年代初开始引入无损检测，发展得相当迅速。目前主要用于航空部门对飞机进行维修检查，可对表面及近表面的疲劳裂纹、腐蚀损伤等缺陷进行实时成像检测，具有快速、直观、准确、结果易于记录等特点。

# 第5章　压力容器安全装置

压力容器的安全装置是指为了使压力容器能够安全运行，而装设在设备上的一种能显示、报警、自动调节或自动消除压力容器运行过程中可能出现的不安全因素的附属机构，又常称之为安全附件。按其使用性能或用途可以划分为以下四大类型。

（1）连锁装置。连锁装置是指为了防止人为操作失误而设置的控制机构，如紧急切断装置、连锁开关、联动阀等。

（2）警报装置。警报装置是指容器在运行过程中出现不安全因素致使容器处于危险状态时能自动给出报警信号的仪器，如压力报警器、温度检测仪、液位报警器等。

（3）计量装置。计量装置是指能自动显示容器运行中与安全有关的工艺参数的器具，如压力表、温度计等。

（4）泄压装置。泄压装置是指当容器或系统内介质压力超过额定压力时，能自动地泄放部分或全部气体，以防止压力持续升高而威胁到容器正常使用的自动装置，如安全阀、爆破片等。

在压力容器的安全装置中，最常用而且最关键的是安全泄压装置。

## 5.1　安全泄压装置与安全泄放量

### 5.1.1　安全泄压装置

引起压力容器超压的原因很多，除了根据不同的原因，从根本上采取措施消除或减少可能引起压力容器超压的各种因素外，装设安全泄压装置是防止过量超压而发生事故的关键性措施。

### 5.1.1.1 安全泄压装置的类型及其特点

安全泄压装置按其结构类型不同可以分为阀型、断裂型、融化型和组合型。

1. 阀型

阀型安全泄压装置就是常用的安全阀，它通过阀的开启排出气体来降低容器内的压力。

（1）优点。

1）仅排泄压力容器内高于额定的部分压力，当容器内压力降至正常操作压力时，即自动关闭。所以，它可以避免一旦出现超压就把容器内气体全部排出而造成浪费和生产中断。

2）本身可重复使用多次。

3）安装调整比较容易。

（2）缺点。

1）密封性能差。由于安全阀的阀瓣为机械动作元件，与阀座一起因受频繁起闭、腐蚀、介质中固体颗粒磨损的影响，易发生泄漏。

2）由于弹簧的惯性作用，阀的开启有滞后现象，因此泄压反应较慢，不能满足快速泄压的要求。

3）安全阀接触不洁净的气体介质时，阀口有被堵塞或阀瓣有被粘住的可能。

根据以上特点，阀型安全装置适用于介质比较洁净的气体（如介质为空气、水蒸气等）的容器，不宜用于介质有剧毒或容器内有可能产生剧烈化学反应而使压力急剧升高的容器。

2. 断裂型

断裂型安全泄压装置常见的有爆破片和爆破帽。前者用于中、低压容器，后者多用于超高压容器。这类安全泄压装置是通过爆破元件（爆破片），在较高的压力下发生断裂而排放气体使容器迅速卸压的。

（1）优点。密封性能较好，泄压反应较快，气体中的污染物对装置元件的动作影响较小；元件爆破前的正常工作状态完全无泄漏。

（2）缺点。元件因超压爆破泄压后不能重复使用，容器也因此而停止运行；爆破元件长期在高压力作用下，易产生疲劳损坏，因此元件的寿命短；爆破元件的动作压力不易控制。

断裂型安全泄压装置宜用于容器内因化学反应等升压速率高或介质具有剧毒性的容器；不宜用于液化气体储罐，否则会因元件爆破后泄压失控而造成液化气“爆沸”。另外，压力波动较大、超压机会较多的容器也不宜选用断裂型安全泄压装置。

3. 熔化型

熔化型安全泄压装置就是常用的易熔塞。它是利用装置内低熔点合金在较高的温度下熔化，打开通道，使气体从原来填充有易熔合金的孔中排出而泄放压力的。

1）优点。结构简单，更换容易，由熔化温度而确定的动作压力较易控制。

2）缺点。完成降压作用后不能重复使用，容器停止运行；受易熔合金强度的限制，泄放面积不能太大；这类装置有时还可能由于合金受压或其他原因而脱落或熔化，致使发生意外事故。

熔化型安全泄压装置只能用于容器内气体压力完全取决于温度的小型压力容器，如气瓶。

4. 组合型

组合型安全泄压装置由两种安全泄压装置组合而成。通常是阀型和断裂型组合，或阀型和熔化型组合，最常见的是弹簧式安全阀与爆破片串联组合。这种类型的安全泄压装置同时具有阀型和断裂型的优点，既可防止阀型安全装置的泄漏，又可以在排放过高的压力以后使容器继续运行。

组合装置的爆破片，可以根据不同的需要设置在安全阀的入口侧或出口侧。爆破片设置在安全阀入口侧，可以利用爆破片将安全阀与气体隔离，防止安全阀受腐蚀或被气体中的污物堵塞或粘结。当容器超压时，爆破片断裂，安全阀开放后再关闭，容器可以继续暂时运行，待容器检修时再装上爆破片。这种结构要求爆破片的断裂不妨碍后面安全阀的正常动作，而且要在安全阀与爆破片之间设置压力检测仪，以防止因这中间有压力而影响爆破片的动作（爆破片会因两边存在压差而造成爆破压力超过设定的绝对压力，使容器超压）。爆破片设置在安全阀出口侧，可以使爆破片免受气体压力与温度的长期作用而产生疲劳，爆破片可用于防止安全阀泄漏。这种结构同样要求及时将安全阀与爆破片之间的气体排出，否则安全阀即失去作用。

纵观以上四种安全泄压装置，在工业生产中最常用、最普遍的是安全阀。组合型安全装置虽兼备两种以上安全泄压装置的优点（优缺点互补），但由于结构复杂，特别是在使用中必须保持两种泄压装置之间不能存在压力气体，这点很难做到，所以未能广泛使用，一般只是用于工作介质有剧毒或工作介质为稀有气体的容器，并且由于避免不了安全阀滞后作用的缺点，而不能用于容器内升压速度极高的反应容器。

根据以上介绍，压力容器的本身特性和使用特性决定了其不可避免地在使用、运行过程中存在超压、超温的可能，因此，为了确保容器的正常运行和避免安全事故的发生，压力容器必须设置安全附件。

### 5.1.1.2 安全泄压装置的基本要求

为使安全附件能真正发挥确保压力容器安全运行的作用，必须对安全附件的设置提出一定的要求。

1. 设置原则

（1）凡《固定式压力容器安全技术监察规程》适用范围内的压力容器，应根据设计要求装设安全泄放装置（安全阀或爆破片装置）。压力源来自压力容器外部，且得到可靠控制时，安全泄放装置可以不直接安装在压力容器上。在常用的压力容器中必须单独装设安全泄压装置的有以下几种：

1）液化气体储存容器（通用型液化气瓶除外）。

2）压缩机附属气体储罐。

3）容器内进行放热或分解等化学反应，能使压力升高的反应容器。

4）高分子聚合设备。

5）由载热物料加热，使容器内液体蒸发汽化的换热容器。

6）用减压阀降压后进气，且其许用压力小于压力源设备压力的容器。

7）与压力源直通，而压力源处未设置安全阀的容器。

（2）安全阀不能可靠工作时，应装设爆破片装置，或采用爆破片装置与安全阀装置组合的结构。采用组合结构时，应符合 GB 150－2011《压力容器》附录 B 的有关规定。串联在组合结构中的爆破片动作时不允许产生碎片。

（3）对易燃介质或毒性强度为极度、高度或中度危害介质的压力容器，应在安全阀或爆破片的排出口装设导管，将排放介质引至安全地点，并进行妥善处理，不得直接排入大气。

（4）压力容器所装设的安全附件（如安全阀、压力表）必须按国家有关部门的规定和要求进行校验（安装前校验和使用后定期校验）和维护。安全附件的定期检验按照《在用压力容器检验规程》的规定进行。

（5）安全附件的装设位置，应便于观察（检验）和维修。

2. 选用要求

（1）压力容器安全附件的设计、制造应符合《固定式压力容器安全技术监察规程》和相应国家标准或行业标准的规定。制造爆破片装置的单位必须持有国家质量技术监督局颁发的制造许可证。

（2）安全阀、爆破片的排放能力，必须大于或等于压力容器的安全泄放量。对于充装处于饱和状态或过热状态的气液混合介质的压力容器，设计爆破片装置应计算泄放口径，确保不产生空间爆炸。

（3）如果压力容器在设计时采用最大允许工作压力作为安全阀、爆破片的调整依据，则应在设计图样上和压力容器铭牌上注明。

（4）压力容器的压力表、液面计等应根据压力容器的介质、最高工作压力和温度、粘度等正确选用。

### 5.1.2 安全泄放量

压力容器的安全泄放量是指当压力容器出现超压时，为了保证其压力不再继续升高而在单位时间内所泄放的气量。压力容器安全泄放装置的排放能力应不小于压力容器的安全泄放量，故安全泄放量是决定容器中的安全泄放装置是否有效、能否确保压力容器运行安全的关键。

压力容器的安全泄放量是容器在单位时间内由产生气体压力的设备所能输入的最大气量，或容器在受热时单位时间内所能蒸发、分解的最大气量。因此，对于各种压力容器，应该分别按不同的方法来确定其安全泄放量。

#### 5.1.2.1 盛装压缩气体或水蒸气的压力容器

用以储存或处理压缩气体、水蒸气的压力容器，由于容器内部不可能产生气体，而且即使容器受到较强的辐射热的影响，容器内气体的压力一般也不至于显著升高。这类压力容器的安全泄放量取决于容器的气体输入量。对压缩机储气罐和蒸汽罐等容器的安全泄放量，分别取该压缩机和蒸汽发生器的最大产气（汽）量，故安全泄放量按下式计算，即

$$W_s = 2.83 \times 10^{-3} \rho v d^2 \tag{5-1}$$

式中 $W_s$——压力容器的安全泄放量（kg/h）；

$d$——压力容器进料管的内径（mm）；

$v$——压力容器进料管内气体的流速（m/s）；

$\rho$——泄放温度下的介质密度（$kg/m^3$）。

注：如果压力容器有多个进料管，那么 $d$ 必须采用所有进料管总流通面积折算出的总内径。对于一般气体，$v = 10 \sim 15m/s$；对于饱和蒸汽，$v = 20 \sim 30m/s$；对于过热蒸汽，$v = 30 \sim 60m/s$。

#### 5.1.2.2 产生蒸汽的换热设备

安全泄放量按下式计算，即

$$W_s = Q/q \tag{5-2}$$

式中 $W_s$——压力容器的安全泄放量（kg/h）；

$Q$——输入热量（kJ/h）；

$q$——在泄放压力下，液体的汽化热（kJ/kg）；

#### 5.1.2.3 盛装液化气体的压力容器

1. 有火灾危险环境下的液化气体储罐

当介质为易燃液化气体或位于可能发生火灾的环境下工作的非易燃液化气

体时，安全泄放量的计算式如下：

（1）当无绝热保温层时，安全泄放量按下式计算，即

$$W_s = \frac{2.55 \times 10^5 F A_r^{0.82}}{q} \tag{5-3}$$

（2）当有完善的绝热保温层时，安全泄放量按下式计算，即

$$W_s = \frac{2.61(650 - t)\lambda A_r^{0.82}}{\delta q} \tag{5-4}$$

式中 $W_s$——压力容器的安全泄放量（kg/h）；

$A_r$——容器的受热面积（$mm^2$）；

$F$——系数；容器装设在地面以下，用砂土覆盖时，$F=0.3$；容器装设在地面上时，$F=1.0$；对设置在大于10L/（$m^2$·min）的水喷淋装置下时，$F=0.6$；

$q$——在泄放压力下，液体的汽化热（kJ/kg）；

$t$——泄放压力下介质的饱和温度（℃）；

$\delta$——容器保温层的厚度（m）；

$\lambda$——650℃下绝热材料的热导率［kJ/（m·h·℃）］。

各种形式的压力容器，其受热面积 $A_r$ 应分别按下列公式计算：

半球形封头的卧式容器 $A_r = \pi D_o L$

椭圆形封头的卧式容器 $A_r = \pi D_o (L + 0.3D_o)$

立式容器 $A_r = \pi D_o L'$

球形容器 $A_r = \frac{1}{2}\pi D_o^2$

或从地平面起到7.5m高度以下所包含的球壳外表面积，取两者中的较大值。

式中 $D_o$——容器外径（m）；

$L$——卧式容器总长（m）；

$L'$——立式容器器内最大液面高度（m）。

2. 无火灾危险环境下的液化气体储罐

介质为非易燃液化气体的容器，置于无火灾危险的环境下（如储罐周围不存放燃料，或用耐火建筑材料将储罐与其他可燃物料隔离）工作时，安全泄放量可以根据有无隔热保温层分别选用式（5－3）或式（5－4）计算，取不低于计算值的30%。

3. 因化学反应使气体体积增大的容器

由于介质的化学反应而使气体的体积增大，其安全泄放量应根据容器内化学反应可能生成的最大气量及反应所需的时间来确定。

# 5.2　安全阀和爆破片

## 5.2.1　安全阀

### 5.2.1.1　安全阀的基本结构及工作原理

1. 基本结构

安全阀主要由密封结构（阀座和阀瓣）和加载机构（弹簧或重锤、导阀）组成，这是一种由进口侧流体介质推动阀瓣开启，泄压后自动关闭的特种阀门，属于重闭式泄压装置。阀座和座体可以是一个整体，也有组装在一起的，与容器连通；阀瓣通常连带有阀杆，紧扣在阀座上；阀瓣上加载机构的大小是可以根据压力容器的规定工作压力来调节的。

2. 工作原理及过程

安全阀的工作过程大致可分为四个阶段，即正常工作阶段、临界开启阶段、连续排放阶段和回座阶段，如图5-1所示。在正常工作阶段，容器内介质作用于阀瓣上的压力小于加载机构施加在它上面的力，两者之差构成阀瓣与阀座之间的密封力，使阀瓣紧压着阀座，容器内的气体无法通过安全阀排出；在临界开启阶段，压力容器内的压力超出了正常工作范围，并达到安全阀的开启压力，预调好的加载机构施加在阀瓣上的力小于内压作用于阀瓣上的压力，于是介质开始穿透阀瓣与阀座密封面，密封面形成微小的间隙，进而局部产生泄漏，并由断续地泄漏而逐步形成连续地泄漏；在连续排放阶段，随着介质压力的进一步升高，阀瓣即脱离阀座向上升起，继而排放；在回座阶段，如果容器的安全泄放量小于安全阀的排量，容器内压力逐渐下降，很快降回到正常工作

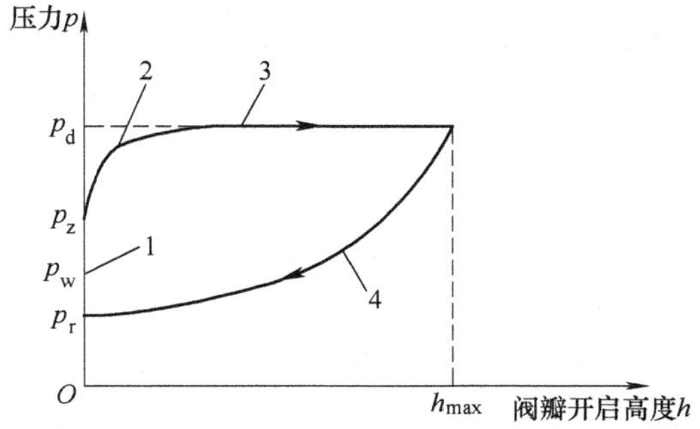


图5-1　安全阀工作过程曲线

1—正常工作阶段　2—临界开启阶段　3—连续排放阶段　4—回座阶段

$p_z$—开启压力　$p_d$—排放压力　$p_r$—回座压力

$p_w$—容器最大工作压力　$p_d-p_z$—最大开启压差

压力，此时介质作用于阀瓣上的力又小于加载机构施加在它上面的力，阀瓣又压紧阀座，气体停止排出，容器保持正常的工作压力继续工作。安全阀通过作用在阀瓣上的两个力的不平衡作用，使其启闭，以达到自动控制压力容器超压的目的。要达到防止压力容器超压的目的，安全阀的排气量不得小于压力容器的安全泄放量。

3. 基本要求

为了使压力容器正常安全运行，安全阀应满足以下基本要求：

（1）安全阀必须是有质量保证的产品，即具有出厂随带的产品质量说明书，并且阀体外表面必须有装设牢固的金属铭牌。

（2）安全阀应该动作灵敏可靠，当压力达到开启压力时，阀瓣即能自动迅速地开启，顺利地排出气体。当压力降低后，能及时关闭阀瓣。

（3）在排放压力下，阀瓣应达到全开位置，并能排放出规定的气量。

（4）安全阀应该具有良好的密封性能，即要求不但能在正常工作压力下保持不漏，而且在开启排气并降低压力后能及时关闭，关闭后继续保持密封良好。

（5）安全阀应结构紧凑、调节方便且应确保动作准确可靠，即要求杠杆式安全阀应有防止重锤自由移动的装置和能限制杠杆越出的导架；弹簧式安全阀应有防止随便拧动调整螺钉的铅封装置；静重式安全阀应有防止重片飞脱的装置。

### 5.2.1.2 安全阀的分类

1. 按加载机构的类型分类

（1）重锤杠杆式安全阀。重锤杠杆式安全阀是利用重锤和杠杆来平衡施加在阀瓣上的力，其结构如图 5-2 所示。根据杠杆原理，加载机构（重锤和杠杆等）作用在阀瓣上的力与重锤重力之比等于重锤至支点的距离与阀杆中心至支点的距离之比。所以它可以利用质量较小的重锤通过杠杆的增大作用获得较大的作用力，并通过移动重锤的位置（或改变重锤的质量）来调整安全阀的开启压力。

重锤杠杆式安全阀结构简单，调整容易，又比较准确。因加载机构无弹性元件，故在温度较高的情况下及阀瓣升高过程中，施加于阀瓣上的载荷不发生变化，因而较为适合在温度较高的场合下使用，过去多用于锅炉、废热锅炉及一些使用蒸汽系统的压力较低、温度较高的固定式压力容器。但这种安全阀也存在不少缺点，它的结构比较笨重，重锤与阀体的尺寸很不相称；加载机构比较容易振动，并会因振动而影响密封性能；杠杆与阀杆的接触也存在一些问题，当杠杆升起之后，它上面的“刀口”，即阀杆与杠杆的接触点就与阀座、阀杆不在一条中心线上了，这样容易因阀杆受力不垂直而把阀瓣压偏，尤其在

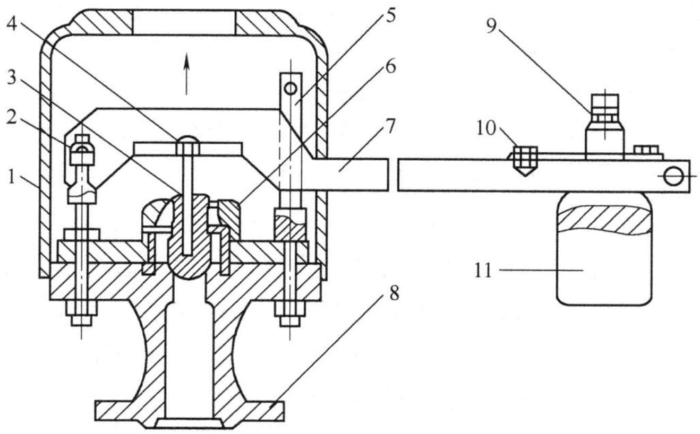


图 5-2　重锤杠杆式安全阀

1—阀罩　2—支点　3—阀杆　4—力点　5—导架　6—阀芯
7—杠杆　8—阀体　9—固定螺钉　10—调整螺钉　11—重锤

阀杆顶端的刀口被磨损时情况更严重；这类安全阀的回座压力一般都比较低，有的甚至要降到工作压力的 70% 以下才能保持密封。

（2）弹簧式安全阀。弹簧式安全阀是利用压缩弹簧的弹力来平衡作用在阀瓣上的力，其结构如图 5-3 所示。螺旋圈形弹簧的压缩量可以通过转动它上面的调整螺母来调节，利用这种结构就可以根据需要校正安全阀的开启（整定）压力。

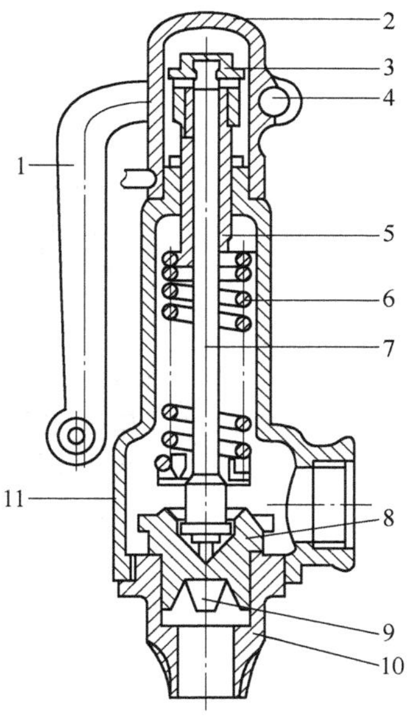


图 5-3　弹簧式安全阀

1—手柄　2—阀帽　3—调整螺钉
4—销子　5—弹簧压盖　6—弹簧　7—阀杆
8—阀盖　9—阀芯　10—阀座　11—阀体

弹簧式安全阀结构轻便紧凑，灵敏度也较高，安装位置不受严格限制，是压力容器最常选用的一种安全阀。另外，因对振动的敏感性差，也可用于移动式压力容器。这种安全阀的缺点是不能迅速开启至畅顺排放，排放泄压滞后性明显。主要原因是施加在阀瓣上的载荷会随着阀的开启而发生变化。因为随着阀瓣的升高，弹簧的压缩量增大，作用在阀瓣上的力也随之增加，所以必须通过内压的继续升高来抵消弹簧因压缩而增加的力，使安全阀有足够的开启高度来确保排气量。这就造成弹簧式安全阀的开启压力略小于排放压力。

此外，弹簧还会因长期受高温的影响而导致弹力减小，故高温容器使用时，需考虑弹簧的隔热或散热问题。

（3）脉冲式安全阀。脉冲式安全阀是一种非直接作用式安全阀，它由主阀和脉冲阀构成，如图 5-4 所示。脉冲阀为主阀提供驱动源，通过脉冲阀的作用带动主阀动作。脉冲阀具有一套弹簧式的加载机构，它通过管子与装接主阀的管路相通。当容器内的压力超过规定的工作压力时，脉冲阀就会像一般的安全阀一样，阀瓣开启，气体由脉冲阀排出后通过一根旁通管进入主阀下面的空室，并推动活塞。由于主阀的活塞与阀瓣是用阀杆连接的，且活塞的横截面积比阀瓣面积大，所以在相同的气体压力下，气体作用在活塞上的作用力大于作用在阀瓣上的力，于是活塞通过阀杆将主阀瓣顶开，大量的气体从主阀排出。当容器的内压降至工作压力时，脉冲阀上加载机构施加于阀瓣上的力大于气体作用在它上面的力，阀瓣即下降，脉冲阀关闭，使主阀活塞下面空室内的气体压力降低，作用在活塞上的力再也无法维持活塞通过阀杆将阀瓣继续顶开，因此主阀跟着关闭，容器继续运行。

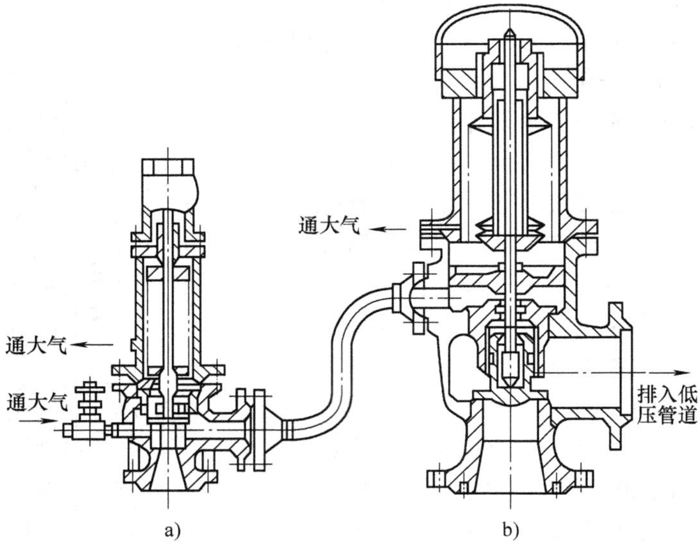


图 5-4　脉冲式安全阀

a）主阀　b）脉冲阀

由于脉冲式安全阀主阀压紧阀瓣的力可以比直接作用式安全阀大得多，故阀瓣与阀座之间可以获得较大的密封压力，其密封性能较好。同时也正因为主阀压紧阀瓣的力较大，且在同等条件下加载机构所承担的压紧力比直接作用式安全阀要小得多，相当于同等条件下可以大大地减少加载机构的尺寸，所以解决了重锤杠杆式安全阀和弹簧式安全阀不适用于安全泄放量较大的压力容器的问题。因为口径很大的安全阀如果用杠杆重锤式或弹簧式，要用质量很大的重锤或弹力很大的弹簧，而这两者一般都是有一定的限制的。为了操作方便，杠杆重锤式安全阀重锤的质量一般不宜超过60kg，而弹簧式安全阀弹簧的弹力最大不应超过$2\times10^4$N，过大、过硬的弹簧不能准确地工作。而脉冲式安全阀正好能弥补这些不足，用于泄放压力高、泄放量大的场合。但脉冲式安全阀的结构复杂，动作的可靠性不仅取决于主阀，也取决于脉冲阀和辅助控制系统，受影响的因素太多，容易出现失灵或泄压不准确等现象。因此，使用上有一定的局限性，目前只在大型电站锅炉或水库中应用。

在上述的三种安全阀中，用得最普遍的是弹簧式安全阀。特别是随着技术的进步，弹簧式安全阀得到不断的改进，如弹簧在长期高温作用下弹力减退的问题已基本解决，因此杠杆重锤式安全阀就逐步被弹簧式安全阀所取代。

2. 按安全阀的开启高度分类

安全阀的开启高度是按照其阀瓣开启的最大高度与阀孔直径之比来划分的按这种方法分类可分为全启式和微启式两种。

安全阀开启排气时，可将气体流经整个安全阀的流通面积分为两段，一段是由阀进口端到阀瓣与阀座密封面前流道的通道面积，由于该流道通道面积由阀体的结构所决定，是阀体所固有、不可调的，故将其称作不变流通面积。另一段是可变通面积，安全阀开启阀瓣离开阀座，气体从阀瓣与阀座的密封面之间的空隙排走，而这一空隙会随着开启高度的变化而变化，因此将气体流经此空隙的有效流通面积称为可变通面积。

（1）全启式安全阀。全启式安全阀开启时，阀瓣可以上升到足够高度达到完全开启的程度，即可变流通面积大于或等于不变流通面积。有的全启式安全阀装有上下调节圈，图5-5a所示为一种性能较好、带上下调节圈的全启式安全阀。它有一个喷嘴式的阀座，以保证气体在阀座的窄断面处具有较高的流速。装在阀瓣外面的上调节圈和阀座上的下调节圈在气体出口处形成一个很窄的缝隙。当开启不大时，气流两次撞击阀瓣使它继续上升。开启高度增大后，上调节圈又使气流方向弯转向下，反作用力又使阀瓣进一步开启。这种安全阀的灵敏度较高，但两个调节圈的位置较难调节适当。近年来，发展了一种便于调整的简化结构，普遍将上调节圈改为反冲盘结构。反冲盘不能上下调节，但与阀瓣活动连接，其结构如图5-5b所示。这一结构的缺点是灵敏度要比装有上下调节圈的全启式安全阀稍低一些。

（2）微启式安全阀。微启式安全阀的开启高度较小，一般都达不到孔径的1/20。但是它的结构简单，制造、维修和调试都比较方便，宜用于泄放量

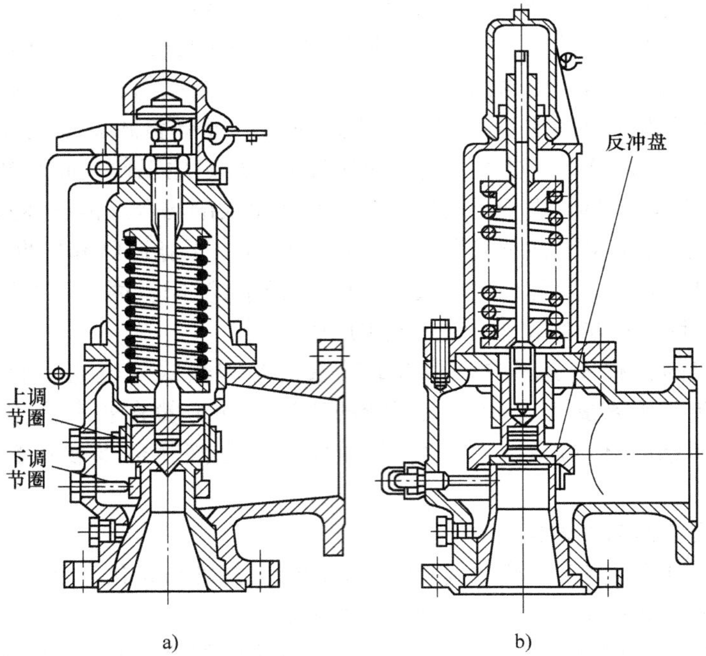


图 5-5 带调节圈的全启式安全阀

不大、压力不高的场合。公称直径在 50mm 以上的微启式安全阀，为了增大阀瓣的开启高度，使它达到 $h \geqslant d_t/20$ 的要求，一般都在阀座上装设一个简单的调节圈，通过它的上下调节，可调整气体对阀瓣的作用力，如图 5-6 所示。对同样的排气量，全启式安全阀较微启式安全阀的体积小得多，尽管它结构、调试、维修复杂，回座压力也较低，但目前仍被较多地使用。

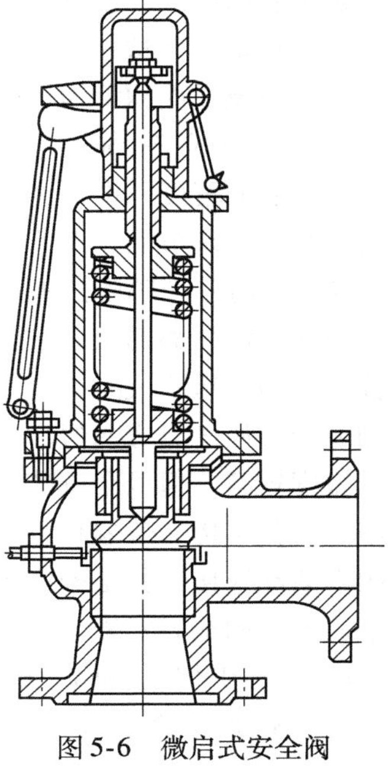

图 5-6 微启式安全阀

3. 按介质排放方式分类

安全阀的种类按照介质排放方式的不同，可分为全封闭式、半封闭式和开放式三种。

（1）全封闭式。全封闭式安全阀排放时，气体全部通过排气管排放，介质不能向外泄漏，排气管排出的气被收集起来重新利用或作其他处理，因此，全封闭式安全阀主要用于有毒、易燃介质的容器。

（2）半封闭式。半封闭式安全阀所排出的气体大部分经排气管排走，但仍有一部分从阀盖与阀杆之间的间隙中漏出，多用于介质为不会污染环境的气体的容器。

（3）开放式。开放式安全阀的阀盖是敞开的，使弹簧腔室或杠杆支点腔与大气相通，排放的气体直接进入周围的空间，主要适用于介质为蒸汽、压缩空气以及对大气不产生污染的高温气体的容器。

#### 5.2.1.3 安全阀额定泄放量的计算

每个合格的安全阀一般都会在其铭牌上标记有该阀用于某种工作条件（压力、温度）下的额定泄放量，但实际使用条件往往与铭牌上的条件不完全相同，这就需要对安全阀的泄放量进行换算或重新计算。

1. 介质为气体

为计算安全阀的额定泄放量，将安全阀起动排泄气体时气体的流速分为临界流速和亚临界流速。临界流速是指排气时气体由安全阀阀座喷口流出时所能达到的最大流速，相应地达到此流速的条件称作临界条件。大多数安全阀在排放气体时，气体流速都处于临界状态。

（1）临界条件，即 $\frac{p_o}{p_f} \leqslant \left(\frac{2}{\kappa+1}\right)^{\frac{\kappa}{\kappa-1}}$ 时，泄放能力按下式计算，即

$$W_s = 7.6 \times 10^{-2} CKp_f A\sqrt{\frac{M}{ZT_f}} \qquad (5-5)$$

（2）亚临界条件，即 $\frac{p_o}{p_f} > \left(\frac{2}{\kappa+1}\right)^{\frac{\kappa}{\kappa-1}}$ 时，泄放能力按下式计算，即

$$W_s = 55.85Kp_f A\sqrt{\frac{M}{ZT_f}}\sqrt{\frac{\kappa}{\kappa-1}\left[\left(\frac{p_o}{p_f}\right)^{\frac{2}{\kappa}} - \left(\frac{p_o}{p_f}\right)^{\frac{\kappa+1}{\kappa}}\right]} \qquad (5-6)$$

式中 $W_s$——容器的安全泄放量（kg/h）；

$\kappa$——气体等熵指数；

$p_f$——安全阀的泄放压力（绝压），包括动作压力和超压限度两部分（MPa）；

$p_o$——安全阀的出口侧压力（MPa）；

$A$——安全阀或爆破片的泄放面积（$mm^2$）；

$C$——气体特性系数；

$K$——安全阀的泄放系数；普通情况下取额定泄放系数（通常由安全阀制造厂提供）。对于液体介质，取值 0.62 或按有关安全技术规范的规定取值；

$M$——气体摩尔质量（g/mol）；

$T_f$——安全阀泄放温度（K）；

$Z$——气体的压缩系数，对于空气，$Z=1.0$。

其中，气体特性系数 $C$ 可查表 5-1 或按下式求取：

$$C = 520\sqrt{\kappa\left(\frac{2}{\kappa+1}\right)^{\frac{\kappa+1}{\kappa-1}}}$$

**表 5-1 气体特性系数**

| $\kappa$ | $C$ | $\kappa$ | $C$ | $\kappa$ | $C$ |
|---|---|---|---|---|---|
| 1.00 | 315 | 1.26 | 343 | 1.52 | 366 |
| 1.02 | 318 | 1.28 | 345 | 1.54 | 368 |
| 1.04 | 320 | 1.30 | 347 | 1.56 | 369 |
| 1.06 | 322 | 1.32 | 349 | 1.58 | 371 |
| 1.08 | 324 | 1.34 | 351 | 1.60 | 372 |
| 1.10 | 327 | 1.36 | 352 | 1.62 | 374 |
| 1.12 | 329 | 1.38 | 354 | 1.64 | 376 |
| 1.14 | 331 | 1.40 | 356 | 1.66 | 377 |
| 1.16 | 333 | 1.42 | 358 | 1.68 | 379 |
| 1.18 | 335 | 1.44 | 359 | 1.70 | 380 |
| 1.20 | 337 | 1.46 | 361 | 2.00 | 400 |
| 1.22 | 339 | 1.48 | 363 | 2.20 | 412 |
| 1.24 | 341 | 1.50 | 364 | | |

2. 介质为水蒸气（饱和与过热）

$$W_s = 5.25KAC'p_f \tag{5-7}$$

式中 $C'$——水蒸气特性系数，蒸汽压力小于 11MPa 的饱和水蒸气，$C'\approx1$，对于过热水蒸气，$C'$随过热温度的增加而减小。

3. 介质为液体

$$W_s = 5.1\zeta KA\sqrt{\rho\Delta p} \tag{5-8}$$

式中 $\rho$——流体密度（$kg/m^3$）；

$\Delta p$——安全阀泄放时内外侧的压力差（MPa）；

$\zeta$——液体粘度校正系数。

系数$\zeta$的取值如下：当液体的粘度不大于20℃水的粘度时，取$\zeta=1.0$；当液体的粘度大于20℃水的粘度时，液体阻力损失增大，此时$\zeta<1.0$，可根据雷诺数查出$\zeta$值。

#### 5.2.1.4 安全阀的选用与安装

1. 安全阀的选用

安全阀的选用应根据容器的工作压力、工作温度、介质特性（毒性、腐蚀性、粘性和清洁程度等）及容器有无振动等综合考虑。

（1）阀型的选定

压力容器所用安全阀的类型，取决于压力容器的工艺条件及工作介质的特性，可根据安全阀的结构、排气方式等选取。

1）按安全阀的加载机构选用。一般压力容器宜用弹簧式安全阀，因其结构紧凑、轻便，也比较灵敏可靠；压力较低、温度较高且无振动的压力容器可采用重锤杠杆式安全阀。

2）按安全阀的排放方式选用。对有毒、易燃或如制冷剂等对大气造成污染和危害的工作介质的压力容器，应选用封闭式安全阀，对压缩空气、蒸汽或如氧气、氮气等不会污染环境的气体，采用开放式或半开放式安全阀。

3）按安全阀的封闭机构选用。高压容器以及安全阀泄放量较大而壁厚又不太富裕的中、低压容器，最好采用全启式安全阀。对于安全泄放量较小或操作压力要求平稳的压力容器，宜采用微启式安全阀。在两者均可选取时，应首选全启式安全阀，因为同样的排量，全启式安全阀的直径比微启式的直径要小得多，故采用全启式安全阀可以减小容器的开孔尺寸。

（2）规格的确定。具体如下：

1）公称压力。安全阀是根据公称压力（$p_N$）标准系列进行设计制造的。其型号有1.6MPa、2.5MPa、4.0MPa、6.4MPa、10MPa、16MPa和32MPa。公称压力表示安全阀在常温状态下的最高许用压力，因此高温容器选用安全阀时还应考虑高温下材料许用应力的降低，即

$$p_N \geqslant \frac{p}{[\sigma]^t/[\sigma]}$$

式中 $p_N$——安全阀的公称压力（MPa）；

$p$——容器的设计压力（MPa）；

$[\sigma]^t$——阀体材料在常温下的许用应力（MPa）；

$[\sigma]$——阀体材料在工作温度下的许用应力（MPa）。

安全阀的公称压力只表明安全阀阀体所能承受的强度，并不代表安全阀的排气压力，排气压力必须在公称压力范围内，不同的压力容器对安全阀的排气

压力有不同的要求。因此，安全阀的设计在公称压力的范围内，还通过将弹簧分成适当的级别，以适用不同的排气压力（工作压力），不同级别配备不同刚度的弹簧。例如，公称压力 $p_N = 1.6\text{MPa}$ 的安全阀，按压力大小配备有 5 种级别的弹簧，选用时应按压力容器的设计压力选定最接近的且稍大于排气压力的一种。

2）公称直径。安全阀的通径也是设定标准系列（公称直径）进行制造的。为了保证安全阀在容器超压并排放气体后，容器内的压力不再继续升高，要求安全阀的排量必须不小于容器的安全泄放量。在压力容器安全泄放量已知的情况下，就可以确定安全阀需要的泄放面积以及安全阀的流通直径 $d_t$，再根据计算得到的数值，取稍大或相近的标准系列直径，并按表 5-2 确定安全阀的公称直径 $D_N$。

**表 5-2　公称直径 $D_N$ 与流通直径 $d_t$**　（单位：mm）

| 公称直径 $D_N$ | | | 15 | 20 | 25 | 32 | 40 | 50 | 80 | 100 | 150 | 200 |
|---|---|---|---|---|---|---|---|---|---|---|---|---|
| 流通直径 | 全启式 | $p_N = 1.6\text{MPa}$，$p_N = 2.5\text{MPa}$，$p_N = 4.0\text{MPa}$，$p_N = 6.4\text{MPa}$ | | | | 20 | 25 | 32 | 50 | 65 | 100 | 125 |
| | | $p_N = 10\text{MPa}$ | | | | 20 | 25 | 32 | 45 | 50 | 80 | |
| | | $p_N = 16\text{MPa}$，$p_N = 32\text{MPa}$ | | | | 15 | 20 | | | | | |
| | 微启式 | $p_N = 1.6\text{MPa}$，$p_N = 2.5\text{MPa}$，$p_N = 4.0\text{MPa}$，$p_N = 6.4\text{MPa}$ | 12 | 16 | 20 | 25 | 32 | 40 | 65 | 80 | | |
| | | $p_N = 16\text{MPa}$，$p_N = 32\text{MPa}$ | 8 | | | 12，14 | | | | | | |

如果安全阀的铭牌上标注有排量，则可以选择排量略大于或等于容器安全泄放量的安全阀。但当容器的工作介质或设计压力、设计温度等与安全阀铭牌标注的条件不同时，则应该按铭牌上的排量换算成实际使用条件下的排量，并要求此排量不小于压力容器的安全泄放量。

**2. 安全阀的安装**

为保证压力容器的安全运行，防止事故的发生，安装安全阀时需遵循以下几点要求：

（1）安全阀在安装之前，应根据使用情况进行调试校验后才允许安装使用。调试校验原则上应由有压力容器安装资质的安装队或送经当地质监部门认可的安全阀校验站调试校验，并出具校验证。

（2）安全阀应垂直安装，并应装设在压力容器液面以上的气相空间部分，或装设在与压力容器气相空间相连的管道上。

（3）压力容器与安全阀之间的连接管和管件的通孔，其截面积不得小于安全阀的进口截面积，其接管应尽量短而直，以尽量减少阻力，避免使用急弯管、截面局部收缩等增加管路阻力甚至会引起污物积聚而发生堵塞等的配管结构。

（4）压力容器一个连接口上装设两个或两个以上的安全阀时，则该连接口入口的截面积，应至少等于这些安全阀的进口截面积总和。

（5）安全阀与压力容器之间一般不宜装设截止阀门。为实现安全阀的在线校验，可以在安全阀与压力容器之间装设爆破片装置。对于盛装毒性程度为极度、高度、中度危害介质，易燃介质，腐蚀、粘性介质或贵重介质的压力容器，为便于安全阀的清洗与更换，经使用单位主管压力容器安全的技术负责人批准，并制定可靠的防范措施，方可在安全阀（爆破片装置）与压力容器之间装设截止阀门。压力容器安全运行期间截止阀必须保证全开（加铅封或锁定），截止阀的结构和通径应不妨碍安全阀的安全泄放。安全阀装设位置，应便于日常检查、维护和检修。安装在室外露天的安全阀，应有防止气温低于0℃时阀内水分冻结，影响安全排放的可靠措施。

（6）针对介质按要求装设排放导管的安全阀，排放导管的内径不得小于安全阀的公称直径，并有防止导管内积液的措施。两个以上的安全阀若用一根排放导管时，导管的截面积不应小于所有安全阀出口截面积的总和。氧气和可燃性气体以及其他能相互产生化学反应的两种气体不能共用一根排放导管。

（7）安装杠杆式安全阀时，必须使其阀杆严格保持在铅垂的位置。安全阀与它的连接管路上的联接螺栓必须均匀地上紧，以免阀体产生附加应力，妨碍安全阀的正常工作。

#### 5.2.1.5 安全阀的维护保养

要使安全阀经常处于良好状态，保持灵敏可靠和密封性能良好，必须在压力容器的运行过程中加强对它的维护和检查。

1）要经常保持安全阀清洁，防止阀体弹簧等被油垢脏物粘满或被锈蚀，防止安全阀排放管被油垢或其他异物堵塞。设置在室外露天的安全阀，还要注意防冻。

2）经常检查安全阀的铅封是否完好。检查杠杆式安全阀的重锤是否有松动、被移动以及另挂重物的现象。

3）发现安全阀有泄漏迹象时，应及时修理或更换。禁止用增加载荷的方法（如加大弹簧的压缩量或移动重锤和加挂重物等）减除阀的泄漏。

4）对空气、水蒸气以及带有粘性物质而排气又不会造成危害的其他气体的安全阀，应定期做手提排气试验。手提排气试验的间隔期限，可以根据气体的洁净程度来确定。

## 5.2.2 爆破片

另一种常用的压力容器安全泄放装置为爆破片。爆破片装置由爆破片本身和相应的夹持器组成，通常所说的爆破片包括夹持器等部件。爆破片是一种由压力差作用驱使膜片断裂而自动泄压的装置。与安全阀相比，它有两个特点：一是属于无机械动作元件，可以做到完全封闭；二是泄压时惯性小，反应迅速，爆破压力精度高。

爆破片装置结构简单，使用压力范围广，并可采用多种材料制作，因而耐腐蚀性强。但爆破片断裂泄压后不能继续使用，容器也只能停止运行，因而爆破片只是在不宜装设安全阀的压力容器中使用。由于爆破片装置是一种非自动关闭的动作灵敏的泄压装置，其爆破压力必须由对应的温度来确定。同时，爆破片的选用除根据不同的类型及材料以外，还与操作温度、系统压力和工作过程等诸多因素有关，因而爆破片的选型、安装及使用应比安全阀更严格和慎重。

### 5.2.2.1 爆破片的分类

按破坏时的受力形式不同，爆破片可分为拉伸型、压缩型、剪切型和弯曲型。按爆破形式不同，爆破片可分为爆破型、触破型和脱落型。按爆破元件材料不同，爆破片可分为金属爆破片和非金属爆破片。按产品外观不同，爆破片可分为正拱形、反拱形和平板形。

1. 正拱形爆破片（拉伸型）

正拱形爆破片压力敏感元件呈正拱形。安装后拱的凹面处于压力系统的高压侧，动作时该元件发生拉伸破裂。爆破片拱的成形压力为爆破压力（$p_b$）的75%～92%，所以普通爆破片允许工作压力不应超过其规定爆破压力的70%。当工作压力为脉动压力时，工作压力不应超过规定爆破压力的60%。因而在正常工作压力下，爆破片膜片的形状一般不会改变。通常较适用于系统压力过程比较稳定的场合。

正拱形爆破片又分为正拱普通型爆破片、正拱开缝型爆破片和正拱刻槽型爆破片。其尺寸与应用范围见表5-3。表5-3中的符号意义见表5-4和表5-5。

**表 5-3　正拱形爆破片的尺寸与应用范围**

| 名称代号 | $D_N$/mm | 压力范围/MPa | 简图 | 特点 | | |
|---|---|---|---|---|---|---|
| | | | | 最大工作压力 | 介质状态 | 有无碎片 |
| 正拱普通平面型 LP/A | 20 ~ 600 | 0.08 ~ 35 | 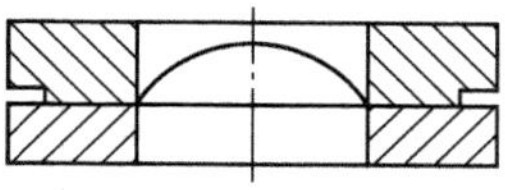 | 70% $p_b$ | 气、液 | 有 |
| 锥拱普通锥面型 LP/B | 25 ~ 600 | 0.1 ~ 35 | 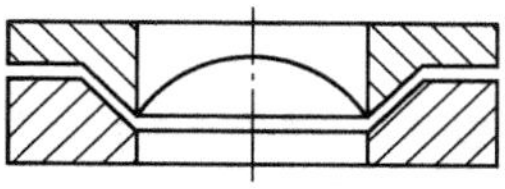 | | | |
| 正拱普通平面托架型 LPT/A | 50 ~ 600 | 0.1 ~ 4.0 | 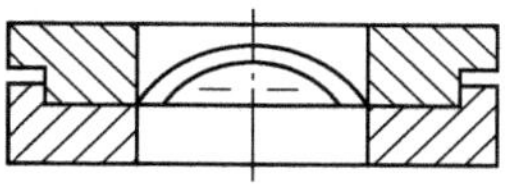 | | | |
| 正拱普通锥面托架型 LPT/B | 25 ~ 600 | 0.1 ~ 35 | 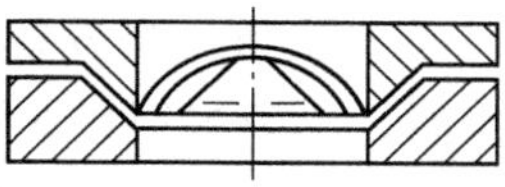 | 80% $p_b$ | | |
| 正拱开缝平面型 LF/A | 25 ~ 600 | 0.01 ~ 3.5 | 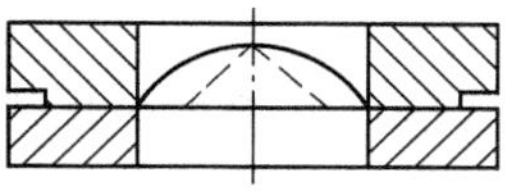 | | | |
| 正拱开缝平面托架型 LFT/A | | | 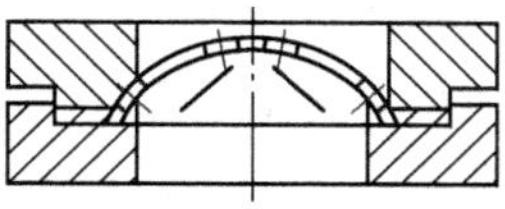 | | | |
| 正拱开缝锥面型 LF/B | | | 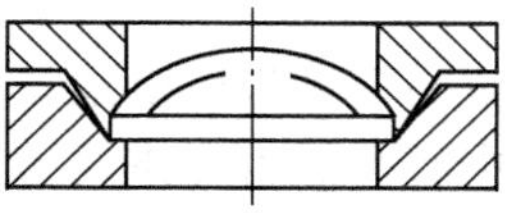 | | | |
| 正拱开缝锥面托架型 LFT/B | | | 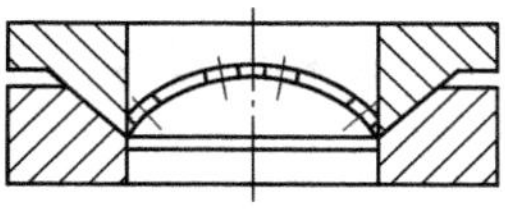 | 70% $p_b$ | | |
| 正拱刻槽型 LC/A | | 0.25 ~ 16 | 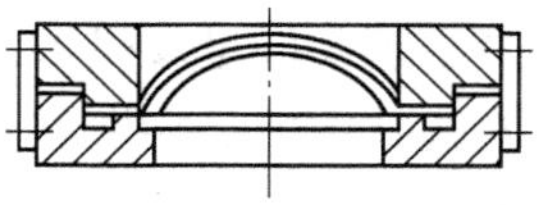 | | | |

**表 5-4 爆破片符号**

| 爆破片类型 | 代号 | 爆破片特征 | 代号 | 装置中的附件 | 代号 |
|---|---|---|---|---|---|
| 正拱形（拉伸型） | L | 普通型 | P | 托架 | T |
| | | 开缝型 | F | 加强环 | H |
| | | 刻槽型 | C | | |
| 正拱形（压缩型） | Y | 刀架 | D | 鳄齿 | E |
| | | | | 刻槽型 | C |

**表 5-5 爆破片夹持面与密封面符号**

| | | | | | |
|---|---|---|---|---|---|
| 夹持面形状 | 平面 | A | 外接密封面形状 | 平面 | PI |
| | 锥面 | B | | 凹凸面 | AT |

（1）正拱普通型。正拱普通型爆破片为单层膜片，是由坯片直接成形的，爆破压力由爆破片的材料强度控制。当设备系统超压时，爆破片被双向拉伸，发生塑性变形，使壁厚减薄，以致最终破裂而泄放压力。正拱普通型爆破片装置是用塑性良好的不锈钢、镍、铜、铝等材料制成爆破片装在一副夹持器内而构成的。

（2）正拱开缝型。正拱开缝型是在正拱普通型的基础上为解决箔材的厚度不适应各种需要的压力动作而研制的。它是由有缝（孔）的拱形片与密封膜组成的正拱形爆破片。由于开有缝（孔）造成薄弱环节，其爆破压力由薄弱环节控制。当膜片承压后，爆破片被双向拉伸，在压力达到规定时，薄弱环节破裂。为了保持在正常工作压力下的密封和变形，在膜片凹侧贴有一层含氟塑料。

膜片可以按箔材的成品厚度规格制造，调整孔桥间的宽度可以变动小孔直径，但一般是调整小孔中心圆的直径来调节膜片的爆破压力，以满足容器设计压力的需要。

（3）正拱刻槽型。正拱刻槽型是在拱面上加工有槽的正拱形爆破片。开槽的作用与开缝相似。

2. 反拱形爆破片（压缩型）

反拱形爆破片的压力敏感元件呈反拱形。安装后拱的凸面处于压力系统的高压侧，该系列爆破片的爆破压力是靠爆破片的弹性失稳控制的。当被保护系统超压时，爆破片双向被压缩，发生弹性失稳，使预拱的爆破元件反向屈曲，快速翻转，或被刀片切破，或沿爆破片上的槽裂开，打开排放截面，泄放压力，起到保护系统的作用。

反拱形爆破片弥补了拉伸型爆破片靠拉伸强度控制爆破压力的缺陷。它利用爆破片材料的抗压强度来确定其爆破压力，系统压力作用在爆破片的凸面。这种爆破片几乎不会疲劳，不产生碎片，且系统的最高工作压力可在其爆破压力的90%或更高的条件下正常操作，比普通爆破片有更好的适应性和准确性。

反拱形膜片的制造材料与正拱形相同。根据泄放的方式不同，反拱形爆破片分为反拱刀架（或鳄齿）型爆破片、反拱脱落型爆破片和反拱刻槽型爆破片，见表5-6。

**表5-6　反拱形爆破片**

<table>
<tr><th rowspan="2">名称代号</th><th rowspan="2">$D_N$/mm</th><th rowspan="2">压力范围/MPa</th><th rowspan="2">简图</th><th colspan="3">特点</th></tr>
<tr><th>最大工作压力</th><th>介质状态</th><th>有无碎片</th></tr>
<tr><td>反拱刀架型<br>YD/A</td><td>25～600</td><td>0.08～64</td><td>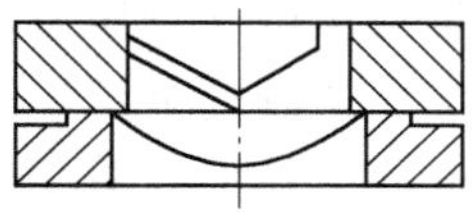</td><td rowspan="4">90% $p_b$</td><td rowspan="4">气</td><td rowspan="4">无</td></tr>
<tr><td>反拱鳄齿型<br>YE/A</td><td>25～300</td><td>0.03～1.0</td><td>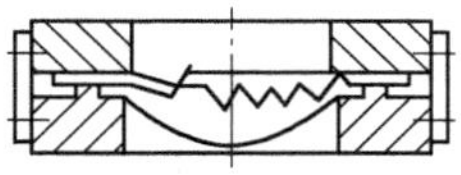</td></tr>
<tr><td>反拱脱落型<br>YQ/A</td><td>100～800</td><td>0.003～0.56</td><td>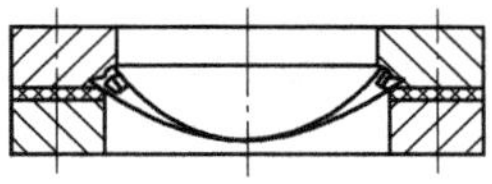</td></tr>
<tr><td>反拱刻槽型<br>YC/A</td><td>25～600</td><td>0.1～10.0</td><td>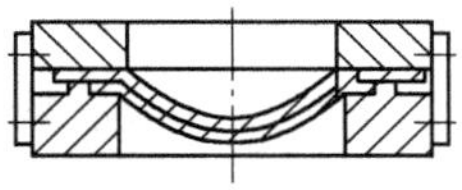</td></tr>
</table>

（1）反拱刀架（或鳄齿）型爆破片。反拱刀架（或鳄齿）型爆破片是压力敏感元件失稳翻转时因触及刀刃（或鳄齿）而破裂的反拱形爆破片，应用较早和普遍。在爆破片泄放侧法兰下面固定着一组经热处理变硬的、刃磨得非常锋利的不锈钢刀片（或鳄齿）。爆破片快速翻转时被刀片（或鳄齿）刺破，从而实现系统的压力泄放。

反拱刀架（或鳄齿）型爆破片泄放能力较差，不适用于低压、液体泄压及易燃气体泄放情况。因为在液压下爆破片的翻转速度慢，没有足够的能量切破爆破片。对于易燃气体，刀刃切割膜片可能产生高度静电积聚甚至直接产生火花，有引燃气体的危险。

(2) 反拱脱落型爆破片。反拱脱落型爆破片是指压力敏感元件失稳翻转时沿支承边缘破裂或脱落，并随高压介质冲出的反拱形爆破片。这种爆破片不宜在移动式压力容器、高温高压容器、可能出现负压工况的容器上选用。因为振动、高温高压或负压的存在，均可能导致爆破片意外脱落。

(3) 反拱刻槽型爆破片。反拱刻槽型爆破片在爆破片拱顶的凹面刻下十字交叉的减弱槽，爆破片翻转时沿减弱槽拉断，形成一个畅通的孔，而且没有碎片，但加工较困难。翻转脱落型爆破片是通过爆破片翻转时整体与夹持器分离来实现泄放的。

3. 平板形爆破片（弯曲型）

平板形爆破片的压力敏感元件呈平板形，是较早的一种形式，常用脆性材料制成，如铸铁、硬塑料和石墨等。平板形爆破片分为平板开缝型爆破片和平板带槽型爆破片。平板开缝型爆破片的压力敏感元件由带缝（孔）的平板形片与密封膜组成，平板带槽型爆破片的压力敏感元件平面上加工有槽。平板形爆破片是利用膜片在较高的压力载荷下产生的弯曲应力达到材料的抗弯强度极限而碎裂排气的，爆破片同时受拉伸与剪切作用。常用的爆破片安装形式有夹紧式和自由嵌入式两种，如图 5-7 所示。

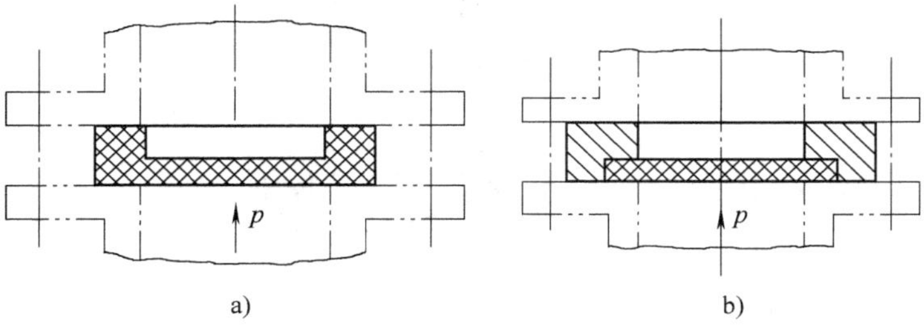


图 5-7 平板形爆破装置

a) 夹紧式 b) 自由嵌入式

### 5.2.2.2 爆破片的选用

1. 类型

应根据压力容器介质的性质、工艺条件及载荷特性等来选用爆破片。

(1) 在介质性质方面，首先考虑介质在工作条件（压力、温度等）下对膜片有无腐蚀作用。对腐蚀性介质，宜采用正拱开缝型爆破片，或采用在与介质的接触面上有金属或非金属保护膜的正拱形爆破片。如果介质是可燃气体，则不宜选用铸铁或碳钢等材料制造的膜片，以免膜片破裂时产生火花，在器外引起可燃气体的燃烧爆炸。

（2）当容器内的介质为液体时，不宜选用反拱形。因为超压液体的能量不足以使反拱形爆破片失稳翻转。

（3）在压力较高时，宜选用正拱形；压力较低时，宜选用开缝型和反拱形。

（4）脉动载荷或压力大幅度频繁波动的容器，最好选用反拱形或弯曲型爆破片。因为其他类型的爆破片在工作压力下膜片都处于高应力状态，较易疲劳失效。

（5）当容器内为易燃、易爆介质或爆破片与安全阀组合使用时，需选择无碎片的爆破片，如正、反拱刻槽型，也可选用开缝型或反拱刀（鳄齿）架型。

（6）对于在高温条件下产生蠕变的容器，应保证在操作温度下膜片材料的强度。常用膜片材料的许用温度极限见表5-7。

（7）如系统有真空工况或承受背压时，爆破片需配置背压托架。

**表5-7　爆破片的最高工作温度**

| 膜片材料 | 铝 | 银 | 铜 | 奥氏体不锈钢 | 镍 | 蒙乃尔合金 | 因科镍 |
|---|---|---|---|---|---|---|---|
| 最高工作温度/℃ | 100 | 120 | 200 | 400 | 400 | 430 | 280 |

2. *动作压力*

为了确保压力容器不超压运行，爆破片的动作压力应不大于容器的设计压力。表5-8给出了不同结构形式爆破片的最低标定爆破压力与容器正常工作压力之间的关系。对于装设爆破片的压力容器，在设计压力确定后，要由表5-8中给出的比值确定容器的操作压力；或者在一定条件下，确定容器的设计压力。

**表5-8　最低标定爆破压力**

| 爆破片的形式 | 载荷性质 | 最低标定爆破压力 $p_{min}$/MPa |
|---|---|---|
| 正拱普通型 | 静载荷 | $\geqslant 1.43p_w$ |
| 正拱开缝型、正拱刻槽型 | 静载荷 | $\geqslant 1.25p_w$ |
| 正拱形 | 脉动载荷 | $\geqslant 1.70p_w$ |
| 反拱形 | 静载荷、脉动载荷 | $\geqslant 1.10p_w$ |
| 平板形 | 静载荷 | $\geqslant 1.70p_w$ |

注：$p_w$ 为容器的工作压力（MPa）。

3. *泄放面积*

为了保证爆破片爆裂时能及时泄放容器内的压力，防止容器继续升压操作，爆破片必须具有足够的泄放面积。根据 GB 150—2011《压力容器》中的规定，爆破片泄放面积的计算方法如下。

（1）气体。分两种情况：

1）临界条件，即 $p_o/p_f \leqslant [2/(\kappa+1)]^{\kappa/(\kappa-1)}$ 时，爆破片的排放面积按下式计算，即

$$A = 13.16 \frac{W_s}{CKp_f}\sqrt{\frac{ZT_f}{M}} \quad (5-9)$$

2）亚临界条件，即 $p_o/p_f > [2/(\kappa+1)]^{\kappa/(\kappa-1)}$ 时，爆破片的排放面积按下式计算，即

$$A \geqslant \frac{1.79\times10^{-2}W_s}{Kp_f\sqrt{\frac{M}{ZT_f}}\sqrt{\frac{\kappa}{\kappa-1}\left[\left(\frac{p_o}{p_f}\right)^{\frac{2}{\kappa}}-\left(\frac{p_o}{p_f}\right)^{\frac{\kappa+1}{\kappa}}\right]}} \quad (5-10)$$

式中 $A$——安全阀或爆破片的泄放面积（$mm^2$）；

$C$——气体特性系数，取值见表 5-1；

$K$——泄放装置的泄放系数；

$M$——气体的摩尔质量（kg/mol）；

$T_f$——泄放装置的泄放温度（K）；

$W_s$——容器的安全泄放量（kg/h）；

$Z$——气体的压缩系数，对于空气，$Z=1.0$。

其中，对于爆破片中 $K$ 的取值，当满足以下四个条件时，$K$ 为与爆破片装置入口管道形状有关的系数，取值如图 5-8 所示。

1）直接向大气排放。

2）爆破片安全装置离容器本体的距离不超过 8 倍管径。

3）爆破片安全装置泄放管长度不超过 5 倍管径。

4）爆破片安全装置上、下游接管的公称直径不小于爆破片安全装置的泄

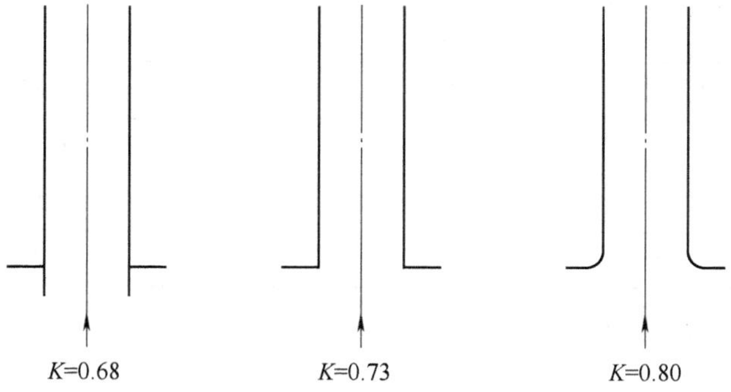


图 5-8 爆破片装置入口管道形状与 K 值的关系

放口公称直径。

当入口管道形状不易确定或不满足上述四个条件时，可按实测值确定或取 $K=0.62$。

（2）水蒸气（饱和与过热）。安全泄放面积按下式计算，即

$$A = 0.19\frac{W_s}{KC'p_f} \tag{5-11}$$

式中 $A$——安全阀或爆破片的泄放面积（$mm^2$）；

$C'$——水蒸气特性系数，对于蒸汽压力小于11MPa的饱和水蒸气，$C'\approx 1$，对于过热水蒸气，$C'$随过热温度的增加而减小；

$K$——泄放装置的泄放系数；

$W_s$——容器的安全泄放量（kg/h）；

（3）液体。安全泄放面积按下式计算，即

$$A = 0.196\frac{W_s}{\zeta K\sqrt{\rho\Delta p}} \tag{5-12}$$

式中 $A$——安全阀或爆破片的泄放面积（$mm^2$）；

$K$——泄放装置的泄放系数；

$\Delta p$——泄放装置泄放时内、外侧的压力差（MPa）；

$W_s$——容器的安全泄放量（kg/h）；

$\rho$——流体密度（$kg/m^3$）；

$\zeta$——液体动力粘度校正系数。

其中，系数 $\zeta$ 的取值如下：当液体的粘度不大于20℃水的粘度时，取 $\zeta=1.0$；当液体的粘度大于20℃水的粘度时，液体阻力损失增大，此时 $\zeta<1.0$，可根据雷诺数查出 $\zeta$ 值。

#### 5.2.2.3 爆破片的装设

爆破片的装设主要分为单独使用爆破片作为安全泄压装置，或爆破片与安全阀组合作为安全泄压装置，这主要根据压力容器的用途、介质的性质及设备的运转条件来确定。

1. 爆破片单独作为泄压装置

在压力快速增长，或者对密封有更高要求，或者容器内物料会导致安全阀失灵以及安全阀不能适用的情况下，必须采用爆破片装置。而对于有更高密封要求的情况，一般指物料毒性程度为高度或极度危害的容器，该类容器仅安装安全阀不能满足高密封要求。另外，当容器内物料粘度较大或可能产生粉尘时，有可能导致安全阀失灵。

爆破片单独作为泄压装置时，其安装如图5-9所示。爆破片的安装位置要靠近压力容器，泄放道要直并且泄放的管道要有足够的支撑，以免由

于负荷过重而使爆破片受到损伤。当爆破压力高时，还要考虑爆破时的反冲力与振动问题。通常在爆破片的进口处设置一个截止阀，截止阀的泄放能力要大于爆破片的泄放能力，它的作用是更换爆破片时切断气流，在正常工作时，它总是处于全开状态并固定。爆破片的尺寸应尽量大，必要时可装两个或多个爆破片。

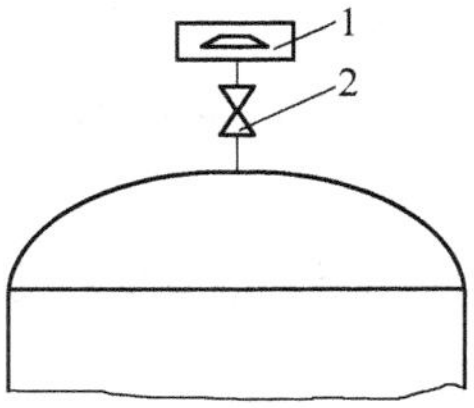


图 5-9　爆破片单独作为泄压装置

1—爆破片　2—截止阀

在使用两个或两个以上爆破片时，根据需要可以串联安装，也可以并联安装（图 5-10）。因为爆破片是利用两侧的压力差达到某个预定值时才爆破的，因此，在串联时必须在两个爆破片之间安装压力表和放气阀，分别用以观察前级爆破片有无泄漏及排放两爆破片之间可能积聚起来的压力。

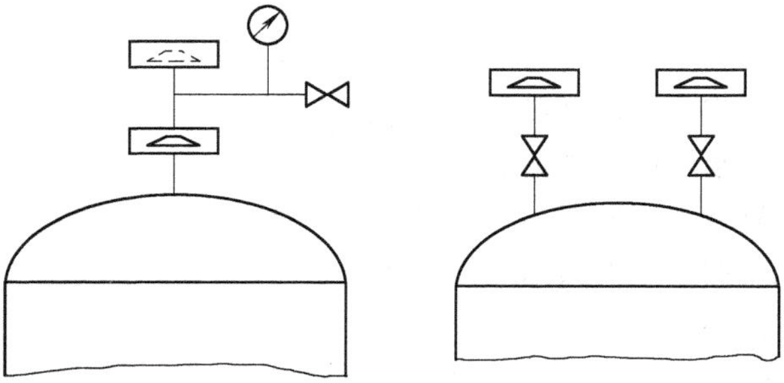

a)　　　　b)

图 5-10　两个或多个爆破片的结构

a）串联安装　b）并联安装

2. *爆破片与安全阀串联使用*

当容器安装于某种可能损害安全阀动作性能的环境中，如该环境可能产生粉团、纤维团、飞溅碎物和腐蚀性气体等，而这些有害物质又可能从安全阀出口进入阀体，导致弹簧卡塞、元件腐蚀，此种情况应采用爆破片与安全阀串联组合成安全泄放装置。

常见的串联组合型安全泄放装置为弹簧式安全阀和爆破片的组合使用，爆破片可设在安全阀入口侧，也可设在出口侧，其安装情况如图 5-11 所示。

图 5-11a 是将爆破片装在安全阀进口处的串联组合安全泄放装置，它利用爆破片将安全阀与介质隔开，防止安全阀受腐蚀或被气体中的污物堵塞或粘结，以保证安全阀的正常使用。当容器内部压力超过爆破片的爆破压力时，爆破片动作，安全阀自行开启和关闭，容器可继续运行。这种连接方式使两者的

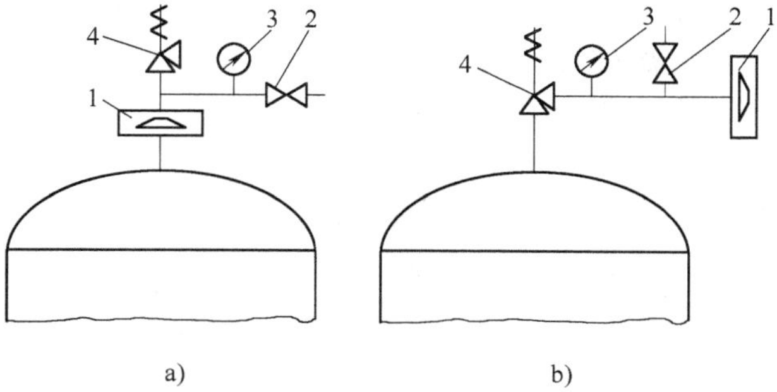


图 5-11　爆破片与安全阀串联使用
a）爆破片装在安全阀进口侧　b）爆破片装在安全阀出口侧
1—爆破片　2—截止阀　3—压力表　4—安全阀

优点都能得到很好的发挥，爆破片后面的安全阀可不采用昂贵的耐蚀材料，介质损耗也少。这种布局还便于在现场校验安全阀，校验时不必拆下安全阀，可直接向安全阀与爆破片之间充压，系统内压力仍可以保持，但需要在爆破片下设置真空托架。

爆破片与安全阀串联使用时需要注意的是：选用的爆破片在破裂后，其碎片不能妨碍安全阀的工作，其出口通道面积不得小于安全阀的进口截面积。爆破片与安全阀之间要装压力表、旋塞、放空管或报警装置，用以指示和排放积聚的压力介质，及时发现爆破片的泄漏或破裂。

图 5-11b 是将爆破片设置在安全阀的出口处，对于介质是比较洁净的昂贵气体或剧毒气体和有公共泄放管道的情况，普遍采用这种装置。这种安装方式可使爆破片避免受介质压力及温度的长期作用而产生疲劳，而爆破片则用以防止安全阀的泄漏，还可以将安全阀与可能存在于公共泄放管道中的腐蚀介质隔开，防止对安全阀弹簧和阀杆的腐蚀，并可使安全阀的开启不受公共泄放管内背压的影响。为防止阀门背压累积，使安全阀在容器超压时能及时开启排气，在安全阀和爆破片之间应设置放压口，将由安全阀泄漏出的气体及时、安全地排出或回收，或采用先导式、波纹管式安全阀结构。

这种安装方式，要求安全阀即使是在背压的情况下，必须采用仍然能在正常开启压力下动作的结构。在工作温度下爆破片应在不超过容器设计压力时爆破，且爆破片爆破时应有足够大的开口，其碎片不能妨碍安全阀的工作。爆破片在对应设计温度下的额定爆破压力和安全阀与爆破片之间连接管道压力之和不得超过容器的最大允许压力或安全阀的开启压力。

3. 爆破片与安全阀并联使用

爆破片与安全阀并联使用如图 5-12 所示。对于因物理过程瞬时的超压仅由安全阀泄放，而剧烈的化学反应过程持续较长，严重的超压由爆破片和安全阀共同泄放。这种情况下，安全阀作为主要的泄压装置（一级泄压装置），爆破片装置则作为在意外情况下的辅助泄压装置（二级泄压装置）。

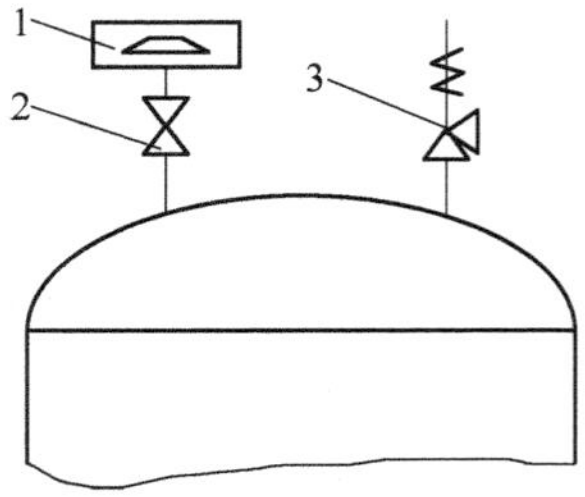


图 5-12　爆破片与安全阀并联使用

1—爆破片　2—截止阀　3—安全阀

这种并联方式，爆破片是一个附加的安全设施。爆破片的爆破压力稍高于安全阀的开启压力。其中安全阀的动作压力应不大于容器的设计压力，爆破片的动作压力不大于1.04倍的设计压力。爆破片与安全阀泄放能力之和应大于容器所需的安全泄放量。

4. 爆破片与安全阀串联、并联组合使用

这种布局如图5-13所示，这是上述两种情况的组合。并联的爆破压力应稍高，当系统超压时，串联的爆破片爆破，起泄放作用。如果压力继续升高，则并联的爆破片爆破，使系统泄压。

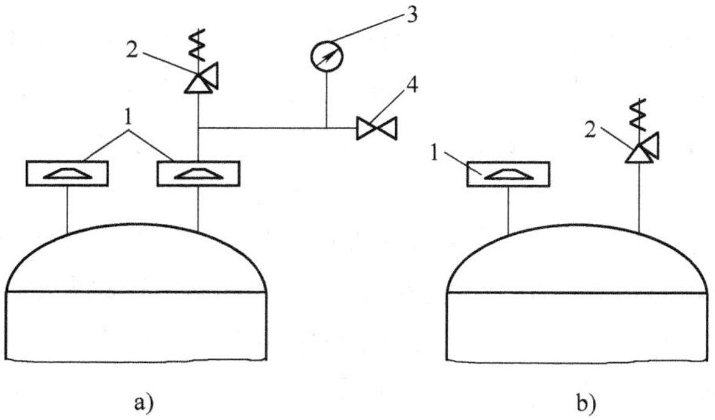


图 5-13　爆破片与安全阀串联、并联组合使用

1—爆破片　2—安全阀　3—压力表　4—截止阀

## 5.3　其他安全附件

压力容器的安全附件除前面所介绍的安全阀、爆破片作为压力容器安全运行保障的核心附件外，压力表和液面计就相当于观察和操控压力容器的眼睛。它们的设置可以避免压力容器盲目操作。另外压力容器的安全附件还包括测温装置和减压阀等。

## 5.3.1 压力表

### 5.3.1.1 压力表的结构和工作原理

压力表的种类较多，有液柱式、弹性元件式、活塞式和电量式四大类。

液柱式压力表分为U形管、单管和斜管等形式。其测量原理是利用液体静压力的作用，根据液柱的高度差与被测介质的压力相平衡来确定所测的压力值。这类压力表的特点是结构简单，使用方便，测量准确。但因为受液柱高度的限制，只适用于测量较低的压力。

弹性元件式压力表有单圈弹簧式、螺旋形（多圈）弹簧式、薄膜式（又称波纹平膜式）、波纹筒式和远距离传送式（接触点式、带变阻器式的传送器）等多种形式。它是利用各种不同形状的弹性元件，在压力下产生变形的原理制成的压力测量仪表，根据元件变形的程度来测定被测的压力值。这类压力表的优点是结构坚固，结实耐用，不易泄漏，测量范围宽，具有较高的准确度，对使用条件的要求也不高。但使用期间必须经过检验，而且不宜用于测定频率较高的脉动压力。在压力容器中使用的压力表一般为弹性元件式，且大多数是单弹簧管式压力表。只有在一些工作介质有较大腐蚀性的容器中，才使用波纹平膜式压力表。

活塞式压力表是作校验用的标准仪表。它利用加在活塞上的力与被测压力平衡的原理，根据活塞面积和加在其上的力来确定所测的压力。它的准确度很高，测定范围较广，但不能连续测量。

电量式压力表是利用金属或半导体的物理特性，直接将压力或是形变转换为电压、电流或频率信号输出，有电阻式、电容式、压电式和电磁式等多种形式。这类压力表可以测量快速变化的压力和超高压力，精确度可达0.02级，测量范围从数十帕至700MPa不等，应用也较广泛。

### 5.3.1.2 常用的压力表

1. *单弹簧管式压力表*

单弹簧管式压力表是利用中空的弹簧弯管在内压作用下产生变形的原理制成的。按位移量转换机构的不同，这种压力表又可以分成扇形齿轮式和杠杆式两种。图5-14和图5-15所示为两种压力表的结构。

压力表的主要元件是一根横断面呈椭圆形或扁平形的中空弯管，通过压力表的接头与承压设备相连接。当有压力的流体进入这根弯管时，由于内压的作用，弯管向外伸展，发生位移变形。这些位移通过拉杆带动扇形齿轮或弯曲杠杆的传动，带动压力表的指针转动。进入弯管内的气体压力越高，弯管的位移就越大，指针转动的角度也越大。这时指针在压力表表盘上指示的刻度值就是压力容器内压力的数值。

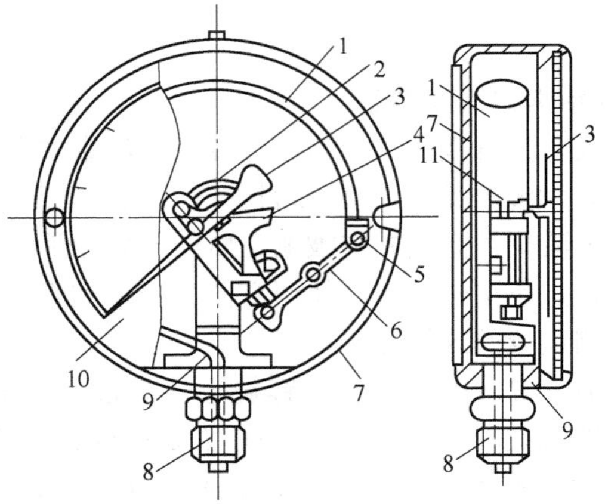


图 5-14 扇形齿轮式单弹簧管式压力表

1—弹簧弯管 2—游丝 3—指针 4—扇形齿轮 5—带铰轴的塞子 6—拉杆
7—表壳 8—接头 9—支座 10—刻度盘 11—小齿轮

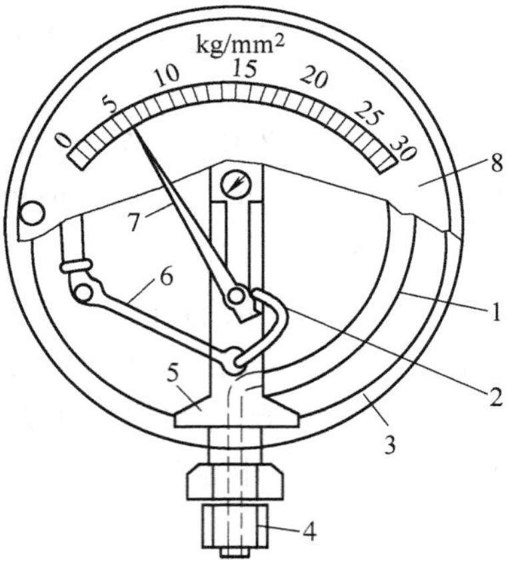


图 5-15 杠杆式单弹簧管式压力表

1—弹簧弯管 2—弯曲杠杆 3—表壳 4—接头
5—支座 6—拉杆 7—指针 8—刻度盘

### 2. 波纹平膜式压力表

波纹平膜式压力表的弹性元件是波纹薄膜，薄膜被一副特制的盒形法兰夹持住，上、下法兰分别与压力表表壳及管接头相连。容器内的介质压力通过管接头进入薄膜下部的气腔内，使薄膜受压向上凸起，并通过销柱、拉杆、齿轮转动机构等带动指针，从而容器内介质的压力即由指针在刻度盘上指示出来。这种压力表的结构如图 5-16 所示。

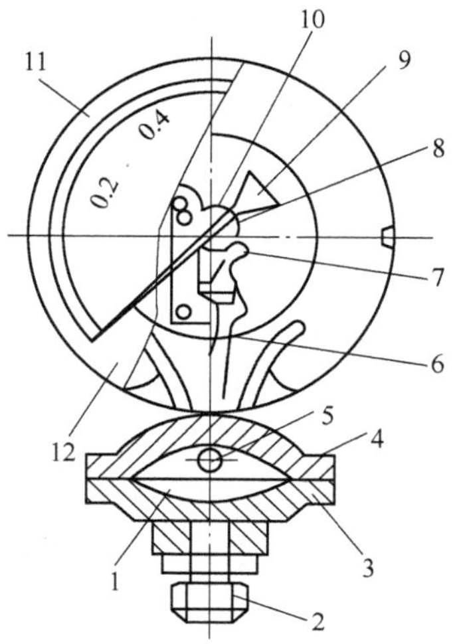


图 5-16 波纹平膜式压力表

1—平面薄膜 2—接头 3—下法兰 4—上法兰 5—销柱 6—拉杆 7—扇形齿轮 8—小齿轮 9—指针 10—游丝 11—表壳 12—刻度盘

波纹平膜式压力表不能用于较高压力的测量（一般不大于 3.0MPa），且测量的灵敏度和准确度都较差。但它对振动和冲击不太敏感，特别是它可以在薄膜底部用抗介质腐蚀的金属材料制成保护膜，将腐蚀性介质与压力表的其他元件隔绝，因而常用于装有腐蚀性介质的化工容器中。

### 5.3.1.3 压力表的选用与安装

1. 压力表的选用

选用压力表时应注意以下几个问题：

(1) 压力表的量程。选用的压力表必须与压力容器的工作压力相适应。压力表的量程最好选用设备工作压力的 2 倍，最小不应小于 1.5 倍，最大不应高于 3 倍。从压力表的寿命与维护方面来要求，在稳定压力下，使用的压力范围不应超过刻度极限的 70%；在波动压力下，不应超过 60%。如果选用量程过大的压力表，就会影响压力表读数的准确性。而压力表的量程过小，压力表刻度的极限值接近或等于压力容器的工作压力，又会使弹簧弯管经常处于很大的变形状态下，因而容易产生永久变形，引起压力表的误差增大。

(2) 压力表的精度。选用的压力表精度应与压力容器的压力等级和实际工作需要相适应。压力表的精度是以它的允许误差占表盘刻度极限值的百分数按级别来表示的（如精度为 1.5 级的压力表，其允许误差为表盘刻度极限值的 1.5%），精度等级一般都标在表盘上。工作压力小于 2.5MPa 的低压容器所用压力表，其精度一般不应低于 2.5 级；工作压力大于或等于 2.5MPa 的中、高压容器用压力表，精度不应低于1.5级。

（3）压力表的表盘直径。为了方便、准确地看清压力值，选用压力表的表盘直径不能过小，一般不应小于100mm。压力表表盘直径常用的规格为100mm和150mm。如果压力表安装得较高或工作离岗位较远，表盘直径还应增大。

2. 压力表的安装

压力表的安装应符合以下规定：

（1）压力表的接管应直接与承压设备本体相连接，装设的位置应便于操作人员观察和清洗，并且要防止压力表受到辐射、冻结或振动。

（2）为了便于更换和校验压力表，压力表与承压设备接管中应装有三通旋塞或针形阀，三通旋塞或针形阀应装在垂直的管段上，并应有开启标记和锁紧装置。

（3）用于工作介质为高温蒸汽的压力表，在压力表与容器之间的接管上要装有存水弯管，使蒸汽在这一段弯管内冷凝，以避免高温蒸汽直接进入压力表的弹簧管内，致使表内元件过热而产生变形，影响压力表的精度。为了便于冲洗和校验压力表，在压力表与存水弯管之间应装设三通阀门或其他相应装置。

（4）用于具有腐蚀性或高粘度工作介质的压力表，则应在压力表与容器之间装设有隔离介质的缓冲装置。如果限于操作条件不能采取这种保护装置时，则应选用抗腐蚀的压力表，如波纹平膜式压力表等。

（5）可以根据压力容器的最高许用压力在压力表的刻度盘上划上警戒红线，并注明下次校验的日期，加铅封。但不应把警戒红线涂画在压力表的玻璃上，以免玻璃转动产生错觉，造成事故。

#### 5.3.1.4 压力表的维护与校验

要使压力表保持灵敏、准确，除了合理选用和正确安装以外，在压力容器运行过程中还应加强对压力表的维护和校验。压力表的维护和校验应符合国家计量部门的有关规定，并应做到以下几点：

（1）压力表应保持洁净，表盘上的玻璃要明亮清晰，保证表盘内指针指示的压力值清楚易见。

（2）压力表的连接管要定期吹洗，特别是用于含有较多油污或其他粘性物料气体的压力表连接管，以免堵塞。

（3）经常检查压力表指针的转动与波动是否正常，检查连接管上的旋塞是否处于全开启状态。

（4）压力表必须按计量部门规定的限期进行定期校验，校验由国家法定的计量单位进行。

## 5.3.2 液面计

液面计又称液位计，用来观察和测量容器内液位位置的变化情况。特别是对于盛装液化气体的容器，液位计是一个必不可少的安全装置。操作人员根据其指示的液面高低来调节或控制装置，从而保证容器内介质的液面始终在正常范围内。盛装液化气体的储运容器，包括大型球形储罐、汽车罐车和铁路罐车等，需装设液面计，以防止容器内因充满液体发生液体膨胀而导致容器超压。用作液体蒸发用的换热容器、工业生产装置中的一些低压废热锅炉和废热锅炉的锅筒，也都应装设液面计，以防止容器内液面过低或无液位而发生超温事故烧坏设备。

### 5.3.2.1 液面计的分类

液面计按工作原理不同分为直接用透光元件指示液面变化的液面计（如玻璃管液面计或玻璃板液面计）以及借助机械、电子和流体动力学等辅助装备间接反映液面变化的液面计（如浮子液面计、磁性浮标液面计和自动液面计等）。此外，还有一些带附加功能的液面计，如防霜液面计等。固定式压力容器常用的是玻璃管式和平板玻璃两种，移动式压力容器常用的是滑管式液面计、旋转管式液面计和磁力浮球式液面计。

1. 玻璃管式液面计

玻璃管式液面计主要由玻璃管、气（汽）旋塞、液（水）旋塞和放液（水）旋塞等部分组成，如图5-17所示。这种液面计是根据连通管的原理制成的。气（汽）旋塞、液（水）旋塞分别由气（汽）连管及液（水）连管和压力容器气（汽）、液（水）空间相连通，所以压力容器液面能够在玻璃管中显示出来。

2. 平板玻璃液面计

平板玻璃液面计主要由平板玻璃、框盒、气（汽）旋塞、液（水）旋塞等部分组成，如图5-18所示。平板玻璃液面计用经过热处理、具有足够强度和稳定性的玻璃板，嵌在一个锻钢盒内，以代替玻璃管。

3. 滑管式液面计

滑管式液面计主要由套管、带刻度的滑管、阀门和护罩等组成，其结构形式如图5-19所示。这种液面计是通过滑管在罐体内滑移，管子下端与气相接触时由管孔向外喷出挥发气体，而与液相接触时由管孔向外喷出雾化气体来测量液面高低的。液面高度通过固定在管子旁边的指示标尺来确定。

滑管式液面计一般安装在罐体上方，滑管与液面计主体之间采用填料密封。这种液面计结构简单、紧凑，显示准确、直观，结构牢固、耐振动，不怕冲击，但由于需要安装在罐体顶部，观测不够方便，测量精度会受滑管移动速度和喷出时间的影响。

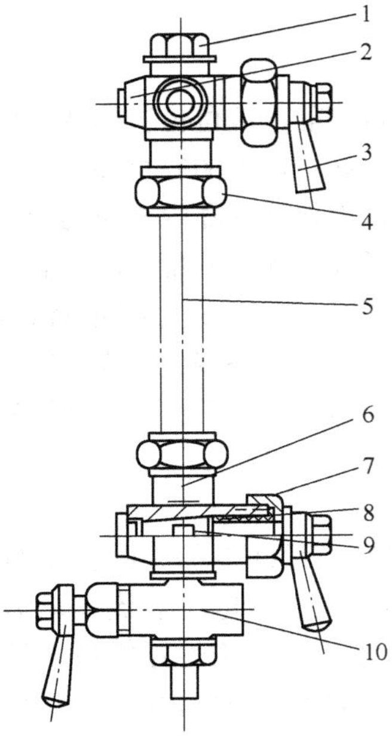


图 5-17　玻璃管式液面计

1—玻璃管盖　2—上阀体　3—手柄　4—玻璃管螺母　5—玻璃管
6—下阀体　7—封口螺母　8—填料　9—塞子　10—放水阀

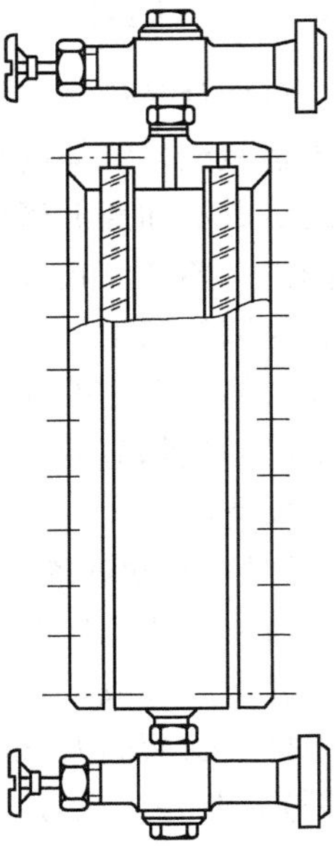

图 5-18　平板玻璃液面计

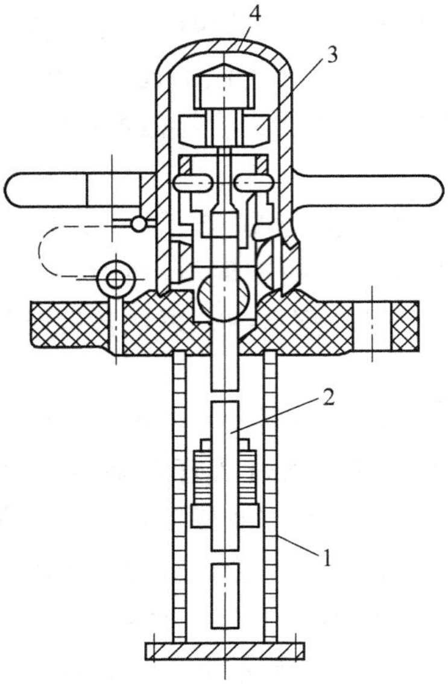


图 5-19　滑管式液面计

1—套管　2—带刻度的滑管　3—阀门　4—护罩

4. 旋转管式液面计

旋转管式液面计主要由旋转管、刻度盘、指针和阀芯等组成，如图5-20所示。旋转管式液面计的测量原理与滑管式液面计完全相同，是由弯曲旋转管内小孔向外喷出气相或液相介质来测量液面位置的。所不同的是，以管子的旋转动作代替滑管的上下滑动，这样可以通过表盘指针来指示液面高度。

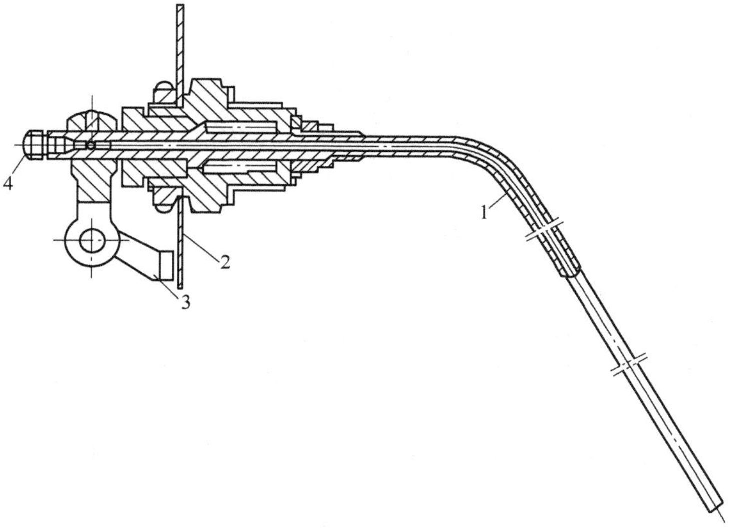


图5-20　旋转管式液面计

1—旋转管　2—刻度盘　3—指针　4—阀芯

旋转管式液面计一般安装在罐体后封头中部，比较方便操作观测。但仍存在由于动作快慢和喷出时间存在的误差。旋转管式液面计结构牢固，显示准确、直观，且操作方便，因而在槽车上得到广泛的应用。

5. 磁力浮球式液面计

磁力浮球式液面计是利用磁力线穿过非磁性不锈钢材料制成的盲板，在罐体外部用指针表盘方式来表示液面高度，如图5-21所示。

磁力浮球式液面计的工作原理是利用液体对浮球的浮力作用，以浮球为传感元件，当罐内液位变化时，浮球也随之作升降运动，从而使与齿轮同轴的磁钢产生转动，通过磁力的作用带动位于表头内的另一块磁钢作相应的转动，与磁钢同轴的磁针便在刻度板上指示出一定的液位值来。磁力浮球式液面计不怕振动，指示表头与被测液体互相隔离，因而密封性与安全性好，适合各类液化气槽车使用。但它结构复杂，对材料的磁性有一定的要求。

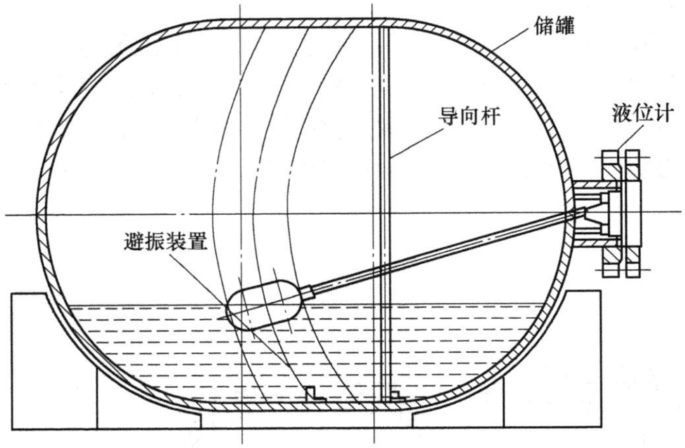


图 5-21 磁力浮球式液面计

#### 5.3.2.2 液面计的选用原则

液面计应根据压力容器的介质、最高工作压力和温度正确选用。

（1）盛装易燃，毒性程度为极度、高度危害介质的液化气体压力容器，应采用玻璃板液面计或自动液面指示器，并应有防止泄漏的保护装置。

（2）低压容器选用管式液面计，中、高压容器选用承压较大的板式液面计。

（3）寒冷地区室外使用的容器，或由于介质温度与环境温度的差值较大，导致介质的粘度过大而不能正确反映真实液面的容器，应选用夹套型或保温型结构的液面计。盛装0℃以下介质的压力容器，应选用防霜液面计。

（4）要求液面指示平稳的，不应采用浮标式液面计，可采用结构简单的视镜。

（5）压力容器较高时，宜选用浮标式液面计。

（6）移动式压力容器不得使用平板式液面计，一般应选用旋转管式或滑管式液面计。

#### 5.3.2.3 液面计的安装

液面计的安装应符合下列规定：

（1）在安装使用前，低、中压容器用液面计，应进行1.5倍液面计公称压力的液压试验；高压容器的液面计，应进行1.25倍液面计公称压力的液压试验。

（2）液面计应安装在便于观察的位置。若液面计的安装位置不便于观察，则应增加其他辅助设施。大型压力容器还应有集中控制的设施和警报装置。

（3）液位计安装完毕并经调校后，应在刻度表盘上用红色漆画出最高、最低液面的警戒线。要求液面指示平稳的液面计上部接管可设置挡液板。

#### 5.3.2.4　液面计的使用和维护

液面计的使用温度不要超过玻璃管、板的允许使用温度。在冬季，则要防止液面计冻堵和发生假液位。对易燃、有毒介质的容器，照明灯应符合防爆要求。

压力容器操作人员应加强对液面计的维护管理，经常保持完好和清晰。使用单位应对液面计实行定期检修制度，可根据运行的实际情况，规定检修周期，但不应超过压力容器内外部检验周期。液面计有下列情况之一的，应停止使用并更换：①超过检修周期；②玻璃板（管）有裂纹、破碎；③阀件固死；④经常出现假液位；⑤指示模糊不清。

## 5.3.3　减压阀

减压阀是通过控制阀体内启闭件的开度来调节介质的流量，使流体通过时节流压力减小的阀门，常适用于要求更小的流体压力输出或压力稳定输出的场合。减压阀主要有两个作用，一是将较高的气（汽）体压力自动降低到所需的较低压力；二是当高压侧的介质压力波动时，能自动调节，使低压侧的气（汽）压稳定。

#### 5.3.3.1　减压阀的分类及原理

减压阀按结构形式不同，可分为薄膜式、弹簧薄膜式、活塞式、杠杆式和波纹管式；按阀座数目不同，可分为单座式和双座式；按阀瓣的位置不同，可分为正作用式和反作用式。

1. 弹簧薄膜式

弹簧薄膜式减压阀的结构如图 5-22 所示，当薄膜下侧的气（汽）体压力高于薄膜上侧的弹簧压力时，薄膜向上移动，压缩弹簧，阀杆随即带动阀芯向上移动，使阀芯的开启度减小，于是由高压端进入的气（汽）流量随之减少，从而使出口压力降低到规定的范围内。当薄膜下侧的气（汽）体压力小于上侧的弹簧压力时，弹簧伸长，顶着薄膜向下移动，阀杆随即带动阀芯向下移动，使阀芯的开启度增大，

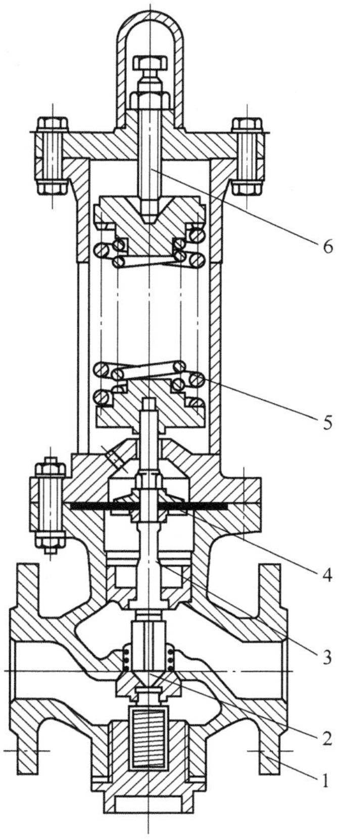


图 5-22　弹簧薄膜式减压阀

1—阀体　2—阀芯　3—阀杆
4—薄膜　5—弹簧　6—调节螺栓

于是由高压端进入的气（汽）流量随之增多，从而使出口处的压力升高到规定的范围内。

弹簧薄膜式减压阀的灵敏度较高，而且调节比较方便，只需旋转手轮来调节弹簧的松紧度即可。但是，薄膜承受的温度和压力不能太高，同时行程大时，橡胶薄膜容易损坏。因此，弹簧薄膜式减压阀普遍使用在温度和压力不太高的蒸汽和空气介质管道上。

2. 活塞式

活塞式减压阀主要通过活塞来平衡压力（图 5-23）。当调节弹簧 2 在自由状态时，由于阀前压力的作用和下边的主阀弹簧 7 顶着，主阀瓣 6 和辅阀瓣 4 处于关闭状态。拧动调整螺栓 1 顶开辅阀瓣，介质由进口通道 α 经辅阀通道 β 进入活塞 5 上方。由于活塞的面积比主阀瓣大，受力后向下移动，使主阀瓣开启，介质流向出口；同时介质经过通道 β 进入金属薄膜 3 下部，逐渐使压力与调节弹簧压力平衡，使阀后压力保持在一定的误差范围内。若阀后压力过高，膜下压力大于调节弹簧压力，膜片即向上移动，辅阀关小，使流入活塞上方介质减少，引起活塞及主阀上移，减小主阀瓣开启程度，出口压力随之下降，达到新的平衡。

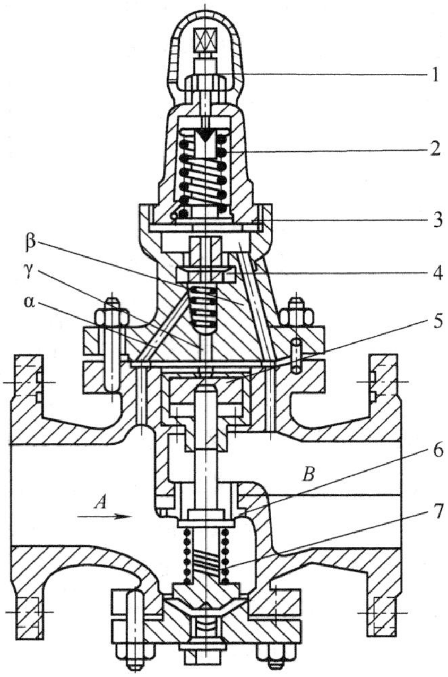


图 5-23　活塞式减压阀

1—调整螺栓　2—调节弹簧　3—金属薄膜　4—辅阀瓣

5—活塞　6—主阀瓣　7—主阀弹簧

活塞式减压阀的活塞在气缸中的摩擦较大，灵敏度比弹簧薄膜式减压阀差，制造工艺要求严格，所以它适用于温度、压力较高的蒸汽和空气介质管道和设备上。

3. 波纹管式

波纹管式减压阀主要通过波纹管来平衡压力（图5-24），当调节弹簧2在自然状态时，阀瓣5在进口压力和顶紧弹簧6的作用下处于关闭状态，拧动调整螺栓1，使调节弹簧2顶开阀瓣5，介质流向出口，阀后压力逐渐上升至所需压力。阀后压力经通道4作用于波纹管3外侧，使波纹管向下的压力与调整弹簧向上的压力平衡，从而使阀后的压力变大，则波纹管向下压力大于调节弹簧压力，使阀瓣关小，阀后压力降低，直到要求的压力。波纹管式减压阀主要适用于介质参数不高的蒸汽和空气管路上。

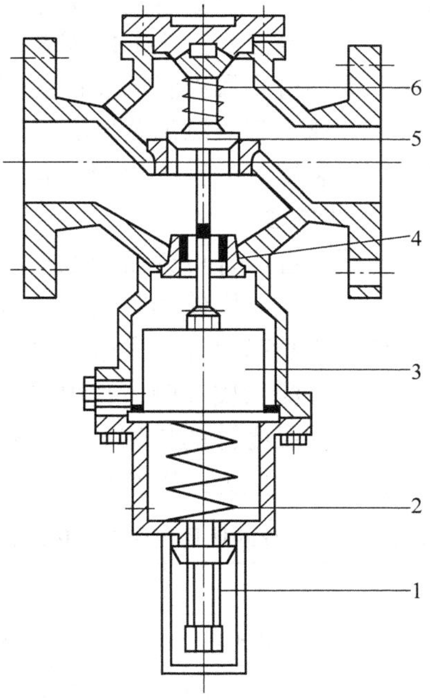


图5-24 波纹管式减压阀

1—调整螺栓 2—调节弹簧 3—波纹管 4—压力通道 5—阀瓣 6—顶紧弹簧

#### 5.3.3.2 安装使用与定期检修

减压阀必须在产品限定的工作压力、工作温度范围内工作，减压阀的进出口必须有一定的压力差。在减压阀的低压侧必须装设安全阀和压力表。减压阀不能当截止阀使用，当减压阀用汽设备停止用汽后，应将减压阀前的截止阀关闭。

定期检修内容如下：

1）检查主阀、导阀的磨损情况。

2）检查各部分弹簧是否疲劳。

3）检查膜片是否疲劳。

4）检查气缸是否磨损及腐蚀。

5）检查活塞环是否失去涨力。

6）拧开阀盖上的螺塞，取出过滤网，以清除内腔的污物。

7）拧下阀底的螺塞，打开下阀盖，清除阀体下腔和弹簧内所积存的污物以及主阀瓣上的污垢。

## 5.3.4 测温装置

压力容器测温通常有两种形式：测量容器内工作介质的温度，使工作介质的温度控制在规定的范围内，以满足生产工艺的需要；对需要控制壁温的压力容器进行壁温测量，防止壁温超过金属材料的允许温度。在这两种情况下，通常需要装设测温装置。常用的压力容器测温装置有温度表、温度计、测温热电偶及其显示装置等。这些测温装置有的独立使用，有的同时组合使用。

### 5.3.4.1 温度计的分类与工作原理

根据测量温度方式的不同，温度计可分为接触式温度计和非接触式温度计两种。接触式温度计有液体膨胀式、固体膨胀式、压力式以及热电阻和热电偶温度计等。非接触式温度计有光学高温计、光电高温计和辐射式高温计等。非接触式温度计的感温元件不与被测物质接触，利用被测物质的表面亮度和辐射能的强弱来间接测量温度。各种温度计的使用范围与应用场合见表5-9。压力容器常用的温度计是固体膨胀式、压力式以及热电阻和热电偶温度计。

表5-9 温度计的使用范围与应用场合

| 温度计类型 | | 测量温度范围/℃ | 应用 |
|---|---|---|---|
| 膨胀式 | | -200~600 | 常用于测量轴承、定子等处的温度，作现场指示 |
| 压力式 | | -800~400 | 常用于测量易燃、有振动处的温度，传送距离不很远 |
| 热电阻 | 铂 | -200~650 | 常用于液体、气体、蒸汽的中、低温测量，能远距离传送 |
| | 铜 | -50~150 | |
| 热电偶 | | 0~1600 | 常用于液体、气体、蒸汽的中、高温测量，能远距离传送 |
| 辐射式 | | 600~2000 | 常用于测量火焰、钢液等不能直接测量的高温场合 |

1. 膨胀式温度计

膨胀式温度计是以物质受热后膨胀的原理为基础，利用测温敏感元件在受热后尺寸或体积发生变化来直接显示温度的变化。液体膨胀式温度计是应用最早而且当前使用最广泛的一种温度计，其测温上限取决于所用液体汽化点的温度，下限受液体凝点温度的限制。为了防止毛细管中液柱出现断续现象，并提高测温液体的沸点温度，常在毛细管中液体上部充以一定压力的气体。固体膨胀式温度计是利用两种不同膨胀系数的材料受热时产生机械变形而使表盘内的齿轮转动，通过指针来指示温度的。

2. 压力式温度计

压力式温度计是利用温包里的气体或液体受热使体积膨胀而引起封闭系统中压力变化，通过压力大小间接测量温度的。其结构如图5-25所示。

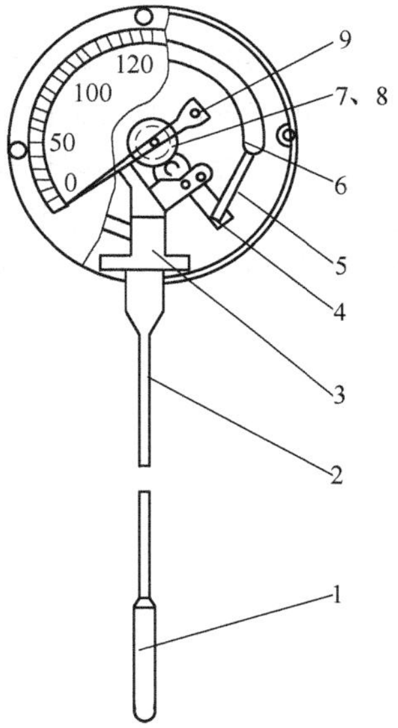

图5-25　压力式温度计

1—温包　2—毛细管　3—支撑座

4—扇形齿轮　5—连杆　6—弹簧管

7—小齿轮　8—游丝　9—指针

3. 热电阻温度计

热电阻温度计根据热电效应原理，即导体和半导体的电阻与温度之间存在着一定的函数关系，利用这一函数关系，通过测量电阻的大小，即可得出所测温度的数值。目前由纯金属制造的热电阻的主要材料是铂、铜和镍，它们已得到广泛的应用。

4. 热电偶温度计

热电偶是当前热电测温中普遍使用的一种感温元件，它是利用热电偶由两种不同材料的导体，在两个连接处的温度不同产生热电动势的现象制成的。

5. 辐射式高温计

辐射式高温计是利用物质的热辐射特性来测量温度的。因为这种温度计是利用光的辐射特性，所以可以实现快速测量。

#### 5.3.4.2　安装使用与维护保养

1. 介质温度的测量

用于测量压力容器介质的测量仪主要有插入式温度计和插入式热电偶测量仪，也有的直接使用水银（酒精）温度计。这些温度仪测温的特点是温感探头直接或带套管（腐蚀性介质或高温介质时用）插入容器内与介质接触测温，温度计直接在容器上显示，测温热电偶则可通过导线将显示装置引至操作室或容易监控的位置。为防止插入口泄漏，一般在压力容器设计上留有标准规格温度计接口，接口连接形式有法兰式和螺纹联接两种，并带有密封元件。

2. 壁温的测量

对于在高温条件下操作的压力容器，当容器内部在介质与容器壁之间设置有保温砖等的绝热、隔热层时，为了防止由于隔热、绝热材料安装质量、热胀冷缩或者是隔热、绝热减薄或损坏等造成容器壁温过高，导致容器破坏，需要对这类压力容器进行壁温的测量。此类测温装置的测温探头紧贴容器器壁，常用的有测温热电偶、接触式温度计和水银温度计等。

3. 使用维护

压力容器的测温仪表必须根据其使用说明书的要求和实际使用情况，结合计量部门规定的限期设定检验周期进行定期检验。壁温测量装置的测温探头必须根据压力容器的内部结构和容器内介质反应和温度分布的情况，装贴在具有代表性的位置，并做好保温措施，以消除外界引起的测量误差。测温仪的表头或显示装置必须安装在便于观察和方便维修、更换、检测的地方。

6

# 第 6 章　压力容器失效形式及安全性分析

## 6.1　断裂的定义及类型

机器设备及其零部件常会由于设计结构不合理、制造质量不良、使用维护不当或其他原因而发生早期失效(即在规定的使用期限内失去按原设计进行正常工作的效能)。断裂是其主要的失效形式,特别是脆性断裂,在工程上是一个长期存在的问题。

一般机器部件的失效,可以有三种类型:过量的变形(弹性、塑性)、部件断裂、表面状态恶化(磨损、腐蚀)等,其中以断裂的危害最大。

要防止锅炉压力容器承压部件的断裂爆炸事故,首先要了解它的破坏机理,即了解它为什么会发生断裂,及它又是怎样断裂的。只有掌握了它发生断裂的规律,才能采取正确的防止破坏的措施,避免事故的发生。

断裂是指固体在机械力、热、磁、声响、腐蚀等单独作用或者联合作用下,使物体本身连续性遭到破坏,从而发生局部开裂或分裂成几个部分的现象。前者称局部断裂,如各种裂纹;后者称完全断裂,如整体脆断等。

金属构件的断裂可以有许多种分类方法。

(1)根据断裂性态不同,金属构件的断裂可分为延性断裂和脆性断裂。延性断裂是指构件在断裂前发生了显著的塑性变形;脆性断裂是指构件在断裂前没有或仅有少量塑性变形。

(2)按裂纹扩展路径不同,金属构件的断裂可分为穿晶断裂和沿晶断裂。穿晶断裂是指裂纹穿过晶内;沿晶断裂是指裂纹沿晶界扩展。

(3)按断口宏观取向不同,金属构件的断裂可分为正断和切断。正断是指断裂的宏观表面垂直于最大正应力方向 $\sigma$,一般为脆性断裂;切断是指断裂面大致与最大正应力方向成45°,多数为延性断裂。

(4)按受力状态不同,金属构件的断裂可分为短时与长时断裂、冲击断裂和疲劳断裂。

(5)按环境不同,金属构件的断裂可分为低温冷脆断裂、高温蠕变断裂、延滞断裂(氢脆与应力腐蚀)、辐照和噪声损伤等。

断口是指零件断裂的自然表面。断口一般是材料中性能最弱或应力最大的部位,因为金属材料中裂纹总是沿着阻力最小的路径扩展。

本章中,根据断裂的形式及其基本原因不同,把承压部件的断裂分为延性断裂、脆性断裂、疲劳断裂、腐蚀断裂和蠕变断裂等几种形式,并对其产生的过程、特性及原因等分别进行讨论。

## 6.2 延性断裂

### 6.2.1 概述

压力容器承压部件的延性断裂是指其器壁材料发生破坏的形式。

承压部件的延性断裂是在器壁发生大量的塑性变形之后产生的,器壁的变形将引起容器容积的变化,而器壁的变形又是在压力载荷下产生的,所以对于具有一定直径与壁厚的容器,它的容积变形与它所承受的压力有很大的关系。若以容器的容积变形率为横坐标,容器的内压为纵坐标,则可以得到容器的压力—容积变形图,如图6-1(内径为600mm,壁厚为10mm,两端为椭圆封头,20g钢板焊接的容器,进行水压爆破时实际测出的压力—容积变形曲线图)所示,图中的曲线形状与器壁材料的拉伸图有某些相似之处。

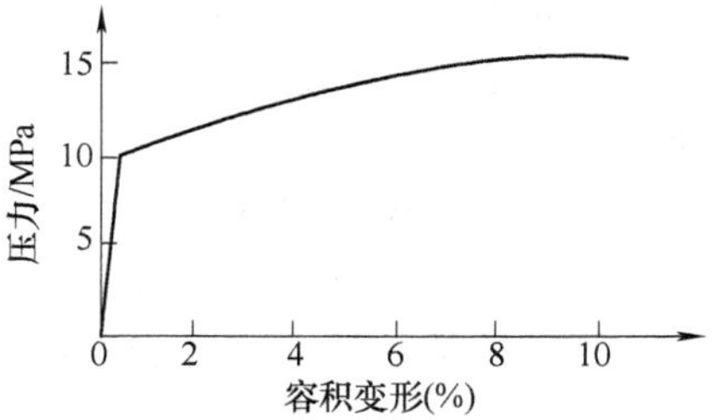

图6-1 容器的压力—容积变形图

压力较小时,器壁的应力也较小,器壁产生弹性变形,容器的容积与压力成正比增加,保持直线关系。如果卸除载荷,即把容器内的压力降下,容器的容积即恢复原来的大小。而不会产生容积残余变形(确切地说是不产生较大的残余变形)。

当压力升高至使容器器壁上的应力超过材料的弹性极限时,变形曲线开始偏离直线,即容器的容积变形不再与压力成正比关系,而且在压力卸除之后,容器不能完全恢复原来的形状,而是保留一部分容积残余变形。根据这种特性,可以在压力容器进行耐压试验时,测出容器在试验前后的容积变化,以确定容器在试验压力下，器壁的应力是否在材料的弹性极限之内。

若容器内的压力升高至使它器壁上的应力达到材料的屈服强度，由于器壁产生明显的塑性变形，容器的容积将迅速增大，往往在压力不再增高甚至下降的情况下，容器的容积变形仍在继续增加。这种现象与金属材料拉伸图中的屈服现象相同，也可以说容器处在全面屈服状态。承压部件这种屈服现象，在水压爆破试验时经常会出现。当容器内的压力升至一定值时，尽管水压泵仍在不断地转动，加水计量管也表明容器内继续进水，但压力表的指针却突然停止不前，有时还可能有轻微下降的现象。这是因为容器的整个截面积上的材料已达到屈服。这时的压力被认为是容器的实际屈服压力。

承压部件在延性断裂前先产生大量的容积变形，这种现象对防止某些容器发生断裂事故也是有利的。例如，充装过量的液化气体气瓶会由于介质温度增大而使压力急剧升高，容积的大量变形有利于缓解器内压力的激增，有时还会避免容器的断裂。对于一些器壁严重减薄的气瓶或其他容器，有时会在充气或进行水压试验过程中，因压力表突然停止不动而被发现其已达到屈服状态。

容器的内压力超过了它的屈服压力以后，如果把压力卸除，容器也会留下较大的容积残余变形，有些甚至用肉眼或直尺测量即可发现。因为圆筒形容器的周向应力比轴向应力大一倍，所以一般总是周向产生较大的残余变形，即容器的直径增大。而圆筒形容器端部的径向增大又受到封头的限制，因而在壁厚比较均匀的情况下，圆筒形容器的变形总是呈现两端较小而中间较大的腰鼓形。这样，一些发生过屈服的容器（主要是液化气体气瓶）就易于被发现。

容器内压超过屈服压力以后，如果压力继续升高，容积变形将更快地增加，至器壁上的应力达到材料的断裂强度时，容器即发生延性断裂。

### 6.2.2 延性断裂的特征

金属材料的延性断裂是显微空洞形成和长大的过程。对于常用以制造压力容器的碳钢及低合金钢，这种断裂首先是在塑性变形严重的地方形成显微空洞（微孔），夹杂物是显微空洞成核的位置。在拉力作用下，大量的塑性变形使脆性夹杂物断裂或使夹杂物与基体界面脱开而形成空洞。空洞一经形成，即开始长大和聚集，聚集的结果是形成裂纹，最后导致断裂。所以金属材料特别是塑性较好的碳钢及低合金钢，在发生延性断裂时，总是先产生大量的塑性变形。这种现象对于防止机器设备发生断裂事故是十分有利的。因为在零件断裂以前，设备即会由于过量的塑性变形而失效。微观断口上常可见到微坑存在，如图6-2（煤浆管道）所示。

发生延性断裂的承压部件，从它破裂以后的变形程度、断口和破裂的情况以及爆破压力等方面，常常可以看出金属延性断裂所具有的一些特征。

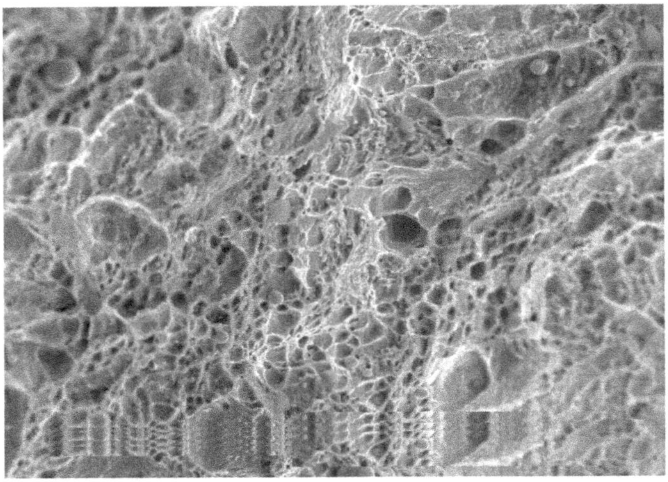

图 6-2 20G 断裂处韧窝（×1000）

1. 破裂容器发生明显变形

金属的延性断裂是在大量的塑性变形后发生的，塑性变形使金属断裂后在受力方向留存较大的残余伸长（图 6-3a），表现在容器上则是直径增大和壁厚减薄（图 6-3b）。所以，具有明显的形状改变是压力容器延性断裂的主要特征。从许多爆破试验和爆炸事故的容器所测得的数据表明：延性断裂的容器，最大圆周伸长率常达 10% 以上，容积增大率（根据爆破试验加水量计算或按破裂容器的实际周长估算）也往往高于 10%，有的甚至达 20% ~30%。

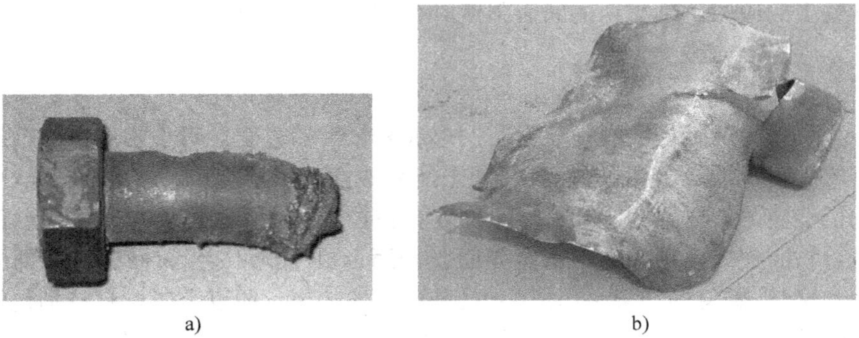

图 6-3 事故后部件变形照片

a）螺栓伸长 b）容器变薄

2. 断口呈暗灰色纤维状

碳钢和低合金钢延性断裂时，由于显微空洞的形成、长大和聚集，最后形成锯齿形的纤维状断口。这种断裂形式多数属于穿晶断裂，即裂纹发展所取的途径是穿过晶粒的。因此，断口没有闪烁金属光泽而呈暗灰色。由于这种断裂是先滑移而后断裂，所以它的断裂方式一般是切断，即断裂的宏观表面平行于最大切应力方向，而与最大主应力成45°。承压部件延性断裂时，它的断口往往也具有这样一些金属延性断裂的特征：断口是暗灰色的纤维状，没有闪烁金属光泽；断口不齐平，而与主应力方向约成45°(圆筒形容器纵向裂开时，其破裂面与半径方向成一角度，即裂口是斜断的)。

3. 容器一般不是碎裂

延性断裂的容器，因为材料具有较好的塑性和韧性，所以破裂方式一般不是碎裂，即不产生碎片，而只是出现一个裂口。壁厚比较均匀的圆筒形容器，常常是在中部裂开一个形状为“X”的裂口。裂口的大小则与容器爆破时释放的能量有关。盛装一般液体(例如水)时，因液体的膨胀功较小，因而容器破裂的裂口也较窄，最大的裂口宽度一般也不会超过容器的半径。盛装气体时，因膨胀功较大，裂口也较宽。特别是锅筒或盛装液化气体的容器，破裂以后容器内压力下降，锅水或液化气体迅速蒸发，产生大量蒸汽或气体，使容器的裂口不断扩大。

4. 实际爆破压力接近计算爆破压力

金属的延性断裂是经过大量的塑性变形，而且是在外力引起的应力达到它的断裂强度时产生的。所以延性断裂的承压部件，器壁上产生的应力一般都达到或接近材料的抗拉强度，即设备是在较高的应力水平下破裂的。它的实际爆破压力往往与计算爆破压力相接近。

### 6.2.3　延性断裂事故的预防

1. 延性断裂的基本条件

容器产生显著的塑性变形，只有在它受力的整个截面上的材料都处于屈服状态下才能产生。如果在某一截面中仅有一部分由于局部应力过高产生塑性变形，而其他大部分还是弹性变形，则局部应力高的部分的塑性变形就会受到相邻部分的抑制而仅仅产生微量的变形，并降低过高的局部应力。所以承压部件的延性断裂是由于它的薄膜应力超过材料的屈服强度而产生的。如果只在承压部件的某些部位存在较高的局部应力，有时还可能超过材料的屈服强度，它并不会引起部件的显著变形。但这种局部应力对于那些反复加压和卸压的设备是十分不利的，因为它会导致容器的疲劳断裂，但它不会直接引起延性断裂。

2. 常见压力容器延性断裂事故

(1)液化气体容器充装过量。有些盛装高临界温度的液化气体的气罐、气桶和气瓶，往往由于操作疏忽、计量错误或其他原因造成充装过量，使容器在充装温度下即被液态气体充满(因为液化气体的充装温度一般都低于室温)，因此在运输或使用过程中，器内液体的温度会受环境温度的影响或太阳曝晒而升高，体积急剧膨胀，造成容器压力迅速上升并产生塑性变形，最后造成断裂事故。

(2)压力容器在使用中超压。由于违反操作规程、操作失误或其他原因，造成设备内的压力升高，并超过它的最高许用压力，而设备又没有装设安全泄压装置或安全泄压装置不灵，因而使压力不断上升，最后发生过量的塑性变形而破裂。

(3)设备维护不良以致壁厚减薄。有些部件因为介质对器壁产生腐蚀，或长期闲置不用而又没有采取有效的防腐措施，以致器壁发生大面积腐蚀，壁厚严重减薄，结果部件在正常的操作压力下发生破裂。

3. 压力容器延性断裂事故的预防

要防止压力容器发生延性断裂事故，最根本的办法是保证承压部件在任何情况下，器壁上的当量应力都不超过材料的屈服强度。

(1)使用的压力容器必须按规定进行设计，承压部件必须经过强度验算，未经正式设计而制成压力容器禁止投入运行。

(2)禁止将一般容器改成或当成压力容器使用，防止不承压的容器因结构或操作的原因在器内产生压力。

(3)压力容器应按规定装设性能和规格都符合要求的安全泄压装置，并经常保持其处于灵敏、可靠的状态。

(4)认真执行安全操作规程。要经常注意监督检查，防止压力容器超压运行。

(5)做好压力容器的维护保养工作，采取有效措施防止腐蚀性介质与大气对设备的腐蚀，并经常保持防腐措施处于良好有效状态。特别对于长期停用的容器，更应注意保养维护。

(6)严格定期检验制度，检验时若发现承压部件器壁被腐蚀而致厚度严重减薄，或容器在使用中曾发生过显著的塑性变形时，即应停用。

### 6.2.4 事故案例分析

2009 年 2 月某日凌晨，某公司氧气钢瓶充装车间，当充装结束，关闭总阀门，准备卸瓶时，一只氧气钢瓶发生爆炸事故。破裂碎片表现为韧性和脆性断裂。裂纹起裂部位为脆性，最后断裂部位为韧性，如图 6-4 所示。

承压部件的断裂，通常都是多种断裂原因结合而导致的，本钢瓶即如此。尽管起初脆性快速断裂，但由于该材料为韧性材料(34Mn2V)，最后仍表现出韧性。最后断裂部位可见到明显的韧性断裂，微观上为韧窝，如图 6-5 所示。

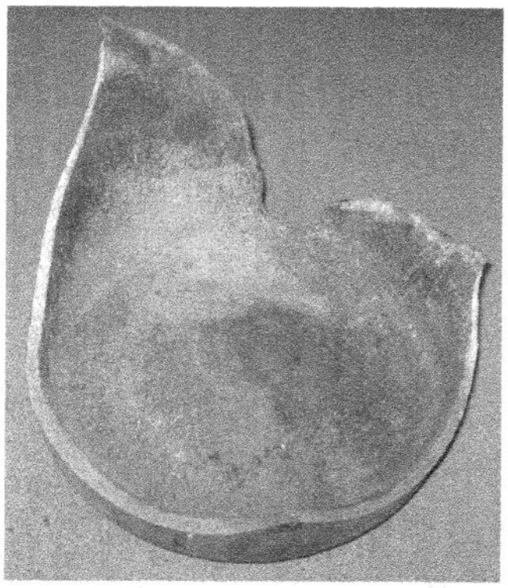

图6-4 钢瓶破裂照片

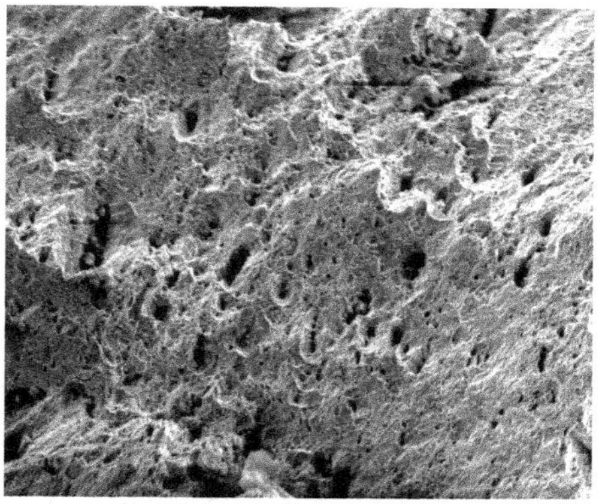

图6-5 最后断口区韧窝( ×500)

## 6.3 脆性断裂

人们都知道,运行中的设备或构件,当外载荷超过该设备或构件所用的静强度时($\sigma > [\sigma]$),就发生破坏,也就是说,设备或构件处于不安全状态。那么通常所说的设计准则就是$\sigma < [\sigma]$。

但是否工作应力$\sigma < [\sigma]$,设备就一定安全呢?事实上,也并非就安全。脆性断裂($\sigma \ll \sigma_s$)就是例外。即许多压力容器破裂,并非都经过显著的塑性变形,有些容器破裂时根本没有宏观变形,而且根据破裂时的压力计算得到器壁的薄膜应力也远远没有达到材料的强度极限,有的甚至还低于屈服强度。这种断裂多表现为脆性断裂。由于它是在较低应力状态下发生的,又称为低应力脆性断裂。

### 6.3.1 脆性断裂的基本原因

脆性断裂都是在较低的应力水平(即断裂时的应力一般低于材料的屈服强度)下发生的。因此人们就在思考:究竟是什么原因使这些钢制结构件在这样低的应力水平下就发生断裂。

人们首先把钢的脆性断裂和低温联系起来,而且从大量的冲击试验中获知,钢在低温下的冲击值显著降低。钢在低温下冲击韧性降低,表明在温度低时钢对缺口的敏感性增大,所以最初人们都认为构件的脆性断裂是低温引起的。

钢构件的脆性断裂与它的使用温度低有一定的关系,这是无疑的。但是低温并不是脆性断裂的唯一因素,因为钢的冷脆性(表现为低温下冲击韧性降低)表明它在低温时对缺口的敏感性增大。显然,“缺口”的形状和大小就必然是影响脆性断裂的主要因素。

材料力学是建立在材料是均匀和连续的基础上的,而不均匀和不连续却是绝对的。任何材料和它的构件总是存在各式各样的缺陷,只不过是有时候缺陷比较小,用肉眼不易观察到,或是探伤检测仪器灵敏度低而没有被发现而已。因此,用材料力学计算的结果就不能反映材料的断裂行为。

断裂力学承认材料或构件内部存在缺陷(将它简化为裂纹),而且脆性断裂总是由材料中宏观裂纹的扩展引起的。当带有宏观裂纹的材料或构件受到外力作用时,裂纹尖端附近的区域就产生应力应变集中效应。当此区域的应力应变高到一定的数值,超过材料的负荷极限时,裂纹便开始迅速扩展(称为失稳扩展),并造成整个材料或构件在低应力状态下产生脆性断裂。这就是断裂力学对断裂现象的解释。

### 6.3.2 脆性断裂的特征

承压部件发生脆性断裂时,在破裂形状、断口形貌等方面都具有一些与延性断裂正好相反的特征。

1. 容器没有明显的伸长变形

由于金属的脆断一般没有留下残余伸长,因此脆性断裂后的容器就没有明显的伸长变形。许多在水压试验时脆性断裂的容器,其试验压力与容积增量的关系在断裂前基本上还是线性关系,即容器的容积变形还是处于弹性状态。有些脆裂成多块的容器,将碎块组拼起来再测量其周长,往往与原来的周长相比没有变化或变化甚微。容器的壁厚一般也没有减薄。

2. 裂口齐平,断口呈金属光泽的结晶状

脆性断裂一般是正应力引起的解理断裂,所以裂口齐平并与主应力方向垂直。容器脆断的纵缝裂口与器壁表面垂直,环向脆断时,裂口与容器的中心线相垂直。又因为脆断往往是晶界断裂,所以断口形貌呈闪烁金属光泽的结晶状,如图 6-6 所示。在器壁很厚的容器脆断口上,还常常可以找到人字形纹路(辐射状),这是脆性断裂的最主要宏观特征之一。人字形的尖端总是指向裂纹源,始裂点往往都有缺陷或在几何形状突变处。

3. 容器常破裂成碎块

由于容器脆性破裂时材料的韧性较差,而且脆断的过程又是裂纹迅速扩展的过程,破坏往往在一瞬间发生,容器内的压力无法通过一个裂口释放,因此脆性破裂的容器常裂成碎块,且常有碎片飞出。即使是在水压试验时,器内液体膨胀功并不大,也经常产生碎片。如果容器在使用过程中发生脆性断裂,器内的介质为气体或液化气体,则碎裂的情况就更严重。

如某公司合成氨部 30 万 t/年合成氨系统,水煤浆管道爆炸事故,管道呈粉碎性脆性破坏(图6-7),少数碎片散落在距离现场约130m的位置,附近窗口玻璃被震碎,表明爆炸能量较大。所以,容器在使用过程中发生脆性断裂的破坏后果要比延性断裂严重得多。

图6-6 脆性断裂断面

图6-7 爆炸现场

4. 断裂时的名义应力较低

金属的脆性断裂是由于裂纹而引起的，所以脆断时并不一定需要很高的名义应力。容器破裂时器壁上的名义应力常常低于材料的屈服强度，所以这种破裂可以在容器的正常操作压力或水压试验压力下发生。

5. 破坏多数在温度较低的情况下发生

由于金属材料的断裂韧度随着温度的降低而降低，所以脆性断裂常在温度较低的情况下发生，包括较低的水压试验温度和较低的使用温度。

此外，脆性破裂常见于用高强度钢制造的容器及厚壁容器。当器壁很厚时，厚度方向的变形受到约束，接近所谓的“平面应变状态”，于是裂纹尖端附近形成了三向拉应力，材料的断裂韧度随之降低，这就是所谓的“厚度效应”，所以同样的钢材，厚板要比薄板更容易脆断一些。同样材料的强度等级越高，其断裂韧度往往降低。

## 6.3.3 脆性断裂事故的预防

1. 脆性断裂的基本条件

纵观国内外脆性断裂事故，其主要影响因素是构件存在缺陷以及材料的韧性差。所以，防止脆性断裂最基本的措施就是减小或消除构件的缺陷，要求材料具有较好的韧性。

2. 压力容器脆性断裂事故的预防

(1)减少部件结构及焊缝的应力集中。裂纹是造成脆性断裂的主要因素，而应力集中往往又是产生裂纹的主要原因。许多容器破坏事故都是在应力集中处先产生裂纹，然后以很快的速度扩展而至整体破坏。

在承压部件中，引起应力集中的因素是多方面的，诸如结构形状的不连续、焊缝布置不当和焊接不符合规定等。所以必须在设计及制造工艺上采取具体措施来减少或消除应力集中。

(2)确保材料在使用条件下具有较好的韧性。材料的韧性差是造成脆性断裂的另一个主要因素，因此要防止承压部件的脆性断裂，必须保证设备在使用条件下材料的韧性。

合理选材，确保使用条件和使用温度下有较好的韧性。在低温下使用的容器，应提出材料在使用温度下必需的最低冲击值。材料的断裂韧度不但与它的化学成分有关，而且还与它的金相组织有关。所以在制造容器时，要防止焊接及热处理不当造成材料韧性的降低。在使用过程中也需要防止容器材料的韧性降低，如防止容器的使用温度低于它的设计温度，开停容器时要防止压力的急剧变化等，因为材料的断裂韧度会因加载速度过大而降低。

(3)消除残余应力。容器中残余应力(由装配、冷加工、焊接等产生)的存在也是产生脆性断裂的一个因素,更多的情况是残余应力与外力的叠加而促使破坏的。

容器大多数是焊接容器,焊缝的残余应力是最主要的残余应力,特别是在一些布置不合理的焊缝中。所以在焊接容器时应采取一些适当的措施,以减少或消除焊接残余应力。焊接较厚的容器时要在焊后进行消除残余应力的热处理。

当然,有些容器虽然名义应力并不太大,但因为存在较大的残余应力,这两者互相叠加往往就足以使裂纹扩展,最后导致整个容器脆性断裂。

所以消除残余应力也是防止容器发生脆性断裂的一个重要措施。

(4)加强对设备的检验。裂纹等缺陷既然是导致脆性断裂的首要因素,因此应对已经制成的或在使用的压力容器加强检验,力争及早发现缺陷,这也是防止设备发生脆性断裂事故的一项措施。容器中有些宏观裂纹是在焊接过程中产生的,如果在焊后加强对焊缝等的宏观检查和无损探伤,则可以避免把这些有裂纹的容器盲目地投入使用以致发生脆性断裂。事实上有些部件虽然有裂纹,经过消除或采取一些防止裂纹扩展的措施以后仍可继续使用;即使没有补救措施而致部件报废,也可以避免在使用过程中发生爆炸事故而造成更大的损失。

### 6.3.4　事故案例分析

2007年11月某日上午10点,某公司对制造完工后的吸收塔(直径为2.8m)开始进行水压试验,水温为11~12℃。至13点时,压力为1.8~1.9MPa(试验压力应为3.15MPa),吸收塔发生破裂,现场吸收塔破裂形貌如图6-8所示。断口平齐、光亮,为典型的脆性断裂。吸收塔材质为复合材料,基材为16MnR,复合层为410S。基材厚度为22mm,复合层厚度为3mm。

图6-8　破裂设备现场

1. 材料冲击吸收能量检验

对原始材料两组6个试样进行冲击吸收能量试验,发现其值均较低,不符合

GB/T 229—2007 标准规定(0℃,31J),见表6-1。

表6-1 冲击试验结果 (单位:J)

| 试样编号 | 温度/℃ | 冲击吸收能量 | 平均值 |
|---|---|---|---|
| J23 MC-0-1 | 0 | 9 | 8 |
| J23 MC-0-2 | | 6 | |
| J23 MC-0-3 | | 8 | |
| J23 MC-0-4 | 0 | 6 | 7 |
| J23 MC-0-5 | | 6 | |
| J23 MC-0-6 | | 8 | |

2. 组织观察

金相显微组织如图6-9所示,基本组织为珠光体(P)和铁素体(F),但其中有不规则的珠光体组织,这种组织为非正常的16Mn正火组织。

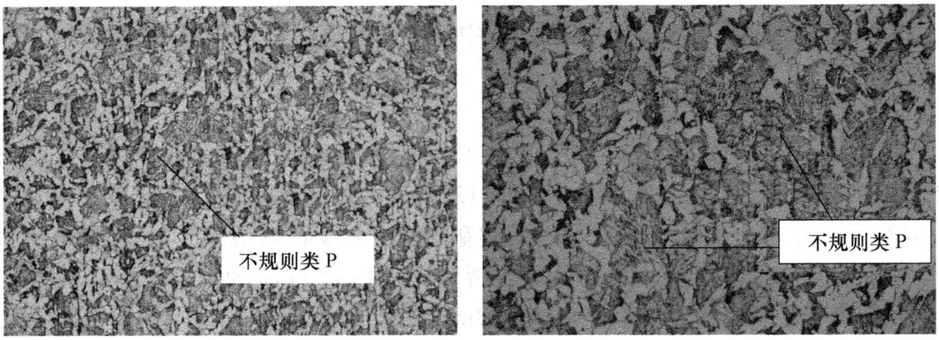


a) b)

图6-9 样品显微组织

a) ×100 b) ×200

为了进一步确认其组织特征,对金相样进行了扫描电镜观察。发现不规则珠光体组织为粒状贝氏体,如图6-10所示。

3. 断口观察

由于断裂为脆断,其断口观察发现,裂纹为典型的解理扩展形式,如图6-11所示。

4. 结论

通过各项试验测试与分析,得出以下结论:

原始材料的冲击吸收能量、伸长率均未达到标准要求,说明基材16MnR的抗断裂性能较差。微观组织观察,发现原始材料有非正常的16Mn正火组织(粒

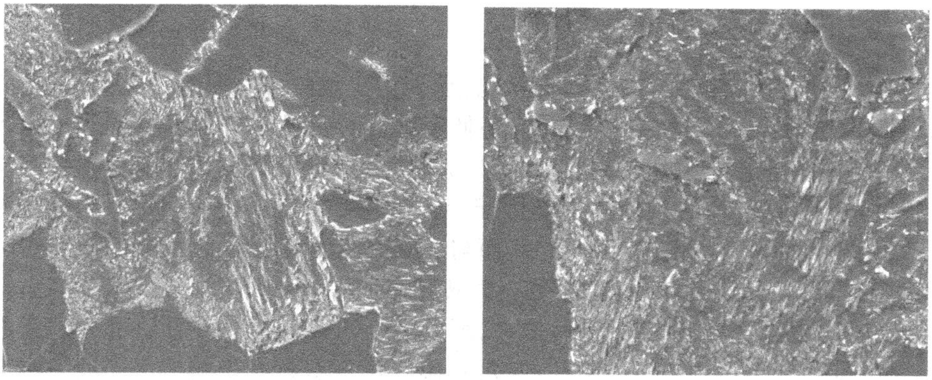

图 6-10　扫描电镜图

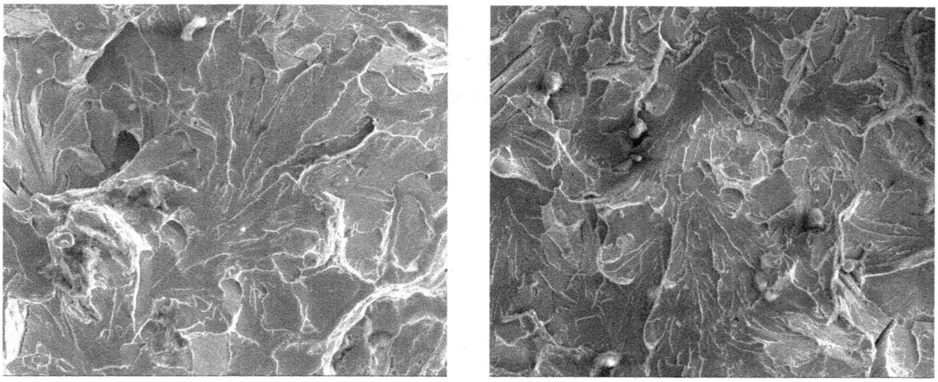

图 6-11　断口扫描电镜

状贝氏体)，对性能不利。断口的观察表明，裂纹为脆性扩展。

综上所述，吸收塔水压试验破裂失效原因是原始板材 16MnR 过脆、韧性差，最终导致水压试验时发生破裂。

## 6.4　疲劳断裂

疲劳断裂是压力容器承压部件较为常见的一种破裂形式。据英国一个联合调查组统计，容器在运行期间发生破坏事故的，有 89.4% 是由裂纹引起的。而在由裂纹引起的事故中，原因是疲劳断裂的占 39.8%。国外还有些资料估计，压力容器运行中的破坏事故有 75% 以上是由疲劳引起的。由此可见，压力容器的疲劳断裂是绝不能忽视的。

### 6.4.1 金属疲劳现象

大约在一百多年以前，人们就发现，承受交变载荷的金属构件，尽管载荷在构件内引起的最大应力并不高，有时还低于材料的屈服强度，但如果长期在这种载荷作用下，它也会突然断裂，且无明显的塑性变形。由于这种破坏通常都经历过一段时间才发生，人们就把它归因于金属的“疲劳”。试验证明，引起这种破坏的最主要因素是反复应力的作用，而与载荷作用的时间无关。所以严格来讲，“疲劳破坏”实质上应该说是“反复应力破坏”。

引起疲劳断裂的交变载荷及应力，可以是机械载荷及机械应力，也可以是热应力。如承压部件中内压力引起的应力，温度反复变化产生的应力。后一种疲劳又称为“热疲劳”。

所谓交变载荷，是指载荷的大小、方向或大小和方向都随时间发生周期性变化的一类载荷。这种交变载荷的特性一般用它的平均应力 $\sigma_m$（即循环应力中的最大应力与最小应力的平均值）、应力半幅 $\sigma_a$（最大应力与最小应力之差的一半）和应力循环对称系数 $r$（最小应力与最大应力之比）来描述。即：

平均应力　$\sigma_m=(\sigma_{max}+\sigma_{min})/2$

应力半幅　$\sigma_a=(\sigma_{max}-\sigma_{min})/2$

循环对称系数　$r=\sigma_{min}/\sigma_{max}$

1. 疲劳曲线与疲劳极限

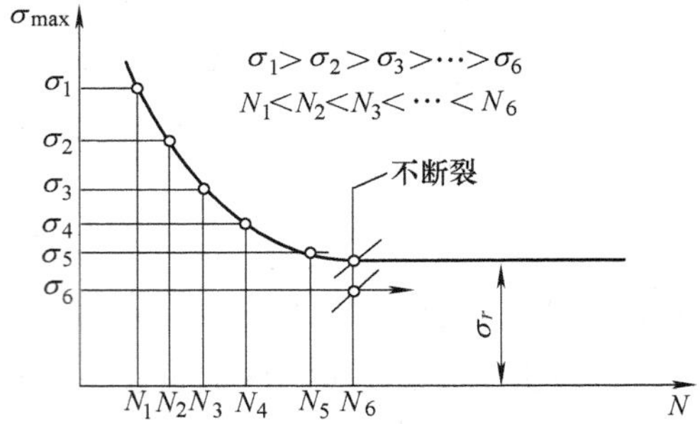

图 6-12　金属疲劳曲线

人们经过大量的试验发现，金属疲劳有这样的规律：金属承受的最大交变应力 $\sigma_{max}$ 越大，则它所能承受的最大交变次数（即到它断裂时所受的应力交变次数）$N$ 越少；反之，若最大交变应力 $\sigma_{max}$ 越小，则交变次数就越多。若把金属所受的最大交变应力 $\sigma_{max}$ 和相对应的交变次数 $N$ 绘成线图，则可以得到如图 6-12 那样的曲线，称为疲劳曲线。金属的疲劳曲线表明，当金属所能承受的最大交变应力不超过某一数值时，则交变次数为无穷，即它可以在无数次的交变应力作用下而不会发生疲劳断裂。这个应力值（即曲线平直部分所对应的应力）称为材料的疲劳极限（或持久极限）。有些金属，如常温下的钢铁材料等，疲劳曲线有明显的平直部分；而有些金属，如在高温下或在腐蚀介质作用下的钢材以及部分有色金属等，曲线没有平直部分。这样，一般规定与某一个交变循环次数相对应的应力作为“条件疲劳极限”。金属的疲劳极限通常以 $\sigma_r$ 表示，下标 $r$ 表示应力循环对称系数,如果是对称应力循环,$r=-1$,则它的疲劳极限用$\sigma_{-1}$表示。

试验得知,结构钢的疲劳极限与它的抗拉强度有一定的比例关系。对称应力循环中,疲劳极限$\sigma_{-1}$约为抗拉强度$R_m$的40%;若仅承受拉伸的脉动循环(即应力的方向不变,而应力的大小发生变化),则此比例值还要高一些。

2. 低周疲劳的规律

疲劳通常分为高周疲劳与低周疲劳。一般转动机械发生的疲劳断裂,应力水平较低,而疲劳寿命较高,疲劳断裂时载荷交变周次$N \geqslant 1\times10^5$,称作高周疲劳或简称疲劳。若交变载荷引起的最大应力超过材料的屈服强度,而疲劳寿命$N=10^2\sim10^4$,则为大应变低周疲劳或简称低周疲劳。对于压力容器,通常承受的是低周疲劳。

低周疲劳的特点是应力较高而疲劳寿命较低。试验表明,低周疲劳寿命$N$取决于交变载荷引起的总应变幅度。

曼森—柯芬根据试验提出如下关系式,即

$$N^m\varepsilon_t = C \tag{6-1}$$

式中 $N$——低周疲劳寿命;

$m$——指数,与材料种类及试验温度有关,一般为0.3~0.8,通常取$m=0.5$;

$\varepsilon_t$——构件在交变载荷下的总应变幅度,包括弹性应变幅和塑性应变幅两部分,以后者为主;

$C$——常数,与材料在静载拉伸试验时的真实伸长率$e_K$有关,$C=(0.5\sim1)e_K$,而$e_K$与材料的断面收缩率$Z$有如下关系:

$$e_K = \ln\left(\frac{1}{1-Z}\right) \tag{6-2}$$

因而

$$C=(0.5\sim1)\ln\left(\frac{1}{1-Z}\right)$$

式(6-1)和式(6-2)表明,相应于一定的交变载荷和总应变幅度,低周疲劳寿命取决于材料的塑性。塑性越好,$Z$值越大,$C$值越大,相应的低周疲劳寿命$N$越大。

为了使用方便,将总应变幅度,包括弹性应变及塑性应变,均按弹性应力—应变关系折算成应力。由于塑性变形时应力—应变关系不遵守胡克定律,所以这样的折算是虚拟的,折算出的应力幅度称为虚拟应力幅度(应力半幅),其计算式为

$$\sigma_a = \frac{1}{2}E\varepsilon_t \tag{6-3}$$

式中 $\sigma_a$——虚拟应力幅度(MPa);

$\varepsilon_t$——总应变幅度;

$E$——材料的弹性模量(MPa)。

按上述折算办法可把 $\varepsilon_t - N$ 关系转化为 $\sigma_a - N$ 关系,考虑一定的安全裕度,可得出许用应力幅度与寿命的关系式及关系曲线,即$[\sigma_a] - N$ 曲线。该曲线通常称为低周疲劳设计曲线,可用于决定低周疲劳寿命或许用应力幅度,美国最先将它用做简易疲劳设计的依据,至今已被许多国家采用,如图 6-13 所示。

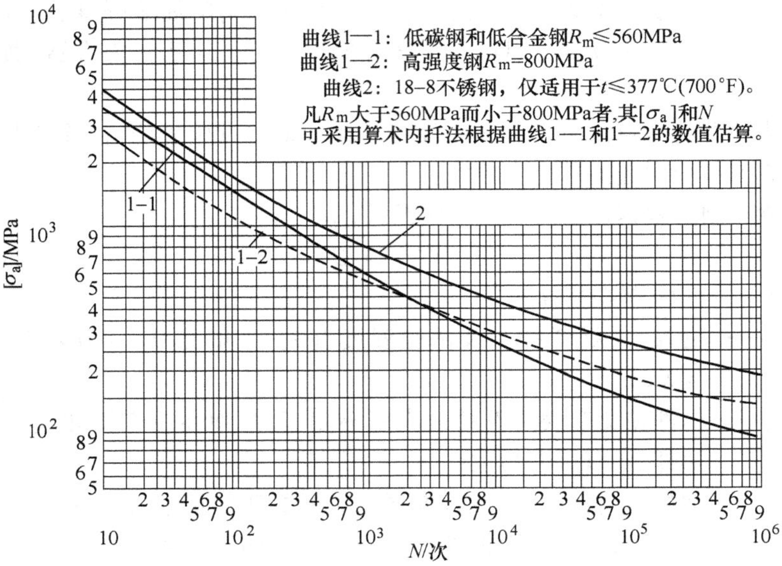


图 6-13 ASME 低周疲劳设计曲线

## 6.4.2 压力容器承压部件的疲劳断裂

压力容器的疲劳问题过去并未引起人们的普遍重视。因为它不像高速转动的机器那样承受很高交变次数的应力,而且以往又多采用塑性较好的材料,设计应力也较低,所以问题并不突出。在常规强度设计中,人们关心的主要是承压部件的静载强度失效问题。但实践表明,由于锅炉压力容器存在起动停运、调荷变压、反复充装等问题,从宏观上说压力容器承受的压力载荷仍是交变的,通常为拉—拉载荷,交变频率较低,周期较长,多属于脉动载荷($r=0$)。随着压力容器参数的提高和高强钢的应用,疲劳断裂问题在国内外日益受到关注。

承压部件的疲劳断裂,绝大多数是属于金属的低周疲劳,金属低周疲劳的特点是承受较高的交变应力,而应力交变的次数并不需要太高,这些条件在许多压力容器中是存在的。

1. 存在较高的局部应力

低周疲劳的一个条件是它的应力接近或超过材料的屈服强度。这在承压部件的个别部位是可能存在的。因为在承压部件的接管、开孔、转角以及其他几何形状不连续的地方,在焊缝附近,在钢板存在缺陷的地方等都有不同程度的应力集中。有些地方的局部应力往往要比设计应力大好几倍,所以完全有可能达到甚至超过材料的屈服强度。如果反复的加载和卸载,将会使受力最大部位产生塑性变形并逐渐发展成微小的裂纹。随着应力的周期变化,裂纹逐步扩展,最后导致部件断裂。

2. 存在反复的载荷

承压部件器壁上的反复应力主要是在以下的情况中产生:

1)间歇操作的设备经常进行反复的加压和卸压。

2)在运行过程中设备压力在较大的范围内变动(一般超过20%)。

3)设备工艺温度及器壁温度反复变化。

4)部件强迫振动并引起较大局部附加应力。

5)充装容器或气瓶多次充装等。

### 6.4.3 疲劳断裂的特征

疲劳断裂的部件一般都具有以下一些特征:

1. 部件没有明显的塑性变形

承压部件的疲劳断裂也是先在局部应力较高的地方产生微细的裂纹,然后逐步扩展,到最后所剩下的截面应力达到材料的断裂强度,因而发生开裂。所以它也和脆性断裂一样,一般没有明显的塑性变形。即使它的最后断裂区是延性断裂,也不会造成部件的整体塑性变形,即破裂后的直径不会有明显的增大,大部分壁厚也没有显著的减薄。

2. 断裂断口存在两个区域

疲劳断裂断口的形貌与脆性断裂有明显的区别。疲劳断裂断口一般都存在比较明显的两个区域,一个是疲劳裂纹产生及扩展区,另一个是最后断裂区,如图6-14所示。在压力容器的断口上,裂纹产生及扩展区并不像一般受对称循环载荷的零件那样光滑,因为它的最大应力和最小应力都是拉伸应力而没有压应力,断口不会受到反复的挤压研磨。但它的颜色和最后断裂区有所区别,而且大多数承压部件的应力交变周期较长,裂纹扩展较为缓慢,所以有时仍可以见到裂纹扩展的弧形纹线。如果断口上的疲劳线比较清晰,还可以由它比较容易地找到疲劳裂纹产生的策源点。这个策源点和断口其他地方的形貌不一样,而且常常产生在应力集中的地方,特别是在部件的开孔接管处。

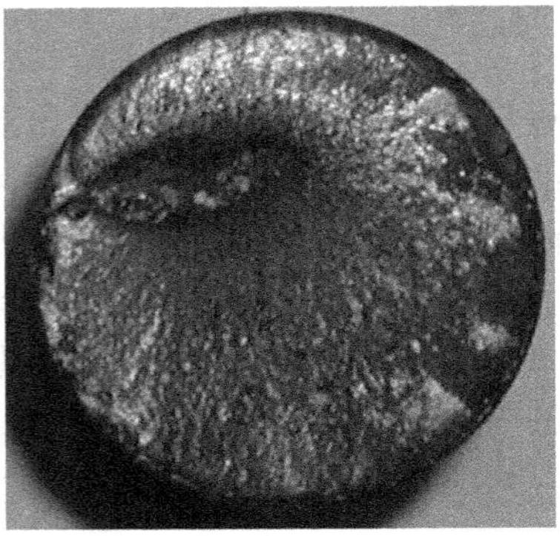

a)

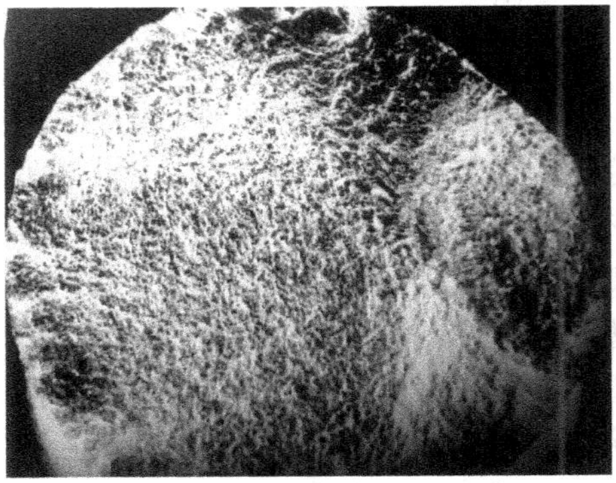

b)

图 6-14 疲劳断裂样品

a) 风机主轴扭断疲劳断口 b) 拉压试样疲劳断口

3. 设备常因开裂泄漏而失效

承受疲劳的承压设备或部件,一般不像脆性断裂那样常常产生碎片,而只是开裂一个破口,使部件因泄漏而失效。开裂部位常是开孔接管处或其他应力集中及温度交变部位。

4. 部件在多次承受交变载荷后断裂

承压部件的疲劳断裂是器壁在交变应力作用下,经过裂纹的产生和扩展然后断裂的,所以它总要经过多次反复载荷以后才会发生,而且疲劳断裂从产生、扩展到断裂,发展都比较缓慢,其过程要比脆性断裂慢得多。一般来说,即使原来存在裂纹,只要裂纹的深度小于失稳扩展的临界尺寸,则裂纹扩展至最后的疲劳断裂,都需要经过多次的交变载荷。对于压力容器这样的低周疲劳断裂,一般认为低周疲劳寿命在 $10^2 \sim 10^5$ 次之间。

## 6.4.4 压力容器疲劳断裂的预防

压力容器疲劳断裂的预防有以下几个方面:

1) 在保证结构静载强度的前提下,选用塑性好的材料。

2) 在结构设计中尽量避免或减小应力集中。

3) 在运行中尽量避免反复频繁地加载和卸载,减少压力和温度波动。

4) 加强检验,及时发现和消除结构缺陷。

5) 对于可能存在多次的反复载荷以及局部应力较高的承压部件,可考虑作疲劳设计。

### 6.4.5　事故案例分析

2006 年 3 月某换热器由于热疲劳而出现漏油现象,如图 6-15 所示。对裂纹面进行扫描用电子显微镜观察,发现断口上有明显的疲劳裂纹存在,如图 6-16 所示。经分析可知,换热器损坏是由于疲劳所引起的,起始部位在盖的表面部位,即图 6-15 显示的部分(第二排的挡板),裂纹起始部位为中部。

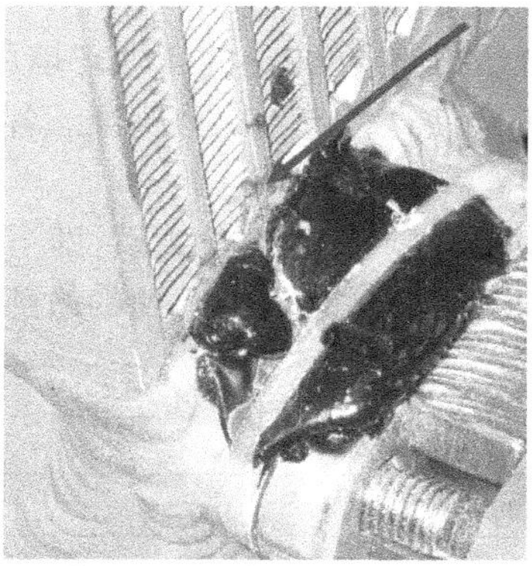

图 6-15　裂纹

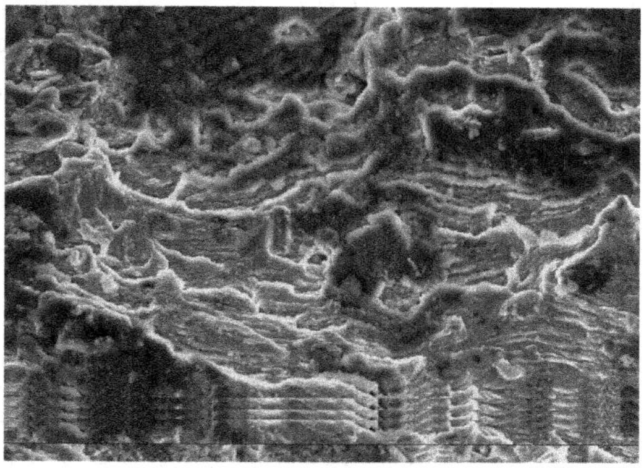

图 6-16　断面上疲劳纹(×1610)

## 6.5　应力腐蚀断裂

压力容器的腐蚀断裂是指承压部件由于受到腐蚀介质的腐蚀而产生的一种断裂形式。据美国总电站公司对美国及欧洲 700 个公司关于配管系统事故情况的调查统计,在 399 件破坏事例中,属于腐蚀破坏的有 112 件,约占总件数的 28%。在国内,容器因腐蚀而在运行中发生破裂爆炸的事例也是常见的,特别是在石油化工容器中。

钢的腐蚀破坏形式从它的破坏现象来分,可以分为均匀腐蚀、点腐蚀、晶间腐蚀、应力腐蚀和腐蚀疲劳。其中,点腐蚀和晶间腐蚀属于选择性腐蚀,应力腐蚀和腐蚀疲劳属于腐蚀断裂。

本节根据承压设备的情况,主要讨论应力腐蚀断裂。应力腐蚀是特殊的腐蚀现象和腐蚀过程,应力腐蚀断裂是应力腐蚀的最终结果。

### 6.5.1　应力腐蚀及其特点

应力腐蚀又称腐蚀裂开,是金属构件在应力和特定的腐蚀性介质共同作用下导致脆性断裂的现象,叫应力腐蚀断裂。金属发生应力腐蚀时,腐蚀和应力起互相促进的作用，一方面腐蚀使金属的有效截面积减小，表面形成缺口，产生应力集中；另一方面应力加速腐蚀的进程，使表面缺口向深处（或沿晶间）扩展，最后导致断裂。所以应力腐蚀可以使金属在应力低于它的强度极限的情况下破坏。应力腐蚀及其断裂有以下特点：

（1）引起应力腐蚀的应力必须是拉应力，且应力可大可小，极低的应力水平也可能导致应力腐蚀破坏。应力既可由载荷引起，也可是焊接、装配或热处理引起的内应力（残余应力）。压缩应力不会引起应力腐蚀及断裂。

（2）纯金属不发生应力腐蚀破坏，但几乎所有的合金在特定的腐蚀环境中，都会产生应力腐蚀裂纹。极少量的合金或杂质都会使材料产生应力腐蚀。各种工程实用材料几乎都有应力腐蚀敏感性。

（3）产生应力腐蚀的材料和腐蚀性介质之间有选择性和匹配关系，即当两者是某种特定组合时才会发生应力腐蚀。常用金属材料发生应力腐蚀的敏感介质见表6-2。

**表6-2　常用材料发生应力腐蚀的敏感介质**

| 材料 | 可发生应力腐蚀的敏感介质 |
| --- | --- |
| 碳钢 | 氢氧化物溶液，硫化氢水溶液，碳酸盐、硝酸盐或氰酸盐水溶液，海水，液氨，湿的 $CO-CO_2$ - 空气，硫酸—硝酸混合液，热三氯化铁溶液 |
| 奥氏体不锈钢 | 海水，热的氢氧化物溶液，氯化物溶液，热的氟化物溶液 |
| 铝合金 | 潮湿空气，海水，氯化物的水溶液，汞 |
| 钛合金 | 海水，盐酸、发烟硝酸，300℃以上的氯化物，潮湿空气，汞 |

（4）应力腐蚀是一个电化学腐蚀过程，包括应力腐蚀裂纹萌生、亚稳扩展、失稳扩展等阶段，失稳扩展即造成应力腐蚀断裂。

化工压力容器中常见的应力腐蚀有：液氨对碳钢及低合金钢的应力腐蚀，硫化氢对钢制容器的应力腐蚀，苛性碱对锅炉锅筒或容器的应力腐蚀（碱脆或苛性脆化），潮湿条件下一氧化碳对气瓶的应力腐蚀等。国内外均发生过多起压力容器应力腐蚀断裂事故。

## 6.5.2　应力腐蚀断裂的特征

（1）即使具有很高延性的金属，其应力腐蚀断裂仍具有完全脆性的外观，属于脆性断裂，断口平齐，没有明显的塑性变形，断裂方向与主应力垂直。突然脆断区断口，常有放射花样或人字纹。

（2）应力腐蚀是一种局部腐蚀，其断口一般可分为裂纹扩展区和瞬断区两部分。前者颜色较深，有腐蚀产物伴随；后者颜色较浅且洁净。断口微观形貌：在其表面可见到覆盖的腐蚀产物及腐蚀坑。

(3)应力腐蚀断裂一般为沿晶断裂,也可能是穿晶解理断裂。裂纹形态有分叉现象,呈枯树枝状,由表面向纵深方向发展,裂纹的深宽比(深度与宽度的比值)很大。

(4)引起断裂的因素中均有特定介质及拉伸应力。

### 6.5.3　应力腐蚀断裂过程

应力腐蚀断裂过程可分为三个阶段:

(1)孕育阶段　这是裂纹产生前的一段时间,在此期间主要是形成蚀坑,作为裂纹核心。当机件表面存在可作为应力腐蚀裂纹的缺陷时,则没有孕育期而直接进入裂纹扩展期。

(2)裂纹亚稳扩展阶段　在应力和介质的联合作用下,裂纹缓慢地扩展。

(3)裂纹失稳扩展阶段　这是裂纹达到临界尺寸后发生的机械性断裂。

### 6.5.4　应力腐蚀断裂的预防

由于在学术上对应力腐蚀的机理尚缺乏深入的了解和一致的看法,因而在工程技术实践中,常以控制应力腐蚀产生的特点和条件作为预防应力腐蚀的主要措施,其中常见的有:

(1)选用合适的材料,尽量避开材料与敏感介质的匹配,如不以奥氏体不锈钢作为接触海水及氯化物的容器。

(2)在结构设计中避免过大的局部应力。

(3)采用涂层或衬里,把腐蚀性介质与容器承压壳体隔离。

(4)在制造中采用成熟合理的焊接工艺及装配成形工艺,并进行必要合理的热处理,消除焊接残余应力及其他内应力。

(5)应力腐蚀常对水分及潮湿气氛敏感,使用中应注意防湿防潮。对设备加强管理和检验。

### 6.5.5　事故案例分析

某炼油厂连续重整车间,设备E104/E、F为U形管换热器。1998年9月,发生腐蚀穿孔事件。有缝管在U形段沿管的周向布满穿透的裂纹,而无缝管宏观上未见到裂纹。U形管由两种18-8型不锈钢制成,一种材质为有缝的304(0Cr18Ni9),$\phi$25mm×1.6mm,另一种材质为无缝的321(0Cr18Ni9Ti),$\phi$25mm×2.0mm。

工作条件介绍如下。

管程(反应产物):介质为$H_2$+精制油,流量为77t/h;进口温度约134.4℃,压力$p=1.95$MPa;出口温度约107℃,压力$p=1.9$MPa;间断性注水(2t/h);氯离子($Cl^-$)含量(质量分数,下同)为$62\times10^{-6}$,硫($S^{2-}$)含量为$250\times10^{-6}$。

(2)壳程　介质为 $H_2$ + 精制油;进口温度为 66.7℃,压力 $p=2.6\text{MPa}$;出口温度为 120 ~ 130℃,压力 $p=2.48\text{MPa}$;不注水、碱、缓蚀剂等;$Cl^-$ 含量为 $62\times10^{-6}$,$S^{2-}$ 含量为 $250\times10^{-6}$。

对 304 不锈钢金相分析表明:裂纹的扩展呈现明显的树枝状形态,具有典型的应力腐蚀开裂特征,如图 6-17 所示。由此说明 U 形管内部存有某种应力,在腐蚀介质作用下,导致起裂、扩展,最终发生应力腐蚀开裂。

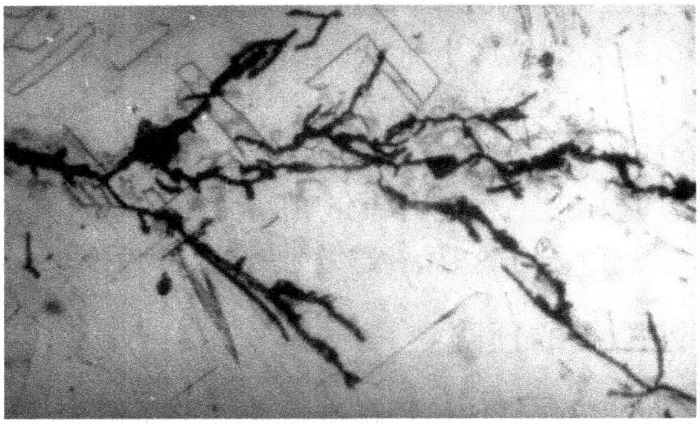

图 6-17　304 不锈钢应力腐蚀断裂( ×300)

结论:U 形换热器管的穿孔破坏是由于内表面首先发生点腐蚀,从而萌生应力腐蚀裂纹,最终导致整体发生开裂。

## 6.6　蠕变断裂

金属材料在应力与高温的双重作用下会产生缓慢而连续的塑性变形,最终导致断裂,这就是金属的蠕变现象。高温容器的承压部件如果长期在金属蠕变温度范围内工作,就会因蠕变而使部件的直径增大,壁厚逐步减薄,材料的强度也有所降低,严重时会导致承压部件的断裂。

### 6.6.1　高温部件蠕变断裂的常见原因

高温承压部件的蠕变断裂常见于以下的一些原因:

(1)选材不当。例如,由于设计时的疏忽或材料管理上的混乱,错用碳钢代替抗蠕变性能较好的合金钢制造高温部件。

(2)结构不合理,使部件的部分区域过热;制造时材料组织改变,抗蠕变性能降低。例如,奥氏体不锈钢的焊接常常使其热影响区材料的抗蠕变性能恶化,大的冷弯变形也有可能产生同样的影响。有些材料长期受着高温和应力的作用而发生金相组织的变化,包括晶粒长大、再结晶及回火效应,碳化物、氮化物及合金组分的沉淀以及钢的石墨化等。特别是钢的石墨化，据国外的一些调查报导，它引起的破坏事例还是较多的。因石墨化可使钢的强度及塑性显著降低，因而造成部件的破坏。有些管子就会因选材不当或局部过热引起石墨化，并降低抗蠕变强度而破裂。此外，操作不正常，维护不当，致使承压部件局部过热，也常常是造成蠕变断裂的一个主要原因。例如，锅炉或其他受热的容器就常因管子积满水垢（或其他覆盖物）而致管子局部温度过高产生破裂。

### 6.6.2　蠕变过程及蠕变断裂

蠕变过程通常通过蠕变曲线表示。蠕变曲线是蠕变过程中变形与时间的关系曲线，如图6-18所示。曲线的斜率表示应变随时间的变化率，叫蠕变速度，其计算式为

$$v_c = \frac{d\varepsilon}{d\tau} = \tan\alpha$$

试验表明，对一定材料，在一定的载荷及温度作用下，其蠕变过程一般包括三个阶段。

图6-18中 $Oa$ 表示试件加载时的初始变形 $\varepsilon_0$，它可以是弹性的，也可以是弹塑性的，因载荷大小而异，但它不是蠕变变形。

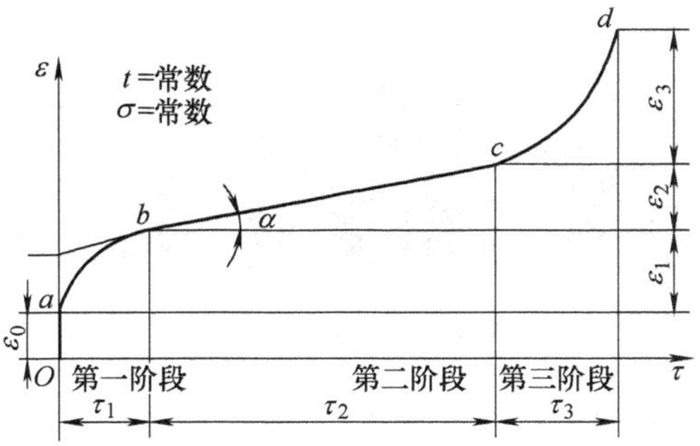


图6-18　蠕变曲线

蠕变第一阶段为蠕变的减速期，以曲线的 $ab$ 段表示。即试件开始蠕变时速度较快，随后逐步减慢，这一段是不稳定蠕变期。

第二阶段为蠕变的恒速期，以曲线的 $bc$ 段表示。$bc$ 近似为一条直线，当应力不太大或温度不太高时，这一段持续时间很长，是蠕变寿命的主要构成部分，也叫稳定蠕变阶段。

第三阶段为蠕变的加速期，以曲线的 $cd$ 段表示。此时蠕变速度越来越快，直至 $d$ 点试件断裂。

蠕变断裂是蠕变过程的结果。

不同材料、不同载荷或不同温度,可以有形状不同的蠕变曲线,但均包含上述三个阶段,不同蠕变曲线的主要区别是恒速期的长短。

实际在高温下运行的构件,一般难以避免蠕变现象和蠕变过程,但可以控制蠕变速度,使之在规定的服役期限内仅发生减速及恒速蠕变,而不发生蠕变加速及蠕变断裂。

锅炉中的锅筒、锅壳和炉胆等大型结构,尽管接触火焰或受热介质,但由于介质的可靠冷却及介质温度较低,使得这些部件的金属壁温达不到蠕变温度,因而在正常运行工况下不会产生蠕变及蠕变断裂。换热容器和反应容器也多是这种情况。只是在非正常工况下有可能产生蠕变断裂问题。

但大型高温高压锅炉的过热器及蒸汽管道,在正常运行工况下即有蠕变及蠕变断裂问题。

## 6.6.3 蠕变断裂的特征

宏观上可见到蠕变胀粗形貌,图 6-19 所示为延迟焦化加热炉炉管局部鼓胀,材料 Cr5Mo,介质为渣油,入口温度 400℃,压力 2MPa,出口温度 500℃,压力 0.2MPa。

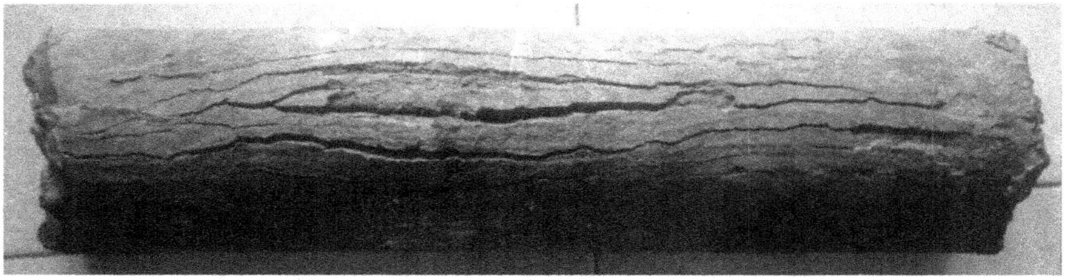

图 6-19 延迟焦化加热炉炉管局部鼓胀

金属材料的蠕变断裂基本上可分为两种:穿晶型断裂和沿晶型断裂。

穿晶型蠕变断裂在断裂前有大量塑性变形,断裂后的伸长率高,往往形成缩颈,断口呈延性形态,因而也称为蠕变延性断裂。

沿晶型蠕变断裂在断裂前塑性变形很小,断裂后的伸长率甚低,缩颈很小或者没有,在晶体内常有大量细小裂纹,如图 6-20 所示,这种断裂也称为蠕变脆性断裂。

蠕变断裂形式的变化与温度、压力等因素有关。在高应力及较低温度下蠕变时,发生穿晶型蠕变延性断裂;在低应力及较高温度下蠕变时,发生沿晶型蠕变脆性断裂。

锅炉的过热器及蒸汽管道,由于直径相对于壁厚较小,应力水平较低而温度水平较高,因而其蠕变断裂常呈沿晶型蠕变脆性断裂的特征。

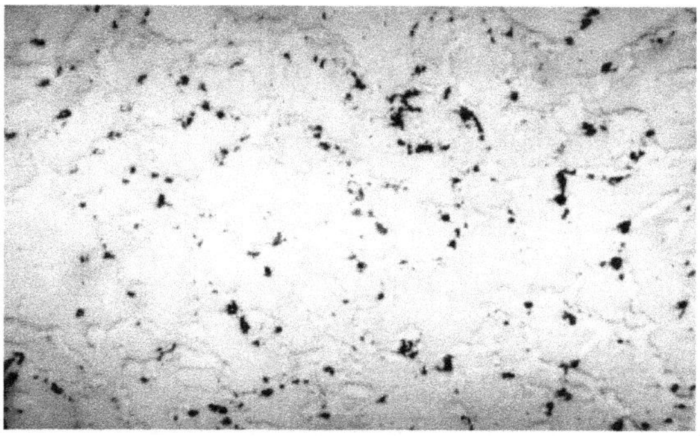

图6-20 HP40Nb使用7年后内部沿晶孔洞（×125）

另外，蠕变断裂的断口常有明显的氧化色彩。

高温下钢的石墨化会使材料塑性显著降低，因石墨化而引起断裂的断口呈脆性断口，并由于石墨存在而呈现黑色。从断裂的性态来说，这种断裂实际上是高温下的脆性断裂（钢因石墨化而断裂也称“黑脆”）。因它是在长期高温作用下产生的，所以也可以把它看做是由于抗蠕变性能的降低而发生的破坏。

### 6.6.4 蠕变断裂的预防

预防高温承压部件的蠕变断裂，主要从以下几个方面来考虑：

（1）在设计部件时，根据使用温度选用合适的材料，并按该材料在使用温度和需要的使用寿命下的许用应力选取相应强度指标。

（2）合理进行结构设计和介质流程布置，尽量避免承受高压的大型容器直接承受高温，避免结构局部高温及过热。

（3）采用合理的焊接、热处理及其他加工工艺，防止在制造、安装、修理中降低材料的抗蠕变性能。

（4）严格按规定的操作规程运行设备，防止总体或局部超温超压，从而降低蠕变寿命。

### 6.6.5 事故案例分析

2011年4月，某厂11号裂解炉对流段蒸汽总管进口处发生爆裂，爆破长度约有1.0m，开裂两端呈典型的撕裂状，在开口的中部发现有明显的鼓胀导致的壁厚减薄现象，如图6-21所示。炉管开裂为塑性破裂。蒸汽总管材料为进口材质，相当于20g钢，规格为$\phi$165mm×14mm，蒸汽温度为320℃，压力14MPa。该管道1995年建成使用。分析蒸汽总管爆裂原因，对于预防类似炉管爆裂（5根）有重要的借鉴作用。

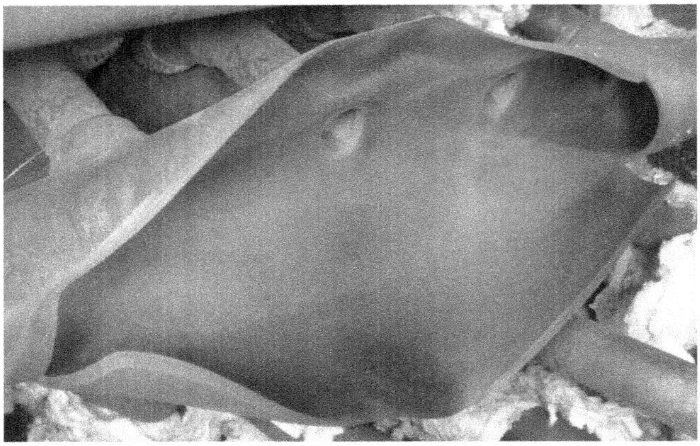

图 6-21 蒸汽总管爆裂断口形貌

材料显微组织分析表明，运行 15 年后显微组织发生退化，珠光体不再以层片状的铁素体和渗碳体交替存在，而是珠光体发生了明显的球化，如图 6-22 所示。按照评级标准，该 20g 炉管呈 3 级程度球化，其屈服强度指标下降 5% ~ 10%，表明炉管承载能力下降。

由此推断：管道局部部位的母材发生了塑性变形，在局部地方形成鼓凸变形，导致鼓凸处壁厚减薄，在蒸汽压力不变的情况下，鼓凸处的承载能力减弱，最终导致炉管破裂。

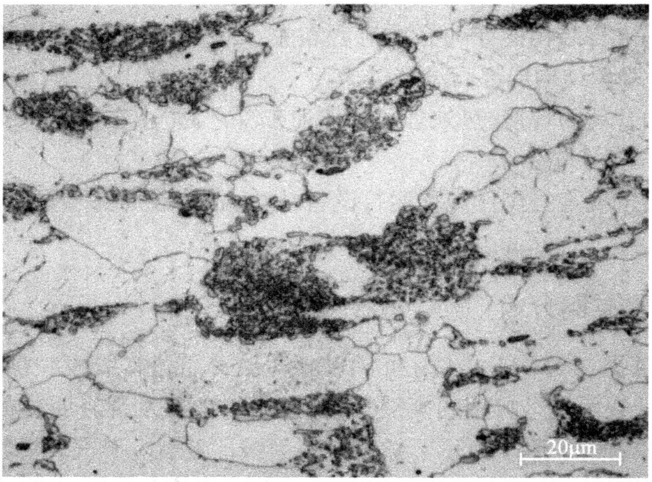


图 6-22 蒸汽总管显微组织（3 级球化）

## 6.7 压力容器缺陷评定简介

本节主要介绍国内标准 GB/T 19624—2004《在用含缺陷压力容器安全评定》。

### 6.7.1 标准简介

本标准规定了在用含缺陷压力容器安全评定的术语、定义和符号、总论、断裂与塑性失效评定、疲劳失效评定。本标准适用于在用钢制含超标缺陷压力容器的安全评定。锅炉、管道以及其他金属材料制容器中的承压件在进行安全评定时也可参照使用。本标准适用于含下列类型缺陷的承压件的安全评定:①平面缺陷,包括裂纹、未熔合、未焊透、深度大于或等于 1mm 的咬边等;②体积缺陷,包括凹坑、气孔、夹渣、深度小于 1mm 的咬边等。本标准不适用于下列压力容器和结构:①核能装置中承受核辐射的压力容器和结构;②机器上非独立的承压部件(如压缩机、发电机、泵、柴油机的承压壳或气缸等);③承受直接火的受压件;④电力行业专用的封闭式电气设备的电容压力容器(封闭电器);⑤潜在失效模式为蠕变的压力容器和结构。

### 6.7.2 标准制定的基本原则

本标准编写指导思想和基本原则如下:

1)充分吸收国外压力容器缺陷安全评定的最新研究和应用成果,紧密跟踪国际同类标准的发展趋势;以英国 BSI. PD6493—91《焊接结构的缺陷验收评定方法指南》为蓝本并紧密结合国情,制定符合我国国情的含缺陷压力容器安全评定标准。

2)密切结合我国 20 多年来对在役压力容器缺陷安全评定的工程实践经验,积极吸取和继承我国 CVDA—84《压力容器缺陷评定规范》的精华。

3)积极慎重地采用我国多年来在弹塑性断裂力学、塑性力学、金属疲劳学、无损检测技术、计算机技术、机械制造技术和质量控制技术等方面的成熟成果,特别是“八五”和“九五”国家重点科技攻关课题各专题的成熟研究成果。

4)在联合攻关、系统研究、综合分析的基础上,编写具有科学性、先进性、工程化、微机化的可靠、安全、实用、便于推广应用,并具有继承、吸收、发展、创新的《在用含缺陷压力容器安全评定》标准。

### 6.7.3 其他国家同类标准的相关情况

20 世纪 70 ~ 80 年代以来,随着断裂力学、塑性力学、金属疲劳、无损检测、计算机以及产品质量控制等科学技术的发展和应用，将压力容器和压力管道的安全控制与爆炸预防技术由以往的经验型逐步发展为定量评估。1975 年国际焊接学会（IIW）发行了《按脆性断裂破坏观点建议的缺陷评定方法》（IIW - X - 749 - 74），1976 年日本焊接协会 WSD 委员会公布了《按脆性评定的焊接缺陷验收标准》（日本 WES - 2805 - 1976），1977 年美国机械工程师学会（ASME）公布了锅炉压力容器规程第Ⅲ卷附录 G《防止非延性破坏》及第 XI 卷《核电站部件使用期中检查规程》附录 A《缺陷显示的分析》，1977 年英国中央电力局（CEGB）公布了《有缺陷结构完整性的评定》（R/H/R6 - Rev1，1977），英国焊接标准协会 WEE/37 焊接验收标准技术委员会发布了《焊接缺陷验收标准若干方法指南》（英国 WEE/37—1978），1980 年英国标准协会（BSI）颁布了《焊接缺陷验收标准》（英国 BSI PD6493—1980），1982 年美国电力研究院（EPRI）发布了《含缺陷核容器及管道完整性评定方法》（美国 EPRI—1982），1984 年德国焊接协会（DVS）发行了《焊接接头缺陷的断裂力学评定》（德国 DVS - 2401—1984），同年，中国机械工程学会压力容器分会和中国化工学会机械与自动化分会制定了《压力容器缺陷评定规范》（CVDA—1984），等等。这些标准按其理论基础大体可分为以下四类：

第一类是以美国 ASME 的标准为代表的，基于线弹性断裂理论为基础的评定方法。

第二类是以英国 BSI PD6493—1980 为代表的，按裂纹张开位移 COD 弹塑性断裂准则，采用 COD 设计曲线为基础的评定方法。属于这一类评定方法的还有国际焊接协会标准 IIW - X - 749 - 74、英国焊接标准协会的 WEE/37—1978、日本 WSD 的 WES - 2805—1976、德国 DVS 的 DVS - 2401—1984 和我国的 CVDA—1984 等。

第三类是以英国 CEGB1986 年版的 R6 为代表的，采用失效评定图技术为基础的评定方法；但是 1977 年第一次修正和 1980 年第二次修正的老 R6 法中采用的失效评定曲线，仍然是由 COD 理论导出的，即仍是利用理想弹塑性材料的 D - M模型和线弹性断裂理论的关系推导而得的曲线方程，理论上是不严格的，只能看做一种经验关系。

第四类是以美国 EPRI 方法为代表的，以 J 积分的理论为基础的评定方法。

综上所述可以看出，20 世纪 70 年代末到 80 年代初，COD 设计曲线法在国际上的压力容器缺陷评定标准中占据主流地位。然而 COD 法有其固有的缺陷：裂纹尖端张开位移的定义是不严格的和不统一的；在理论分析方面，除了有均匀拉伸中心穿透裂纹板的窄条区屈服的 D - M 模型解外，没有别的含裂纹结构 COD 的力学分析解，缺乏严格的力学基础；COD 设计曲线完全是一种经验方法，宽板试验的应变测试方法在国际上争议很大，宽板与实际结构相差太大，也未考虑载荷性质、约束情况、材料应变硬化规律等因素。因此到20世纪80年代中期后,COD设计曲线方法基本上就停滞不前了。

在弹塑性断裂分析中还有一种方法,就是J积分法。J积分是一个在数学、力学上都非常严格的断裂力学参量。J积分值在理论上有着明确的物理意义。虽然Rice于1968年就提出了J积分的概念,但由于J积分计算比较困难,直到1982年,在计算机迅速发展和日益普及之后,各种基本的含缺陷结构的J积分计算才成为可能。加之美国EPRI提出了弹塑性分析的J积分工程的方法,给出了各种J积分全塑性解的延性断裂手册,解决了J积分的工程计算问题,并研究发展了老R6失效评定曲线,给出了严格的J积分断裂准则的失效评定曲线,从而促进了压力容器缺陷评定技术进一步的发展。

1986年英国CEGB对老R6曲线作了彻底的修改,主要表现在以下两个方面:第一,考虑了材料应变硬化的效应,不再沿用从D-M模型得到的失效评定图,而以J积分理论为基础,提供了建立失效评定曲线的三种选择方法;第二,对裂纹稳定扩展的处理方法作了重大改进,提出了缺陷评定的三种类型的分析方法。这样就使R6方法取K因子理论、COD理论及J积分理论等众家之长,使其自身建立在严格科学的基础之上,并成为20世纪90年代以来国际上主流的压力容器缺陷评定标准。目前世界各国的压力容器缺陷评定标准均向新R6方法靠拢,相继采用失效评定图技术。例如,原来以COD理论为依据的英国PD6493-1980标准已作彻底修改,新版的PD6493-1990采用了三级评定法;国际焊接学会的缺陷评定规程IIW-X-749-74,也参照PD6493-1990的方法,采用了失效评定图技术(IIW/IIS SST-1157—1990);美国ASME规范第Ⅺ卷IWB3650及IWB3640也改用弹塑性断裂理论,采用了失效评定图技术;1991年瑞典也编制了一个以新R6为蓝本的《含缺陷结构安全评定规程》(SA/Fou Report 1991)。近年来国际上颁布的含缺陷结构安全评定标准无一例外地均采用了失效评定图技术,技术路线日趋统一。

# 第 7 章　压力容器安全管理

## 7.1　压力容器安全管理思想

### 7.1.1　本质安全管理思想

狭义的本质安全是指机器、设备本身所具有的安全性能。当系统发生故障时，机器、设备能够自动防止操作失误或引发事故，即使由于人为操作失误，设备系统也能够自动排除、切换或安全地停止运转，从而保障人身、设备和财产的安全。

广义的本质安全指“人—机—环境—管理”这一系统表现出的安全性能。简单来说，就是通过优化资源配置和提高其完整性，使整个系统安全可靠。本质安全理念认为，所有事故都是可以预防和避免的。

(1)人的安全可靠性。不论在何种作业环境和条件下，都能按规程操作，杜绝“三违”，实现个体安全。

(2)物的安全可靠性。不论在动态过程中，还是在静态过程中，物始终处在能够安全运行的状态。

(3)系统的安全可靠性。在日常安全生产中，不因人的不安全行为或物的不安全状况而发生重大事故，形成“人机互补、人机制约”的安全系统。

(4)管理规范和持续改进。通过规范制度、科学管理，杜绝管理上的失误，在生产中实现零缺陷、零事故。

从安全管理学角度，本质安全是安全管理理念的转变，表现为对事故由被动接受到积极事先预防，以实现从源头杜绝事故，保护人类自身安全。过去人们普遍认为，高危险行业发生事故是必然的，不发生事故是偶然的。而本质安全理论则认为，如果在工作中处处按照标准和规程作业，可以把事故降低到最低，甚至实现零事故；发生事故是偶然的，不发生事故是必然的。压力容器安全管理要遵循本质安全管理思想进行管理。

### 7.1.2 宏观管理与微观管理相结合的思想

压力容器安全管理的具体内容主要来源于宏观的压力容器安全管理法律法规框架和多年来积累的微观压力容器安全使用维护管理知识。因此，将两者紧密结合，才能将压力容器安全管理工作做好。一方面，必须坚决贯彻压力容器的相关法律法规，如《特种设备安全监察条例》、《固定式压力容器安全监察规程》等；另一方面，必须坚决执行压力容器的操作规程等，通过安全教育、宣传、培训等方式不断提高从业人员的安全意识和安全技能，加强对压力容器使用、维护保养等环节的管理，通过管理工作的规范化、程序化，使压力容器保持良好状态，降低事故发生的概率。

### 7.1.3 生命周期全过程安全管理的思想

压力容器安全贯穿于压力容器的设计、制造、安装、使用、维护、检验、修理、改造及报废环节之中，其生命周期的每一环节都与安全有关。一个环节出现漏洞，都会为其安全使用埋下隐患或直接造成事故。因此，必须对压力容器实行生命周期的全过程管理。

## 7.2 压力容器安全管理体系

压力容器工作条件特殊，如高温、高压，介质具有强腐蚀性、毒性及易燃、易爆性等，必然增大了发生事故的概率。因此，做好压力容器的安全技术管理工作，消除隐患，预防事故，对保证人身和财产安全，促进生产和经营具有重大意义。

### 7.2.1 管理总体要求

#### 7.2.1.1 领导重视

领导重视是搞好压力容器安全技术管理的关键。只有从单位的高层领导到使用车间的领导都能抓起，管理工作才能有力度，有关人员才能共同做好这项工作，专职人员也才能很好地发挥作用。

#### 7.2.1.2 层层负责

层层负责是搞好压力容器安全技术管理的基础。单位职能部门应设专职管理人员，控制设备入厂质量、检验、修理和改造等关键环节，各分厂、车间、班组做到按规程操作,定期和不定期检查压力容器使用状况,及时消除安全隐患,做到层层负责。

#### 7.2.1.3 依法管理

依法管理是搞好压力容器安全技术管理的根本。法律、法规、标准、规范都是理论和实践的科学总结,是压力容器安全运行的根本保证,因此,必须严格执行。目前已颁发和实施的压力容器主要法规及标准有:《特种设备安全监察条例》、《固定式压力容器安全技术监察规程》、《压力容器》、《压力容器焊工考试规则》等。

### 7.2.2 生命周期全过程安全管理

#### 7.2.2.1 压力容器设计与制造管理

压力容器发生事故的直接原因一般有两种,即容器本身的不安全因素和操作人员的不安全行为,而容器本身的不安全因素主要源于设计和制造过程。因此,为保证压力容器的质量,减少容器本身的不安全因素,在容器设计和制造两个过程的各个环节上,需要加强全面的质量和安全管理,尽可能地消除影响压力容器质量的各种因素。

为确保压力容器的安全,国家质量监督检验检疫总局颁布了《压力容器》、《固定式压力容器安全技术监察规程》等,作为压力容器安全技术监督和管理的基本法规,对压力容器的材料、设计、制造、安装、使用和管理,以及安全附件等都作了严格而明确的规定。压力容器的设计和制造必须严格遵守其中的各项规定,否则不予验收和投产。

1. 压力容器的设计管理

压力容器的设计是否安全可靠,主要取决于设计过程中材料选择、结构设计和容器壁厚的确定是否合理。另外,还应考虑适应生产能力,保证强度和稳定性、密封性,以及制造、运输、安装、检修的方便性和总体设计的经济性。

(1)压力容器设计单位的资格与审批。压力容器的设计单位应当具备下列条件,方可向主管部门提出设计资格申请:①有与压力容器设计相适应的设计人员、设计审核人员;②有与压力容器设计相适应的健全管理制度和责任制度。设计单位的设计资格审批工作按以下程序进行:①设计单位应向主管部门和同级特种设备安全监察管理部门提出申请;②压力容器的设计单位,必须按压力容器的种类划分,实行分级审批;③设计单位经批准后,由批准机关发给《压力容器设计单位批准书》。主管部门和监察管理部门每年应对设计单位进行一次检查,发现违反规程、规定,设计资料不齐全,没有认真履行审批手续或设计错误等情况,应限期改进、责令整顿或给以严肃处理,直至撤销设计资格。

(2)压力容器设计文件管理。压力容器的设计文件编制必须遵循现行规范、标准和有关规程的规定，其结构、选材、强度计算和制造技术条件均应符合《压力容器》和《固定式压力容器安全技术监察规程》等要求，必要时还可参考国外规范和标准。压力容器的设计文件包括设计图样、技术条件、强度计算书，必要时还应包括设计或安装、使用说明书。

① 设计图样。压力容器设计图样应符合相应标准规定的内容和格式，且每台容器应单独出具图样，通常包括装配图和零部件图两部分。装配图除了表示容器的结构、尺寸、各零部件之间的装配和内外部连接关系外，还应按《固定式压力容器安全技术监察规程》的要求，注明设计压力、最高工作压力、设计温度、介质名称（或其特性）、容积、焊缝系数、腐蚀裕度、主要受压元件材质、容器类别和充装系数等典型特性参数及制造、检验和试验等方面的技术要求。零部件图需表示零部件之间的关系、形状、尺寸、加工和检验等要求。

② 技术条件。对于较为复杂或结构新颖的压力容器，需要说明容器的工艺操作过程、结构特性、工艺原理、制造和安装要求、操作性能、维护与检修注意事项等。

③ 强度计算书。其内容至少应包括设计条件、所用规范和标准、材料、腐蚀裕量、计算厚度、名义厚度、计算应力等。装设安全阀、爆破片装置的压力容器，设计单位应向使用单位提供压力容器安全泄放量、安全阀排量和爆破片泄放面积的计算书。

2. 压力容器的制造管理

（1）压力容器的制造工艺管理。压力容器通用的制造工艺和程序包括准备工序、零部件的制造、整体组对、焊接、无损探伤、焊后热处理、压力试验、油漆包装、出厂证明文件的整理等。对于特殊材料或特别用途的容器还需要进行特殊工艺处理，如用奥氏体不锈钢制造的容器还应进行酸洗钝化，某些有机化学制品所用容器还要进行抛光处理等特殊工艺。压力容器的零部件制造和组对主要采用焊接方法，因而焊接质量是压力容器制造质量的重要组成部分。焊接质量管理包括焊接方法的选择、焊接工艺管理、焊接工艺评定管理、焊接材料管理、焊工资格考核、产品试板要求、焊接缺陷返修和焊后热处理等。

（2）压力容器制造单位的资格与审批。压力容器制造和现场组焊单位必须具备下列条件，方可向主管部门和当地压力容器安全监察部门提出制造资格申请，并报送《压力容器制造与质量保证手册》：

1）具有与所制造的压力容器类别、品种相适应的技术力量、工装设备和检测手段。焊接工人必须经过考试，取得当地压力容器安全监察部门颁发的合格证，才能焊接受压元件。

2）具有健全的制造质量保证体系和质量管理制度。

3）能严格执行有关规程、规定、标准和技术要求，保证产品制造质量。

经审查后，由当地压力容器安全监察部门发给《压力容器制造申请与批准书》，填报审批。压力容器制造单位必须按压力容器的种类划分，实行分级审批。经省、市、自治区压力容器安全监察部门会同主管部门初审，报上一级主管部门和压力容器安全监察部门复审。复审合格后，在《制造批准书》中填入批准制造的压力容器类别、品种名称，并签字盖章，发给制造单位和有关部门，同时发给监察部门签署的《压力容器制造许可证》。制造单位只能按批准的范围制造和组焊，无证单位不得制造和组焊压力容器。

(3)压力容器制造产品质量的管理和监督。为确保压力容器的安全使用，制造过程应严格控制工作质量和产品质量。如焊工考核、材料焊接性鉴定、焊接工艺评定、材料标记及标记移植、材料复验、零部件冷热加工成形、焊接试板、筒节施焊、焊缝外观及无损检验、焊接返修、容器组装、容器整体或局部热处理、强度试验、气密性试验、包装等工作质量及产品质量的控制。

**7.2.2.2 压力容器安全使用管理**

压力容器安全使用管理的目的是达到正常、满负荷开车，生产合格产品，使压力容器的工艺参数、生产负荷、操作周期、检修、安全等方面具有良好的技术性能，促使压力容器处于最佳工作状态。同时，使压力容器的最初投资、运行费用、检修、更换配件和改造更新的经济性最好，生命周期费用最小，在保证安全的前提下同时获得最佳经济效益。

压力容器的安全使用包括正确操作、维护保养和定期检修等方面。使用单位应制定合理的工艺操作规程，控制操作参数，确保压力容器在设计要求的范围内运行。在具体操作过程中，应做到以下几方面：

(1)平稳操作。在操作过程中，尽量保持压力容器的操作条件(如工作压力和工作温度)相对稳定。因为操作条件(尤其是工作压力)的频繁波动，对容器的抗疲劳破坏性能不利，过高的加载速度会降低材料的断裂韧度，即使容器存在微小缺陷，也可能在压力的快速冲击下发生脆性断裂。

(2)防止过载。防止压力容器过载主要是防止超压。压力来自外部(如气体压缩机等)的容器，超压大多是由于操作失误而引起的。为了防止操作失误，除了装设连锁装置外，还可实行安全操作挂牌制度。在一些关键性的操作装置上挂牌，牌上用明显标记或文字注明阀门等的开闭方向、开闭状态和注意事项等。对于通过减压阀降低压力后才进气的容器，要密切注意减压装置的工作情况，并装设灵敏、可靠的安全泄压装置。

由于内部物料的化学反应而产生压力的容器，往往因加料过量或原料中混入杂质，使反应后生成的气体密度增大或反应过快而造成超压。要预防这类容器超压，必须严格控制每次投料的数量及原料中杂质的含量，并有防止超量投料的严密措施。

储装液化气体的容器，为了防止液体受热膨胀而超压，一定要严格计量。对于液化气体储罐和槽车，除了密切监视液位外，还应防止容器意外受热，造成超压。如果容器内的介质是容易聚合的单体，则应在物料中加入阻聚剂，并防止混入可促进聚合的杂质。物料储存的时间也不宜过长。

(3)发现故障，紧急停车。压力容器在运行过程中，如果突然发生故障，严重威胁设备及人身安全时，操作人员应马上采取紧急措施，停止容器运行，并报告有关部门。

(4)制定合理的安全操作规程。为保证压力容器安全使用，切实避免盲目或误操作而引起事故，容器使用单位应根据生产工艺要求和容器的技术性能制定各种容器的安全操作规程，并对操作人员进行必要的培训和教育，要求他们严格遵照执行。

安全操作规程应至少包括以下内容：

1)容器的正常操作方法。

2)容器的操作工艺指标及最高工作压力、最高或最低工作温度。

3)容器开车、停车的操作程序和注意事项。

4)容器运行中应重点检查的项目和部位(包括安全附件保持灵敏、可靠的措施)，以及运行中可能出现的异常现象和防止措施。

5)容器停用时的维护和保养。

6)异常状态下的紧急措施(包括开启紧急泄放阀或安全阀、放料阀等)，并报告有关部门。这里所指的异常状态包括：容器的工作压力、介质温度或壁温超过许可值，采取措施仍不能使之降低；容器主要受压元件发生裂纹、鼓包、变形、泄漏等缺陷危及安全；安全附件失效，接管端断裂，紧固件损坏，难以保障安全运行；发生火灾等突发事件威胁到容器的安全运行等。

(5)贯彻岗位安全生产责任制，实行压力容器的专责管理。从事故统计资料看，压力容器的超压爆炸多是由于操作失误引起的。如误将压力容器的出口阀关闭，而压气机等仍不断地向容器输气，使容器压力急剧升高，加上泄压装置失灵，因而发生爆炸；或者误开不应开启的阀门，使较高压力的气体进入容器，或进入其他介质与容器内介质发生化学反应，而引起爆炸。为了防止操作失误，除了装有连锁装置外，还需要贯彻岗位安全生产责任制，实行压力容器的专责管理。

压力容器的使用单位应根据本单位情况，在总技术负责人的领导下，由设备管理部门设专职或兼职技术人员负责压力容器的技术管理工作。压力容器专责管理人员的职责如下：①贯彻执行国家有关压力容器的管理规范和安全技术规定；②参与压力容器验收及试运行工作；③监督检查压力容器的运行、维护和安全装置校验工作；④根据容器的定期检验周期，组织编制容器年度检验计划，并负责组织实施;⑤负责组织压力容器的改造、修理、检验及报废技术审查工作;⑥负责压力容器的登记、建档及技术资料的管理和统计报表工作;⑦参加压力容器的事故调查、分析和上报工作,并提出处理意见和改进措施;⑧定期向有关部门报送压力容器的定期检验计划执行情况及容器存在的缺陷等;⑨负责对压力容器检验人员、焊工和操作人员进行安全技术培训和技术考核。

(6)建立压力容器技术档案。压力容器的技术档案是对容器设计、制造、使用、检修全过程的文字记载,可提供各个过程的具体情况,也是压力容器定期检验和更新报废的主要依据之一。完整的技术档案可帮助人们正确使用压力容器,能有效地避免因盲目操作而可能引发的事故。因此,每台压力容器都应建立相应的技术档案。

压力容器的技术档案包括以下五种资料:

1)压力容器的设计资料。设计资料应包括压力容器的设计计算书、总装图、各主要受压元件的强度计算和某些特殊要求,如开孔补强、局部应力、疲劳、蠕变计算等。

2)压力容器的制造资料。制造资料除了必须具有产品出厂合格证和技术说明书外,还应有详细的制造质量证明书,其内容包括主要受压元件所用材料的化学成分和力学性能的实际检验数据、焊接试板接头的力学性能、焊缝无损探伤记录和评定结果、焊缝返修记录(包括返修部位、次数及返修后的检验评定结论等)、容器的水压试验、气密性试验和原始记录等。

3)容器的操作工艺条件。如操作压力、温度及其波动范围、介质及其特性(是否有腐蚀性)等。

4)安全装置技术资料。安全装置的技术说明书应包括名称、形式、规格、结构图、技术条件(如安全阀的起跳压力、排放压力和排气量,爆破片的设计爆破压力等)以及适用范围、安全装置检验或更新记录、检验或校验日期、检验单位及校验结果、下次检验日期等。

5)压力容器使用情况记录。压力容器开始运行以后,应按时记录使用情况,存入技术档案内。使用情况记录包括运行情况记录和检验修理记录两部分,其主要内容有:压力容器开始使用日期、每次开车和停车日期、实际操作压力及温度等;检修或检验日期、内容;检验中所发现的缺陷及其消除情况,检验结论;强度试验、气密性试验情况及试验评定结论;主要受压元件的修理、更换情况等。

#### 7.2.2.3 压力容器安全运行管理

为了维持企业生产的顺利进行,充分保障国家财产和人民生命财产的安全,必须加强压力容器的投运、运行操作、停运全过程的安全管理。

1. 压力容器运行的工艺参数控制

压力容器投运前,使用单位和有关人员应对压力容器本体、附属设备、安全装置等进行必要的检查，看是否完好无损并正常工作，同时还做好必要的管理工作，制定相关的管理制度和安全操作规程。

压力容器运行中，常伴随高温、高压及受介质影响，所以，投运后还必须严格控制工艺参数，包括温度、压力、液位、介质腐蚀、投料等参数。如控制介质的成分及其杂质，减缓腐蚀速度，控制投料量、投料速度、投料顺序及物料配比等。

2. 压力容器安全操作和运行检查

压力容器的正确操作，不仅关系到容器的安全运行，而且还直接影响到稳定生产及容器使用寿命。正确地操作压力容器必须做到：严格控制工艺参数，将容器缺陷的产生和发展控制在一定的范围内，并保持连续稳定生产；平稳操作，即缓慢加载和卸载，保持载荷的相对稳定，避免容器产生脆性断裂和疲劳断裂；根据生产工艺要求，制定并严格执行操作规程；加强设备维护保养，运行中保持完好的防腐层，消除产生腐蚀的因素，消灭容器的“跑、冒、滴、漏”，经常保持容器外表及附件等完好。压力容器运行中，除了正确操作外，还必须坚持做好定点、定线巡回检查，包括容器本体和安全附件检查。

3. 压力容器停止运行的要求

容器停止运行是指泄放容器内的气体和其他物料，使容器内的压力下降，并停止向容器内输入气体及其他物料。生产实际中有正常停运和紧急停运两种情况，对于系统中连续性生产的容器，紧急停运时必须做好与其他相关岗位的联系工作，停运时应精心而慎重地操作，否则可能会酿成事故。

(1)正常停运。容器及设备按规定进行定期检验、检修、技术改造，或因原料、能源供应不上，内部填料定期处理、更新，或因工艺要求采用间歇式操作等正常原因，均属于正常停运。正常停运时应注意：容器停运过程是一个变操作参数过程，确定正确的停运方案非常重要；停运中应严格控制降温、降压速度，避免造成过大的温度应力或材料力学性能变化；容器内剩余物料多是有毒、易燃、有腐蚀性的介质，因此必须清除剩余物料；准确执行停运操作，如开关阀门要缓慢；对于残留物料，特别是易燃和有毒物料，应妥善处理；停运操作期间，容器周围要严禁烟火。

(2)紧急停运。当容器发生压力、温度超过许用值而得不到有效控制，主要受压元件出现危及安全的缺陷、安全附件失灵、发生火灾等意外事故时，应立即采取紧急停运措施。紧急停运时应注意：容器操作人员要熟练掌握本岗位紧急停运程序及操作要领，及时做好上报和前后岗位协同工作，并做好个人防护；对于压力来自器外的容器，应迅速切断压力来源，对于器内产生压力的容器，应迅速采取降压措施，如反应容器超压时，立即停止投料，同时，两种情况下都需迅速开启放空阀、安全阀或排污阀泄压；停运后，应立即查明问题原因，迅速采取措施加以排除。

#### 7.2.2.4 在役压力容器的定期检验

在役压力容器的定期检验是指在压力容器的设计使用期限内，每隔一定时间，对压力容器本体以及安全附件进行必要的检查和试验而采取的一些技术手段。压力容器在运行和使用过程中，要受到反复升压、卸压等疲劳载荷的影响，有的还要受到腐蚀性介质的腐蚀，或在高温、深冷等工艺条件下工作，其力学性能会随之发生变化，容器制造时遗留的小缺陷也会随之扩展增大。总之，随着使用年限的增加，压力容器的安全性日趋降低。因此，除了加强对压力容器的日常使用管理和维护保养外，还需要对压力容器进行定期的全面技术检验，保证压力容器安全运行。

1. 在役压力容器定期检验的周期和内容

《固定式压力容器安全技术监察规程》将压力容器的定期检验分为外部检查、内外部检验和耐压试验三种。检验周期应根据容器的技术状况、使用条件和有关规定来确定。

外部检查通常是指在役压力容器运行中的定期在线检查。外部检查以宏观检查为主，必要时再进行测厚、壁温检查和腐蚀性介质含量测定等项目检查。当发现危及安全的现象及缺陷时，如受压元件开裂、变形、严重泄漏等，应立即停车，再做进一步检查。外部检查的主要内容包括：容器的防腐层、保温层及设备铭牌是否完好；容器外表面有无裂纹、变形、局部过热等不正常现象；容器的接管焊缝、受压元件等有无泄漏；安全附件是否齐全、灵敏、可靠；紧固螺栓是否完好，基础有无下沉、倾斜等异常现象。检验人员必须掌握必要的专业知识，具有一定的检验经验并取得相应的资格。外部检查是容器操作人员巡回检查的日常工作，压力容器检验人员每年应至少检查一次。

内外部检验是指在役压力容器停机时的检验。内外部检验应由检验单位有资格的压力容器检验员进行，其检验周期分为：安全状况较好（指工作介质无明显腐蚀性及不存在较大缺陷的容器）的，每 6 年至少进行一次内外部检验；安全状况不太好的，每 3 年至少进行一次内外部检验，必要时检验期限可适当缩短。压力容器内外部检验的主要内容有：

1）外部检验的全部项目。

2）容器内壁的防护层（涂层或镀层）是否完好，有无脱下或被冲刷、刮落等现象；有衬里的容器，衬里是否有鼓起、裂开或其他损坏的迹象。

3）容器的内壁是否存在腐蚀、磨损以及裂纹等缺陷，缺陷的大小及严重程度。

4）容器有无宏观的局部变形或整体变形，变形的严重程度。

5）对于工作介质在操作压力和操作温度下对器壁的腐蚀有可能引起金属材料组织恶化（如脱碳、晶间腐蚀等）的容器，应对器壁进行金相检验、化学成分分析和表面硬度测定。

耐压试验是指压力容器停机检验时，所进行的超过最高工作压力的液压试验或气压试验，耐压试验应遵守《固定式压力容器安全技术监察规程》等有关规定。压力容器的水压试验，每两次内外部检验期间内至少进行一次。

2. 常用的在役压力容器定期的检验方法

(1)宏观检查。宏观检查是利用直尺、卡尺、卷尺、放大镜、锤子等简单工具和器具，用肉眼或耳朵对压力容器的结构、几何尺寸、表面质量进行直观检验的一种方法。

(2)测厚检查。测厚检查是利用超声波测厚仪对压力容器筒体、法兰、封头、接管等主要受压元件实际壁厚进行检查测量的方法。

(3)壁温检查。壁温检查是利用测温笔、远红外测温仪、热电偶测温仪等工具和仪器，对压力容器使用过程中实际器壁温度进行检查测定的方法。

(4)腐蚀介质含量测定。腐蚀介质含量测定是利用化学分析等方法，对腐蚀介质含量进行测定的方法。

(5)表面探伤。表面探伤是利用渗透剂对压力容器表面开口缺陷或利用电磁场对压力容器表面和近表面缺陷进行检测的方法。

(6)射线探伤。射线探伤是利用X射线或$\gamma$射线等高能射线穿透压力容器欲检查部位，使被检部位内部缺陷投影到胶片上，通过暗室处理得到具有黑白反差的底片，从而检测出被检部位内部缺陷大小、数量和性质的一种检测方法。

(7)超声波探伤。超声波探伤利用超声波在工件中遇到异质界面将产生反射、透射和折射的原理，对压力容器材料和焊缝中缺陷进行检测的方法。

(8)硬度测定。硬度测定是利用布氏、洛氏硬度计等对压力容器器壁硬度进行测定，借以考核压力容器器壁材料的热处理状态和材料是否劣化的一种检测方法。

(9)金相检验。金相检验是利用酸洗、取样，借助显微镜观察，以检查压力容器器壁材料表面金相组织变化的检验方法。

(10)应力测定。应力测定是利用应变片和接收仪器以测定压力容器的整体或局部区域应力水平的一种检测方法。

(11)声发射检测。声发射检测是利用传感器将压力容器器壁中的缺陷在负载状态下扩展增大时，开裂过程中发出的超声波信号予以接收、放大、滤波，以监控压力容器能否继续安全运行的一种监测手段。

(12)耐压试验。耐压试验是利用不会导致危险的液体或气体，对压力容器进行的一种超过设计压力或最高工作压力的强度试验。

(13)气密试验。气密试验是利用惰性气体对盛装有毒或易燃介质的压力容器整体密封性能所进行的试验方法。

(14)强度校核。强度校核是在对压力容器壳体进行测厚的基础上，根据其结构特点，利用不同时期的不同计算标准，对压力容器壳体应力水平进行复核计算，以确定压力容器能否满足使用要求的检测方法。

(15)化学分析。化学分析是通过取样用化学分析法测定材料化学成分的检测方法。

(16)光谱分析。光谱分析是利用光谱仪对金属材料火花中各种合金元素谱线的测定分析，粗略估算金属材料种类的一种检测方法。

3. 压力容器安全状况等级评定

压力容器经定期检验后，应根据检验结果对其安全状况进行评定，并以等级的形式反映出来。压力容器的安全状况可划分为五个等级：

(1)1级。压力容器出厂技术资料齐全；设计、制造质量符合有关法规和标准的要求；在法规规定的定期检验周期内，在设计条件下能安全使用。

(2)2级。出厂技术资料基本齐全；设计、制造质量基本符合有关法规和标准的要求；根据检验报告，存在某些不危及安全的可不修复的一般性缺陷；在法规规定的定期检验周期内，在规定的操作条件下能安全使用。

(3)3级。出厂技术资料不够齐全；主体材质、强度、结构基本符合有关法规和标准的要求；对于制造时存在的某些不符合法规或标准的问题或缺陷，根据检验报告，未发现由于使用而发展或扩大；焊接质量存在超标的体积型缺陷，经检验确定不需要修复；在使用过程中造成的腐蚀、磨损、损伤、变形等缺陷，其检验报告确定为能在规定的操作条件下，按法规规定的检验周期安全使用；对经安全评定的，其评定报告确定为能在规定的操作条件下，按法规规定的检验周期安全使用。

(4)4级。出厂技术资料不全；主体材质不符合有关规定，或材质不明，或虽属选用正确，但已有老化倾向；强度经校核尚满足使用要求；主体结构有较严重的不符合有关法规和标准的缺陷，根据检验报告，未发现由于使用因素而发展或扩大；焊接质量存在线型缺陷；在使用过程中造成磨损、腐蚀损伤、变形等缺陷；其检验报告确定为不能在规定的操作条件下，按法规规定的检验周期安全使用；对经安全评定的，其评定报告确定为不能在规定的操作条件下，按法规规定的检验周期安全使用。必须采取有效措施，进行妥善处理，改善安全状况等级，否则只能在限定的条件下使用。

(5)5级。缺陷严重，难以或无法修复，无修复价值或修复后仍难以保证安全使用的压力容器，应予判废。

需要说明的是，安全状况等级中所述缺陷是压力容器最终存在的状态，如果缺陷已消除，则以消除后的状态确定该压力容器的安全状况等级。压力容器只要具备安全状况等级中所述问题与缺陷之一，即可确定该容器的安全状况等级。

评定压力容器安全状况等级的依据是检验结果，主要包括材质检验、结构检验、缺陷检验的检验结果。定级时，先对各分项检验结果划分等级，最后以其中等级最低的一项作为该压力容器的最后等级。

（1）材质检验。主要受压元件的材质应符合设计和使用要求，但检验中常遇到用材与原设计不符、材质不明和材质劣化三种情况，此时，安全状况等级划分如下：

1）用材与原设计不符。其定级的主要依据是判断所用材质是否符合使用要求。如果材质清楚，强度校核合格，经检验未查出新生缺陷，即材质符合使用要求，可定为3级；如使用中产生缺陷，并确认是用材不当所致，可定为4级或5级。

2）材质不明。材质不明是指材质查不清楚。在用压力容器中，经常遇到材料的代用、混用情况，彻底查清需花费较大代价。因而对于经检验未查出新的缺陷，并按Q235钢的材料校核其强度合格，在常温下工作的一般压力容器，可定为2级或3级；如有缺陷，可根据相应条款进行安全状况等级评定。有特殊要求的压力容器，可定为4级。

3）材质劣化。压力容器使用后，如果因工况条件而产生石墨化、应力腐蚀、晶间腐蚀、氢损伤、脱碳、渗碳等脆化缺陷，材质已不能满足使用要求，可定为4级或5级。

（2）结构检验。存在不合理结构的压力容器，其安全状况等级划分如下：

1）封头主要参数不符合现行标准，但经检验未发现新生缺陷，可定为2级或3级；如有缺陷，可根据相应的条款进行安全状况等级评定。

2）封头与筒体的连接形式如采用单面对接焊，且存在未焊透，可定为3～5级；采用搭接结构的，可定为4级或5级；按规定应采用全焊透结构的角接焊缝或接管角焊缝，而没有采用全焊透结构的主要受压元件，如未查出新生缺陷，可定为3级，否则定为4级或5级。

3）开孔位置不当，经检查未查出新生缺陷，一般压力容器可定为2级或3级；有特殊要求的压力容器，定为3级或4级。

4）若孔径超过规定，但补强满足要求，可不影响定级；补强不满足要求的，定为4级或5级。

（3）缺陷检验。对检验中发现的内、外表面裂纹，处理以后定级的基本原则如下：

1）打磨处理不需补焊的，不影响定级；动火补焊的，定为2级或3级。

2）机械损伤和电弧灼伤，打磨后不需补焊的，不影响定级；补焊合格的可定为2级或3级。

3）变形可不处理的，不影响定级；根据变形原因分析，继续使用不能满足强度和安全要求者,可定为4级或5级。

4)对低温压力容器的焊缝咬边,应打磨消除,不需补焊的,不影响定级;经补焊合格的,可定为2级或3级。

5)错边量和棱角度超标,属一般超标的,可打磨或不做处理,并可定为2级或3级;属严重超标,经该部位焊缝内外部无损探伤抽查,如无较严重缺陷存在,可定为3级;若伴有裂纹、未熔合、未焊透等严重缺陷,应通过应力分析,确定在规定的操作条件下和检验周期内,能安全使用的定为3级,否则定为4级或5级;若是均匀腐蚀,如按剩余最小壁厚(扣除到下一次检验期腐蚀量的2倍)校核强度合格,不影响定级;经补焊合格的,可定为2级或3级。

6)使用过程中产生的鼓包,应查明原因,并判断其稳定情况,可定为4级或5级。

7)耐压试验不合格,属于本身原因的,可定为5级。

**7.2.2.5 压力容器的维护保养**

做好压力容器的维护保养工作,可以使容器经常保持完好状态,提高工作效率,延长容器使用寿命。压力容器的维护保养主要包括以下几方面的内容:

(1)保持完好的防腐层。工作介质对材料有腐蚀作用的容器,常采用防腐层来防止介质对器壁的腐蚀,如涂漆、喷镀或电镀、衬里等。如果防腐层损坏,工作介质将直接接触器壁而产生腐蚀,所以要常检查,保持防腐层完好无损。若发现防腐层损坏,即使是局部的,也应该先经修补等妥善处理以后再继续使用。

(2)消除产生腐蚀的因素。有些工作介质只有在某种特定条件下才会对容器的材料产生腐蚀。因此要尽力消除这种能引起腐蚀的、特别是应力腐蚀的条件。例如,碳钢容器的碱脆需要具备温度、拉伸应力和较高的碱液浓度等条件,介质中含有稀碱液的容器,必须采取措施消除使稀液浓缩的条件,如接缝渗漏、器壁粗糙或存在铁锈等多孔性物质等;盛装氧气的容器,常因底部积水造成水和氧气交界面的严重腐蚀,要防止这种腐蚀,最好进行氧气干燥,或在使用中经常排放容器中的积水。

(3)消灭容器的“跑、冒、滴、漏”,经常保持容器的完好状态。“跑、冒、滴、漏”不仅浪费原料和能源,污染工作环境,还常常造成设备的腐蚀,严重时还会引起容器的破坏事故。

(4)加强容器在停用期间的维护。对于长期或临时停用的容器,应加强维护。停用的容器,必须将内部的介质排除干净,腐蚀性介质要经过排放、置换、清洗等技术处理。要注意防止容器的“死角”积存腐蚀性介质。要经常保持容器的干燥和清洁,防止大气腐蚀。试验证明,在潮湿的情况下,钢材表面有灰尘、污物时,大气对钢材才有腐蚀作用。

(5)经常保持容器的完好状态。容器上所有的安全装置和计量仪表,应定期进行调整校正,使其始终保持灵敏、准确;容器的附件、零件必须保持齐全和完好无损;连接紧固件残缺不全的容器,禁止投入运行。

#### 7.2.2.6 压力容器的修理与改造

压力容器进行修理或改造前,由使用车间编制修理、改造方案,若分厂机动部门和分厂总机械师(或设备副厂长)同意,还应经专职管理人员审核和公司总机械师审批。

施工单位必须是取得相应制造资格的单位或是经省级安全监察机构审查批准的单位。施工单位的资格经专职管理人员审查合格后才能接受施工任务。施工单位根据车间的修理、改造方案编制施工方案,并应经过专职管理人员审核和公司总机械师批准。重大修理(指主要受压元件的更换、矫形、挖补、筒体与封头对接接头焊缝的焊补)和重大改造(指改变主要受压元件的结构和改变压力容器的运行参数、介质或用途等)还须报安全监察机构审查备案(改变移动式压力容器的使用条件应经省级以上安全监察机构同意)。

专职管理人员应对修理、改造质量进行监督检查。施工单位修理、改造后的图样、施工质量证明文件等技术资料经专职管理人员审查合格后存档。

重大修理或改造后应进行耐压试验检验。

使用车间改变安全阀、爆破片的型号规格,必须经过设计部门的核算和安全部门、专职管理人员的同意。

#### 7.2.2.7 停用与判废的处理

经检验判废的压力容器不得继续作为压力容器使用、转让或销售。

判废或因其他原因停止使用或不作为压力容器使用的压力容器,使用车间应报告专职管理人员,由专职管理人员到安全监察机构办理注销手续。

### 7.2.3 压力容器监督管理

压力容器属于最重要的一种特种设备,一旦发生事故,后果极其严重,因此,安全监督管理部门必须对其加强监督管理。压力容器的设计、制造、安装、改造、维修、使用、检验检测,均应当严格执行《固定式压力容器安全监察规程》等法律法规,并按照特种设备信息管理的有关规定,及时将所要求的数据输入特种设备信息化管理系统。

### 7.2.4 压力容器事故管理

1. 压力容器事故分类

压力容器事故根据事故造成的人员伤亡、直接经济损失、中断运行时间、受事故影响人数等情况,划分为特别重大事故、重大事故、较大事故和一般事故四级。

有下列情形之一的为压力容器特别重大事故:①事故造成30人以上死亡,或者100人以上重伤(包括急性工业中毒,下同),或者1亿元以上的直接经济损失的;②压力容器有毒介质泄漏,造成15万人以上转移的。

有下列情形之一的为压力容器重大事故:①事故造成10人以上30人以下死亡,或者50人以上100人以下重伤,或者5000万元以上1亿元以下直接经济损失的;②压力容器有毒介质泄漏,造成5万人以上15万人以下转移的。

有下列情形之一的为压力容器较大事故:①事故造成3人以上10人以下死亡的,或者10以上50人以下重伤的,或者1000万元以上5000万元以下的直接经济损失的;②压力容器发生爆炸的;③压力容器有毒介质泄漏,造成1万人以上5万人以下转移的。

有下列情形之一的为压力容器一般事故:①事故造成3人以下死亡,或者10人以下重伤,或者1万元以上1000万元以下直接经济损失的;②压力容器有毒介质泄漏,造成500人以上1万人以下转移的。

除上述规定外,国务院特种设备安全监督管理部门可以对一般事故的其他情形作出补充规定。

2. 事故处理

压力容器发生超温、超压、产生裂纹、简体变形和鼓包以及发生泄漏等异常现象及一般事故,使用车间必须按操作规程及时处理并向分厂和公司有关领导和单位报告,专职管理人员参与组织检验鉴定和事故处理工作。发生特别重大事故、重大事故和较大事故后,按照《特种设备事故报告和调查处理规定》,事故现场有关人员应当立即向事故发生单位负责人报告;事故发生单位的负责人接到报告后,应当于1小时内向事故发生地的县以上质量技术监督部门和有关部门报告。情况紧急时,事故现场有关人员可以直接向事故发生地的县以上质量技术监督部门报告。事故发生单位的负责人接到事故报告后,应当立即启动事故应急预案,采取有效措施,组织抢救,防止事故扩大,减少人员伤亡和财产损失。

3. 应急救援

压力容器发生事故有可能造成严重后果或者产生重大社会影响的使用单位,应当制定应急救援预案,建立相应的应急救援组织机构,配置与之适应的救援装备,并且适时演练。

8

# 第8章　压力容器破裂事故调查分析

## 8.1　压力容器事故调查与处理

对已经发生的压力容器事故，必须进行调查、分析和处理，从中吸取教训，制定改善事故防范措施，使有关人员通过事故受到教育，从而杜绝类似事故的重复发生。

### 8.1.1　压力容器事故调查

#### 8.1.1.1　事故报告

发生特种设备事故后，事故现场有关人员应当立即向事故发生单位负责人报告；事故发生单位的负责人接到报告后，应当于1小时内向事故发生地的县以上质量技术监督部门和有关部门报告。

情况紧急时，事故现场有关人员可以直接向事故发生地的县以上质量技术监督部门报告。

接到事故报告的质量技术监督部门，应当尽快核实有关情况，依照《特种设备安全监察条例》的规定，立即向本级人民政府报告，并逐级报告上级质量技术监督部门直至国家质检总局。质量技术监督部门每级上报的时间不得超过2小时。必要时，可以越级上报事故情况。

对于特别重大事故、重大事故，由国家质检总局报告国务院并通报国务院安全生产监督管理等有关部门。对较大事故、一般事故，由接到事故报告的质量技术监督部门及时通报同级有关部门。

对事故发生地与事故发生单位所在地不在同一行政区域的，事故发生地质量技术监督部门应当及时通知事故发生单位所在地质量技术监督部门。事故发生单位所在地质量技术监督部门应当做好事故调查处理的相关配合工作。

事故报告应当包括以下内容：

1）事故发生的时间、地点、单位概况以及特种设备种类。

2）事故发生的初步情况，包括事故简要经过、现场破坏情况、已经造成或者可能造成的伤亡和涉险人数、初步估计的直接经济损失、初步确定的事故等级、初步判断的事故原因。

3）已经采取的措施。

4）报告人姓名、联系电话。

5）其他有必要报告的情况。

#### 8.1.1.2 事故调查

压力容器发生事故后应立即组织事故调查，为分析事故找出充分的依据。事故调查工作必须坚持实事求是、尊重科学的原则，按照一定的程序和内容进行。

1. 事故调查组的组成

压力容器发生事故后，根据事故的严重程度，依照《特种设备安全监察条例》的规定，特种设备事故分别由以下部门组织调查：

1）特别重大事故由国务院或者国务院授权的部门组织事故调查组进行调查。

2）重大事故由国家质检总局会同有关部门组织事故调查组进行调查。

3）较大事故由事故发生地省级质量技术监督部门会同省级有关部门组织事故调查组进行调查。

4）一般事故由事故发生地设区的市级质量技术监督部门会同市级有关部门组织事故调查组进行调查。

根据事故调查处理工作的需要，负责组织事故调查的质量技术监督部门可以依法提请事故发生地人民政府及有关部门派员参加事故调查。

负责组织事故调查的质量技术监督部门应当将事故调查组的组成情况及时报告本级人民政府。

事故调查组成员应当具有特种设备事故调查所需要的知识和专长，与事故发生单位及相关人员不存在任何利害关系。事故调查组组长由负责事故调查的质量技术监督部门负责人担任。必要时，事故调查组可以聘请有关专家参与事故调查；所聘请的专家应当具备5年以上特种设备安全监督管理、生产、检验检测或者科研教学工作经验。

根据事故的具体情况，事故调查组可以内设管理组、技术组、综合组，分别承担管理原因调查、技术原因调查、综合协调等工作。

事故调查组应当履行下列职责：

1）查清事故发生前的特种设备状况。

2）查明事故经过、人员伤亡、特种设备损坏、经济损失情况以及其他后果。

3）分析事故原因。

4）认定事故性质和事故责任。

5）提出对事故责任者的处理建议。

6）提出防范事故发生和整改措施的建议。

7）提交事故调查报告。

2. 事故调查的程序

为了搞好事故调查分析工作，调查组一般可按以下程序工作：

1）召集有关人员了解事故情况，并做笔录。

2）查阅压力容器有关设计、制造、检验、修理、运行记录等资料，并形成文字材料。

3）对事故现场进行详细调查。

4）做好必要的技术检验和鉴定工作。

5）根据调查资料和技术检验及鉴定资料，正确分析事故发生的原因。

6）提出预防发生类似事故的措施。

7）按要求写出压力容器事故调查报告，呈送事故发生单位所在地的锅炉压力容器安全监察机构、当地政府和主管部门。

3. 事故前的情况调查

（1）收集有关资料。为了便于分析事故原因，应调查收集发生事故容器的设计、制造、安装、改造、修理、运行（包括试运行）及检验的相关资料。

（2）调查内容。具体包括以下内容。

1）容器的技术资料情况。容器的技术资料情况包括调查分析结构是否合理，强度计算是否正确，强度是否足够，材质是否满足设计与工艺要求，设计使用年限，修理对容器发生事故的影响，检验时危及安全的缺陷是否漏检，运行中是否有违章操作或误操作的情况记录等。

2）容器的历史情况。容器的历史情况包括容器的制造厂、出厂日期，有无产品合格证及材质检验证明（有些容器还应有材料复验证明），过去的使用情况及已使用的年限，投产使用时间是否超出使用年限，上次检验日期是否超过检验期，检验内容以及检查发现的问题和处理方法等。

3）容器的使用条件。容器的使用条件包括操作规程规定的正常工作压力、温度、介质成分或浓度和其他主要控制指标以及使用中的实际执行情况。应特别注意介质是否为易燃气体或有产生这种气体的可能性；介质对容器的腐蚀，特别是产生应力腐蚀、晶间腐蚀的可能性；容器在使用过程中压力与温度的波动或变化的周期及范围。

4）安全装置的装设和使用情况。安全装置的装设和使用情况包括安全装置的形式、规格、日常的维护情况以及最近一次的检验校正日期等。

5）操作人员的情况。操作人员的情况包括操作人员的实际操作水平、本岗位操作的熟练程度及工作经历等。主要通过查阅设备档案、资料和操作规程以及组织有关人员回忆座谈等方法来进行。

4. 事故现场的调查

当压力容器发生事故后，首先要对事故现场进行全面、细致的检查和必要的技术测量，以获取事故分析工作的第一手资料。

（1）事故现场调查的一般要求。

1）进入事故现场后，应对事故现场进行周密的检查，仔细观察记录各种现象，并进行必要的技术测量。如属爆炸事故，应尽量收齐容器所有的爆炸碎片，记录压力容器及周围设施的损坏情况，拍摄现场照片，典型的事故要录像，绘制事故现场简图，记录环境温度。

2）检查容器本体的断裂情况是现场检查最重要的内容。主要包括对断裂面的初步观察，容器变形或碎裂形状的检查测量以及对容器内外表面情况的检查，包括爆炸碎块或碎片的收集等。

3）事故现场的调查检验工作应该在事故发生后尽快进行。在情况尚未调查清楚以前，事故现场必须被认真保护。

（2）人员伤亡及建筑物破坏情况的调查。压力容器断裂爆炸时往往造成现场人员的伤亡及周围建筑物的破坏。这些破坏情况对估算容器的爆炸能量、判断爆破压力以分析事故原因有重要的参考价值，要详细检查、测定。

1）人员的伤亡情况包括伤亡原因（如冲击波振荡受伤、碎片击伤、烧伤、烫伤或中毒），事故发生时的所在位置和受伤程度（如骨折、内脏损伤、耳膜破裂等）。人员伤亡情况的调查包括死亡人数、受伤人数、受伤部位及受伤程度的统计记录。

2）检查容器爆炸后周围建筑物的破坏情况，包括地坪、屋顶、墙壁及门窗的损坏情况，并注意测量有关尺寸，如墙壁厚度、损坏建筑物与爆炸中心的距离。

3）检查并记录远处被破坏的建筑物的形式和尺寸（如钢筋混凝土墙或砖墙的厚度、大小、材料等），与爆破容器的距离和被破坏的程度（如墙倒塌或开裂等），远处被损坏的门窗及玻璃的规格（厚度、大小）、损坏的最远距离及损坏程度（如窗框部分损坏、玻璃破碎等）。

4）对爆炸现场及周围易燃物燃烧情况及牲畜、植物损伤情况也应作调查统计。此外，对于现场周围的某些异常现象（如着火燃烧的痕迹、反应的残留物等）也应密切注意检查。

（3）容器断裂情况的检查。

1）容器断裂和变形形状的检查测量。容器断裂形状的检查和测量对于分析容器事故原因也很重要。对只是裂开缺口的容器，应该测量并记录（必要时绘图记录）其开裂的方向、位置，裂口的宽度、长度以及开裂处的周长（可以多测量几个截面）及壁厚，并与容器原有的周长及壁厚进行比较，估算断裂后的伸长率及壁厚减薄率。对无碎块或碎片的容器，应测量开裂位置、方向、长度及壁厚，并与容器原有周长和壁厚进行对比，计算容器断裂后的周长伸长率，厚度减薄率及容积变形率；尽量根据测得的数据粗略地估计容器断裂时的容积变形。如果容器碎裂成数大块，可以按原来的部位拼装起来进行测量和计算。对断裂后分为几大块或有碎块飞出的容器，应尽量收齐所有碎片，并准确测量碎块或碎片飞出的距离，称量飞出碎片的质量，绘制碎片形状图。对于裂成碎片的容器，应详细测量并记录各碎片（主要的）的质量、飞出的距离，并最好能从现场的情况判断碎片飞出的角度及受阻挡的情况。根据检查资料绘出容器断裂简图。

2）容器内外表面的检查。检查容器内外表面情况主要是检查壳体金属表面状况，如光泽、颜色、表面粗糙度、有无表面损伤（局部腐蚀、磨损以及其他伤痕）以及表面残留物。这种检查对于分析事故原因有时候是十分必要的，例如，金属表面状况往往有助于判断介质对容器的腐蚀以及壳体表面是否有燃烧过的痕迹，残留物的检查往往可以发现金属的腐蚀产物或其他不正常状态下生成的反应物等。有时还会在容器的内表面或外表面上发现有可燃性气体不完全燃烧而残留的游离碳等。

（4）容器断口宏观检查。对断裂面的初步观察是为进行断口分析打好基础。应对断裂面的形状、颜色、晶粒以及其他一些特征进行认真的观察和记录。应注意保护好严重损伤部位（特别注意保护断口），仔细检查碎片内外表面情况，注意检查是否有腐蚀、减薄、烧损和材料缺陷，做好记录。对断口形状、颜色、晶粒和断口纤维形状等特征进行认真观察记录，找出起爆点，若破断口在容器焊缝部位，则应认真检查焊缝破断口有无焊接缺陷，注意观察有无腐蚀痕迹，如有腐蚀物，应取样分析。通过对破断面的初步观察，可初步确定压力容器的断裂形式。

（5）安全附件的检查。检查容器发生事故时附件是否齐全，然后对安全阀、压力表、温度测量仪表及其他附件进行初步检查，最后再拆卸下来进行详细检查，以确定安全附件的完好情况和是否超压或超温运行。压力容器安全附件的检查主要包括以下项目：

1）对安全阀的检查。对安全阀的校验标记进行查验，确定安全阀是否处于校验周期内；检查安全阀的排放压力是否符合规定值；检查进气口是否被堵塞，阀瓣与阀座是否被粘住，弹簧是否有锈蚀、卡住或过分拧紧，重锤是否被移动等失灵现象，安全阀是否有开启的迹象；必要时应将安全阀放到安全阀试验台上进行试验。

2）装设爆破片的压力容器，应检查爆破片是否已破坏，若未破坏，如有必要，则应做爆破压力试验，测定其实际爆破压力，并与同一型号的爆炸片的标定爆破压力进行比较。

3）对压力表的检查。检查压力表表面上的校验标记是否符合校验要求；表面刻度是否清晰；是否有失灵现象（进气口被堵塞、内部零件脱落或损坏、指针被卡住等）；压力表是否表明容器有过严重超压现象（弹簧严重膨胀变形、指针回不到零位、指针在限止钉接触处发生弯曲等）。

4）检查温度计或温度测量仪表是否失灵。

5）检查其他附件是否正常。

（6）其他检查。确定是否需要进行材料力学性能试验、化学成分分析、断口微观检查、无损检查，若需要，则应标出其部位，并对这些部位进行保护处理。

5. 事故过程的调查

在对事故现场进行过检查和必要的测量后，应该对事故发生的过程进行调查了解。调查的对象是岗位操作人员，运行操作记录、仪表自动记录等原始记录和有关仪表的指示曲线等。调查的内容主要有以下几项：

（1）事故发生前压力容器的运行情况，包括工艺条件是否正常，有无异常现象或其他可疑迹象。如物料数量、压力、温度等运行参数是否正常，有无波动；容器是否渗漏，有无变形或异常响声。可通过岗位操作人员回忆，以及查阅岗位操作记录表、仪表自动记录、温度压力曲线等原始记录来获取。

（2）事故发生的经过，异常现象开始出现的时间，采取的应急措施，安全泄压装置的动作情况，发生事故时操作人员所在位置，爆炸过程及现象，如有无闪光、着火、一次或两次响声等。对易燃、易爆的介质，应特别注意是否有发生化学爆炸的可能性，应重点检查是否存在发生化学爆炸的条件。

（3）查清发生事故前及事故过程中当班操作人员的操作经过，操作人员的技术水平，操作人员的安全培训及考核合格情况。

调查了解事故发生的过程，可以通过开座谈会、个别查访等方式进行。调查对象主要是本岗位的操作人员及相邻岗位的在场人员，也可以找附近的职工及居民了解情况。因为有些情况往往是本岗位操作人员没有发现（由于当时过分紧张或其他原因）而由附近其他人员发现的，如响声、闪光等爆炸时的现象在很多情况下是由场外人员提供的。

## 8.1.2　压力容器事故分析及处理

### 8.1.2.1　技术检验和鉴定

1. 技术检验的主要内容

在通过现场调查、事故过程调查和既往情况调查还不能确定事故原因时，应要求进一步做技术检验和鉴定工作，从而确切地查明事故原因。技术检验和鉴定的主要内容包括技术分析和试验、断口分析或相应的无损检验和破坏能量计算。

2. 技术分析和试验

根据事故分析的需要，为了检验容器制造材料在使用过程中是否发生变化，要进行化学成分分析、力学性能和金相组织检验，必要时还需做工艺性能试验。

（1）化学成分分析。应重点化验对容器性能（力学性能、加工工艺性能、耐腐蚀性能）有影响的元素成分，对可能发生脱碳现象的容器，还应化验表面层含碳量和内层材质发生的变化，以便与原材料或外层材料相比较，查明它的变化程度。

（2）力学性能测定。测定材料强度、塑性、硬度等，以判断所用材料是否与设计要求相符，或材料的力学性能在加工制造过程中是否发生显著变化。例如，属延性断裂的至少应测量其强度指标；脆性断裂的要测定材料在使用温度下的塑性指标（伸长率、断面收缩率）和韧性指标（冲击吸收能量、断裂韧度等）。

（3）金相检查。观察断口及其他部位金属相的组成，注意是否有脱碳现象，分析裂纹性质，了解材料原有质量情况及加工制造和运行中可能出现的异常现象，为鉴别事故性质提供依据。

（4）工艺性能试验。工艺性能试验主要是焊接性能试验、耐腐蚀性能试验、特殊环境条件下特种工艺性能试验等。试验时应用与断裂容器相同的材料和焊条、焊接工艺，观察试样是否有与断裂容器类同的缺陷。

3. 容器断口分析

为了分析破坏现象的微观机理，可做断裂容器分析，包括宏观和微观分析两种，且应重点做好宏观分析，以微观分析为辅助，不能用微观分析代替宏观分析。

（1）断口的搜集、保护和保存。应尽可能将碎片搜集齐全。对断口应加以保护，不准用手触摸、对接、碰撞和弄上污物，观察分析前，要将断口清洗干净，为了保证断口不受损伤，应尽量采用物理方法清洗。

（2）断口宏观分析。根据塑性变形的大小，将断裂分为延性断裂和脆性断裂。延性断裂前的容器部件发生显著的塑性变形；脆性断裂往往是突然发生，破裂前没有或只有少量的塑性变形。

从断口的宏观形态特征看，大致可分为韧性断口和脆性断口。前者有垂直于正应力的断口和倾斜于正应力的断口，是材料内部平面应变状态下的延性断裂，断口有细小凹凸，呈纤维状；后者是在切应力作用下或在平面应力作用下，沿最大切应力方向（45°方向）的剪切断裂，断口是倾斜的。脆性断口与正应力垂直，它的形态之一是沿特定的结晶面（解理面）而断裂的解理断裂，断口由具有光泽的亮面组成。另一种脆性断裂是沿晶断裂，它的宏观断口呈颗粒状。

一般情况下，疲劳断裂是一种伴随有微观塑性变形的断裂，且塑性变形只限于裂纹尖端附近，断口呈脆性外貌，并与最大正应力方向垂直。因为循环应力的大小是变化的，所以疲劳断口带有壳状的疲劳条纹，它显示出瞬时断裂前沿的位置。高应力下的疲劳断口，由于微裂纹不在同一平面汇合，所以断口上往往呈现与裂纹扩展方向一致的放射状线条，其形态与脆性断口的撕裂相似，因而放射状线条一般是高应力疲劳裂纹高速传播的证据。

用肉眼或借助于放大镜在较低倍数下对断口进行观察，注意观察拉伸断口的三个组成区域，即纤维区、放射区和剪切唇区。根据断口颜色、腐蚀、裂纹、断裂纹理的走向和改变等特征，可正确判断断裂类型。

（3）断口的微观分析。根据断口宏观分析的情况，必要时可利用光学显微镜或电子显微镜对断口的细节和微观形态进行分析，确定断口的析出相和腐蚀产物的属性，以弥补宏观检验的不足。由于断口微观分析所观察到的只是断口的一个微型区，不能作为断口的全面分析，因此微观分析必须与宏观分析结合起来，互为补充。

（4）试样保留要求。试样应保留至事故无争议并处理完毕，必要时应延长试样保留期。

4. 无损检验要求

根据事故分析的要求可配合进行相应的无损检验，如容器焊缝表面裂纹分布情况、焊缝表面裂纹分布情况、焊缝内部缺陷分布情况的无损检验。无损检验包括 RT（射线）、UT（超声）、MT（磁粉）和 PT（渗透）等。

5. 事故分析中有关的计算

根据容器断裂的特征，事故分析中应进行相应的计算，包括强度计算、爆炸能量的估算、液化气体过量充装可能量的计算。

（1）强度计算。为了判断是设计强度不足还是运行后因腐蚀减薄导致强度不足，应进行强度计算，强度计算中的壁厚应取容器断裂前的壁厚。

（2）爆炸能量估算。按照压力容器破裂时的载荷状态进行事故原因分析，首先需估算事故现场破坏所需要的能量（即破坏能量），并计算容器承压部件破裂时所释放出的能量（即爆破能量），然后将破坏能量和爆破能量相对比，以判别设备破裂爆炸时的载荷状态。

压力容器破裂时，其爆破能量的消耗一般分为三部分：将壳体进一步撕裂；将整个设备或其碎块抛出去；产生冲击波破坏周围的建筑物或设备。

在容器已产生裂口的情况下，进一步将其撕裂所消耗的能量一般很小，可忽略不计。这样，破坏能量可根据后两项所显现的破坏现象及程度进行估算。

1）压力容器或其碎片被抛出所消耗的能量用下式估算

$$E_1 = \frac{1}{2}mv_0^2 \tag{8-1}$$

式中　$E_1$——将容器或其碎片抛出所需要的能量（J）；

$m$——被抛出的容器或其碎片的质量（kg）；

$v_0$——碎片被抛出时的初速度（m/s）。

当容器或其碎片的位置高于地面，并从水平方向抛出时，初速度 $v_0$ 可按下式计算，即

$$v_0 = R\sqrt{\frac{g}{2H}} = 2.21\frac{R}{\sqrt{H}} \tag{8-2}$$

式中　$R$——抛出的距离（m）；

$H$——容器或其碎片原来的位置离地面的高度（m）。

当容器位于地面上，容器或其碎片向上斜抛时，其初速度 $v_0$ 可以按下式计算，即

$$v_0 = R\sqrt{\frac{Rg}{\sin 2\theta}} = 3.13\sqrt{\frac{R}{\sin 2\theta}} \tag{8-3}$$

式中　$\theta$——容器或碎片抛出方向与地面的夹角（°）。

容器或碎片究竟是从水平方向抛出还是向上斜抛，以及斜抛时与地面的角度 $\theta$，只能根据目击者所提供的情况或地面周围的阻挡情况等加以判断确定，或者按斜抛为45°方向飞出，求出最小初速度，即

$$v_{0,\min} = \left(3.13\sqrt{\frac{R}{\sin 2\theta}}\right)_{\theta=\pi/4} = 3.13\sqrt{R} \tag{8-4}$$

如果容器裂成较多碎片，且飞出的距离又相差较大，则可以按某些抛出时未受阻挡的碎片所运行的距离计算其平均初速度，并以此作为全部碎片的初速度。另外，按式（8-2）和式（8-3）计算出的初速度，均没有考虑空气阻力的影响。通常可以根据碎片的形状、风向和风速等具体条件将以上公式所算得的理论初速度乘以空气阻力系数 1.1～1.2，作为考虑空气阻力后的实际初速度。

2）破坏周围建筑物需要的能量。根据现场附近建筑物的破坏情况，推算出冲击波超压，用来估算容器爆炸时对周围建筑物的破坏能量，再通过测量被破坏建筑物与破裂容器的距离，计算产生冲击波所需要的能量。具体方法可按下列步骤：

①推算冲击波超压 $\Delta p$。选择砖墙倒塌、开裂、窗框破损等一些比较典型的破损对象，确定被破坏建筑处的冲击波超压 $\Delta p$。

②确定模拟比 $\alpha$。由 $\Delta p$ 查出 1000kg 炸药爆炸时产生同样的超压 $\Delta p$ 处与模拟爆炸中心的距离 $R_0$，按下式求模拟比，即

$$\alpha = R/R_0$$

式中　$R$——距实际爆炸中心的距离（m）。

③计算 TNT 当量。由模拟比 $\alpha$ 计算产生冲击波能量的 TNT 当量，即

$$q' = (10\alpha)^3$$

④计算破坏能量。

$$E_2 = 4.23q' \times 10^3$$

⑤破坏总能量。

$$E = E_1 + E_2$$

（3）液化气体过量充装可能量的计算。液化气体满液充装和过量充装时，在环境温度升高的情况下容器会发生爆炸。

1）对于充装过量的低压液化气体气瓶，要计算其在某一温度时瓶内的压力，可以按下列步骤进行：

①先计算瓶内被液态气体充满时的温度 $t_1$。可以按气瓶实际装入液化气体的质量除以气瓶容积计算出瓶内液体的密度，用计算或查表的方法求得具有此密度时的压力 $p_1$ 及温度 $t_1$。

②按下式计算气瓶内温度 $t_1$ 升至 $t_2$ 时瓶内的压力增量 $\Delta p$，即

$$\Delta p = \frac{\alpha_V - 3\alpha_l}{Z + F_V}\Delta t \tag{8-5}$$

$$\Delta t = t_2 - t_1$$

式中　$\Delta p$——压力增量（MPa）；

$\alpha_l$——气瓶材料在相应温度下的线胀系数（℃$^{-1}$）；

$F_V$——气瓶在压力升高时的容积增大系数（MPa$^{-1}$），见表 8-1；

$Z$——液化气体的压缩系数（MPa$^{-1}$）；

$\alpha_V$——液化气体在 $t_1$ ~ $t_2$ 温度下的体胀系数（℃$^{-1}$）；

$\Delta t$——液化气体的温度差（℃）。

③气体在温度为 $t_2$ 时的饱和蒸汽压力 $p_2$ 加上 $\Delta p$ 即为充装过量的气瓶在温度为 $t_2$ 时瓶内的压力 $p$，即

$$p = p_2 + \Delta p \tag{8-6}$$

表 8-1　气瓶在压力升高时的容积增大系数 $F_V$

| 气瓶外径/内径 $K$ | 1.02 | 1.03 | 1.04 | 1.05 | 1.06 | 1.07 |
|---|---|---|---|---|---|---|
| 容积增大系数 $F_V$ | $4.8\times10^{-4}$ | $3.2\times10^{-4}$ | $2.4\times10^{-4}$ | $1.94\times10^{-4}$ | $1.63\times10^{-4}$ | $1.4\times10^{-4}$ |
| 气瓶外径/内径 $K$ | 1.08 | 1.09 | 1.10 | 1.15 | 1.20 | 1.50 |
| 容积增大系数 $F_V$ | $1.23\times10^{-4}$ | $1.1\times10^{-4}$ | $1.0\times10^{-4}$ | $7.3\times10^{-5}$ | $5.6\times10^{-5}$ | $2.85\times10^{-5}$ |

应当指出，这种计算只适用于气瓶内压力小于其屈服压力的情况，如果瓶内压力超过了其屈服压力，则气瓶的容积会迅速增大，此时瓶内压力的增大会小一些。

2）其他盛装液化气体的容器液化气体过量充装可能量的计算也可参照上述方法进行计算。

#### 8.1.2.2　事故原因及过程分析

1. 事故原因分析步骤和方法

压力容器发生断裂爆炸事故，经过对事故现场的检查和测量、对事故发生过程及容器既往情况的调查了解，以及必要的技术检验、鉴定和计算后，即可对事故原因进行技术分析。压力容器爆破事故在技术方面的原因和情况是十分错综复杂的，因此很难全面概括分析步骤和过程，每一次事故都只能是根据已经调查掌握到的具体情况进行具体分析。以下介绍一些较为普遍使用的事故分析步骤与方法。

（1）分析步骤。具体如下：

1）具体确定事故的类型，列出可能发生此类事故的所有原因。

2）根据调查情况，采用消去法逐步排除不存在的因素。

3）分析和验证可疑因素，确定事故的直接原因，逐步深入到间接原因，从而掌握事故的全部原因。

4）在事故分析的最后阶段需要对事故的性质、原因、责任等问题作出最后的结论。对于一些较为简单的、不涉及复杂大系统的压力容器断裂事故，经过一系列的调查分析，一般可以凭借安全管理及劳动监察方面专家的直接经验，配合一些简单的测量、技术校验与鉴定，或再增加一些必要的计算（如强度计算、爆炸能量计算、疲劳分析、断裂分析等），可大体进行判断并作出结论。例如，容器的断裂属于韧性还是脆性；是物理性的超压断裂，还是化学性的；是缺陷造成的，还是壁厚减薄造成的；缺陷是制造时遗留的，还是使用中产生或扩展的；若是使用中产生的，则还可以区分出是腐蚀造成的，还是载荷交变或蠕变造成的，等等。最后还可得出是设计、材料、制造、使用、管理上的原因，还是其他原因造成的。

当有初步结论后，再经专家论证鉴定修正，最后便可形成结论，再按规定上报。

（2）分析方法。进行事故原因综合分析，可采用多种分析法，此处重点介绍特征—因素图法。

对于一些较复杂的系统，涉及断裂事故的因素更广泛时，就无法靠一些比较简单的逻辑推理得出最终结论。这时需要一种较为严密的逻辑判断程序帮助人们进行推进与判断，可以得出更为可靠的事故分析结论。

这方面较为简单易行的方法是特征—因素图法。由于这种分析图具有树枝状结构，也像鱼骨状结构，因而也俗称“鱼骨图”法（图8-1）。图8-1中的主干（或称主骨）由导致压力容器事故可能出现的几个主要原因组成。图8-2所示为压力容器破坏事故的原因分析。一般是由于设计有误、材料有误、加工制造有误，或者使用有误等几方面原因导致断裂。而每一个方面又可能由若干因素造成，这些因素就称为大骨或大枝。其中每个因素又由下一级的因素引起，这就是小骨或小枝。

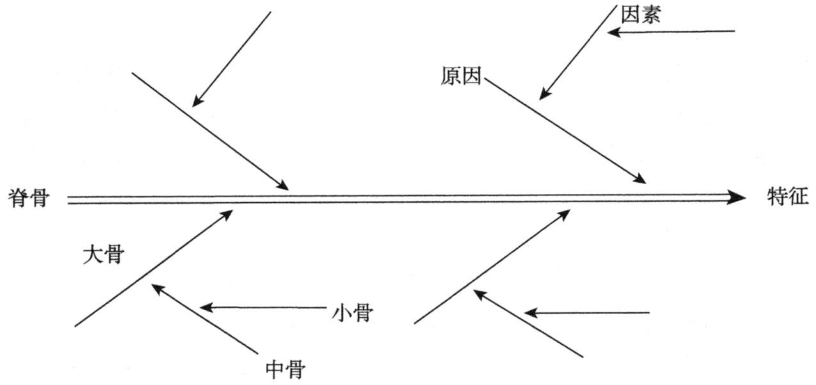


图8-1 事故分析特征—因素图（鱼骨图）的结构

在事故分析中，经调查与技术检验后确认某一因素不存在或不可能导致事故时，就可将这一因素否定，并在特征—因素图上将这一枝或这一枝中划去。在某一事故中经分析有若干因素均被否定，在其特征—因素图中最后可能仅剩下一个无法否定的因素，这个因素必定是事故的必然原因。

实际事故分析中可能有几个因素不能被否定，那就要对这些因素再逐一分析，必要时还可做些验证性试验，以肯定什么或否定什么。最终剩下的一种或数种因素便是导致该事故的主要原因，其中还可以分为直接原因和间接原因。

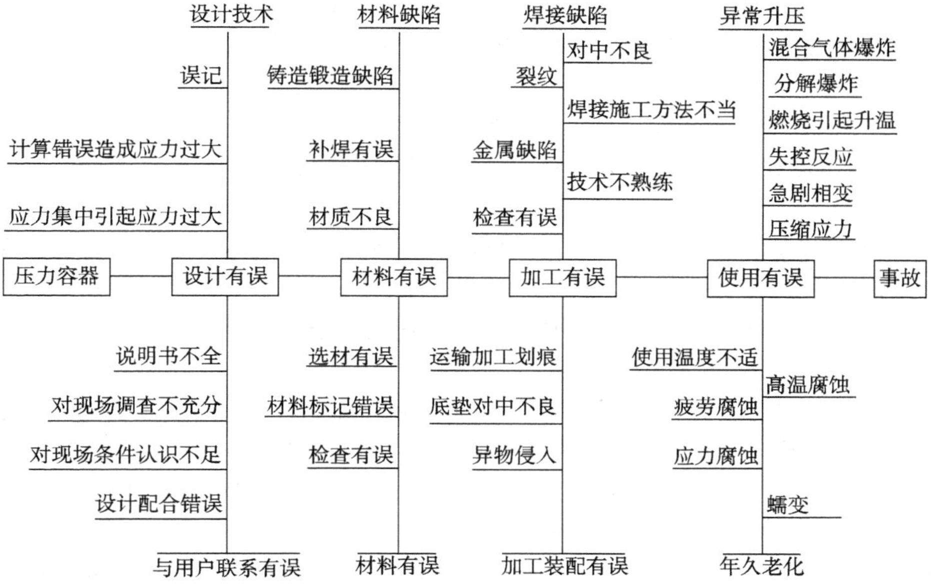


图 8-2　压力容器破坏事故的原因分析

2. 事故经历及过程的判断

（1）工作压力下断裂。压力容器在工作压力（或扩大到耐压试验压力）下发生爆破，可以是高应力破坏，即容器在工作压力下器壁的平均应力已经超过了材料的屈服强度或强度极限。这种情况一般发生在未经设计计算、制造质量低劣（如焊缝严重未焊透）或长期使用而不进行技术检验，致使器壁由于严重腐蚀而普遍减薄的容器。也可以是低应力破坏，即容器在工作压力下器壁的平均应力在材料的屈服强度以内，这种情况常见于脆性断裂、疲劳断裂和应力腐蚀断裂。

容器是否在正常工作压力下断裂，可以从其破坏迹象、可能性以及爆炸能量等各方面来考虑。第一，容器没有超压的迹象，如安全泄压装置灵敏正确、维护管理好（可在事故后进行技术检验）而在容器断裂前又没有开启排气，压力表也没发现异常。第二，容器没有超压工作的可能或可能性甚小，如同一压力来源的其他容器一切正常，操作及工艺条件并无任何异常等。第三，容器本身有在正常工作压力下断裂的可能性，如容器具有脆性断裂、疲劳断裂或应力腐蚀断裂的特征和可能性。第四，虽属延性断裂，而验算其断裂压力却与工作压力相差不大，同时容器在工作压力下计算的爆炸能量又远大于根据现场破坏情况计算的破坏能量。在上述情况下，一般可以判断为正常工作压力下的断裂。

（2）超压断裂。压力容器内部的压力较多超过工作压力（一般都超过耐压试验压力）而发生的物理现象的爆炸。发生这类事故的容器一般存在以下情况：

1）没有按规定装设安全泄压装置或装置失灵。

2）容器有超压的可能，如液化气体储罐或气瓶充装过量或严重受热、操作失误等。

3）断裂形式多属延性断裂，按壁厚验算容器的断裂压力远大于容器的正常工作压力。

4）根据工作压力计算的爆炸能量小于现场的破坏能量，而根据断裂压力计算的爆炸能量大于破坏能量等。

发生这种物理现象的爆炸，虽然有时也可能压力升高较快，但总有一段增压过程，而不同于容器内化学爆炸那样，压力瞬间升高。

（3）容器内化学反应爆炸。容器内化学反应爆炸是指容器内发生不正常的化学反应，使气体体积增加或温度剧烈增大而导致压力迅速升高，容器断裂。发生这类爆炸的容器必须具备一定的条件（能产生这类反应的介质或杂质和反应条件），常见的是可燃气体与氧气（空气）混合，例如盛装可燃气体的容器中混入氧气，或盛装氧气（空气）的容器中混入可燃气体等。值得注意的是，这种混合气体在压力较高的情况下可以在没有明火或静电的作用下发生反应爆炸。这类爆炸往往使容器碎裂成许多碎片，但其断口具有一部分脆性断口的特征，安全阀可能有开放过的迹象，但一般都来不及泄压；爆炸后检查压力表常可以发现有指针被撞弯或不能返回本位等异常现象。根据容器断裂压力计算的爆炸能量小于现场的破坏能量；容器内可能有燃烧的痕迹或残留物；压力瞬时升高，在压力自动记录仪上可以见到直线上升的压力线。

（4）在工作压力下断裂后二次爆炸。有些工作介质为易燃气体的容器在工作压力下断裂，容器内气体逸出与大气混合，在容器外又发生第二次爆炸。这种爆炸可以根据以下一些现象来判断：

1）从一般迹象及可能性来看，容器属于在正常工作压力下断裂。

2）容器在工作压力下的计算爆炸能量小于现场总的破坏能量。

3）容器在工作压力下的计算爆炸能量大于将容器或其碎片抛出所需要的能量。

4）容器的工作介质是易燃气体等，容器发生这种爆炸时，往往还有二次化学性爆炸的其他迹象，如在容器或室内常有燃烧痕迹或残留物，容器断裂时还伴有火光或闪光，有时还可能听到两次响声等。但这些迹象并不一定被发现或被注意和观察到，所以不能因没有发现这些迹象而否定容器发生二次爆炸的可能。

（5）超压断裂后二次爆炸。这种爆炸应有以下一些现象：

1）容器有超压爆破的迹象和可能，如安全泄压装置失灵、操作失误。

2）断裂形式属于延性断裂。

3）根据壁厚计算的断裂压力远大于正常工作压力。

4）根据断裂压力计算的爆炸能量小于事故现场的破坏能量。

5）容器断裂不像容器内化学反应爆炸那样产生大量的碎片。

6）容器的工作介质虽为易燃气体，但没有混入氧气的可能性极小等。这种爆炸有时也存在一些二次爆炸的迹象，如闪光、两次响声、室内有燃烧痕迹等。

3. 事故性质的分析

压力容器的断裂，有的是在正常工作压力下发生的，有的是在超压的情况下发生的。其中有的属于物理性爆炸，有的属于化学性爆炸。所以要具体分析事故的原因，根据事故现场的调查和技术检验、计算等资料对爆炸的性质或过程以及容器断裂压力等进行正确的判断。

根据爆炸事故的性质，爆炸事故可分为化学性爆炸事故和物理性爆炸事故。

（1）化学性爆炸事故。

1）气体混合型爆炸事故，如反应容器中可燃介质遇明火发生爆炸。

2）点火源泄漏型爆炸事故，如压力容器连接部位泄漏，可燃介质遇到外界明火，发生爆炸。

3）自然着火型爆炸事故，如压力容器内介质化学反应，使温度升高，达到闪点或燃点，引起介质着火发生爆炸。

4）化学反应失控型爆炸事故，如压力容器内的介质由于催化剂的错投或多投，使化学反应加剧而失控发生爆炸。

5）二次爆炸，如盛装易燃介质的压力容器断裂后，容器内逸出的介质与空气混合，在爆炸极限范围内又发生第二次爆炸。

（2）物理性爆炸事故。

1）传热型蒸发爆炸事故，如夹套容器进水夹套进出口阀门关闭，内筒介质继续加热，使夹套中水蒸发超压而发生爆炸。

2）平衡破坏型爆炸事故，如容器内高压液体突然降压，使容器内液体的相平衡破坏而发生爆炸。

3）平衡型超压爆炸事故，如由于高压液体突然降压，使容器内液体的相平衡破坏而发生爆炸，或压力表失灵，器内介质压力不断升高，使其超压爆炸。

4）未超压型爆炸事故，如压力容器结构不合理、选材错误或带缺陷运行的爆炸。

通过对爆炸性质的判断和断裂形式的鉴别以后，产生事故因素的范围比较明确，造成事故的直接原因就比较容易查找，有时甚至直接就可以得到事故原因。

如果容器是在工作压力下断裂，可按断裂形式分别从不同的方面查找原因：

1）延性断裂，经过强度核算和焊接质量的检验即可判明是由于设计壁厚太薄、焊接质量低劣或使用过程被严重腐蚀所致。

2）脆性断裂，应从材料选用、制造缺陷和质量检查控制等方面考虑。

3）疲劳断裂，应从容器设计（是否考虑疲劳问题和局部应力过高）或不正常的使用（不正常的频繁开停或较悬殊的压力波动）等方面考虑。

4）腐蚀断裂，应从材料选用、防腐蚀措施的效能和完整情况或介质中混入杂质和操作工艺条件不正常等方面考虑。

如果容器是在超压运行状态下断裂，应集中查找造成超压的原因。常见的超压原因是操作失误（如关错阀门等）加上安全泄压装置失灵或排泄面积不够等；对于盛装液化气体的容器，则大多是充装过量或受热严重。

对容器内化学反应爆炸事故，应根据现场情况分析的各种可能性，对操作工艺条件、管路的严密性、操作是否失误等方面逐一查找。

#### 8.1.2.3 事故处理

1. 事故责任分析

根据事故性质和当事人的行为，确定当事人应当承担的责任，并在事故报告书中，提出事故处理意见。当事人应当承担的责任分为全部责任、主要责任、同等责任和次要责任。当事人故意破坏、伪造事故现场、毁灭证据、未及时报告事故等致使事故责任无法认定的，当事人应当承担全部责任。

（1）根据事故调查所确认的事实，通过对事故原因的分析，确定事故的直接责任者和领导者。

（2）在直接责任者和领导责任者中，根据其在事故发生过程中的作用，确定主要责任者。

（3）根据事故后果和事故责任者应负的责任提出处理意见。

2. 事故调查报告

（1）写明事故发生时间、地点、容器名称和容器所属单位。

（2）正确反映事故发生前容器的状况，包括设计、制造、试验、安装、检修和运行原始材料。

（3）正确反映事故发生的全过程，包括事故开始时的异常现象、事故过程中的各种现象、操作人员采取的措施、容器爆炸或断裂的过程。

（4）确切描述事故发生后容器断裂或变形的情况和容器周围其他设备及建筑物的破坏情况。

（5）正确反映因压力容器爆炸或断裂造成的现场破坏情况，包括直接损失、间接损失、人员伤亡及其他损失情况。

（6）正确分析事故原因，应附以必要的现场照片，各种检验或试验报告，金相检验和断口检查照片。

（7）提出防止类似事故重复发生的措施。

（8）提出对事故有关责任人员的处理建议。

（9）写出事故调查报告书并应由调查组人员签字。

（10）事故调查组应当将事故调查报告书报送组织该起事故调查的行政部门（锅炉压力容器安全监察部门），并由其进行批复。

3. 事故处理

（1）事故批复后，组织该起事故调查的行政部门应当将事故调查报告书归档备查，并将事故调查报告书副本送达国家质检总局事故调查处理中心、当地人民政府和有关主管部门。

（2）事故发生单位及主管部门和当地人民政府应当按照国家有关规定对事故责任人员做出行政处分或者行政处罚的决定；构成犯罪的，由司法机关依法追究刑事责任。行政处分或者行政处罚的决定应当在接到事故调查报告书之日起30日内完成，并告知组织该起事故调查的行政部门。

4. 事故分析会

在事故调查处理过程中，根据情况可召开各种会议，并进行必要的记录。根据事故调查工作的开展或需要，写出会议纪要或情况通报。

召开事故分析会的目的是对事故的调查、分析情况、责任者的处理意见、整改措施和对事故处理意见进行最后审定。可以吸取教训，防止类似事故重复发生。

参加事故分析会的部门和人员包括：事故发生单位的有关领导和人员；事故单位上级主管部门的有关领导和人员；安全监察机构的领导和人员；被邀请的有关专家和其他有关人员。

在压力容器发生事故的处理过程中，应做好以下工作：

（1）压力容器发生事故后，事故发生单位应立即采取措施抢救人员和防止事故扩大，并应保护好事故现场。

（2）压力容器发生事故后，有关部门应尽快组成事故调查组对事故进行调查、分析和处理。事故调查组应由事故发生单位主管部门、安全生产监督管理部门、质量技术监督部门、当地人民检察院（发生伤亡等重大事故时）、公安消防部门（事故引发火灾时）和工会的人员组成，并可根据事故调查的需要，邀请锅炉压力容器检验单位、科研单位以及大专院校有关专家参加。事故调查组应调查事故发生前的设备情况，查明人员伤亡、设备损坏及经济损失情况（包括附近建筑物破坏），分析事故原因和性质（必要时应进行技术鉴定），明确事故责任，提出事故处理意见。若引发火灾事故的，在未经公安消防机构同意的情况下，不得擅自清理火灾现场。

（3）事故调查结束后，事故调查组应填写事故调查报告书，并将事故调查报告送至组织调查该起事故的质量技术监督部门。质量技术监督部门应在收到事故调查报告书的15天内，对事故调查报告进行认定，提出结论性意见。经认定的事故调查研究报告书才有效。

（4）事故发生单位及其主管部门应根据经认定的事故调查报告书中的处理建议，对因设计、制造、安装、修理、改造的原因，或因定期检验存在明显的漏洞或失误而发生压力容器事故并造成重大损失时，事故主要责任单位应向发生事故的单位赔偿经济损失，或承担法律责任。经济损失的赔偿应根据具体情况协商解决或按照国家有关法律程序解决。对确定为责任事故的，除了应当查明事故单位的责任并依法予以追究和对有关责任人员进行处理外，还应当查明对压力容器的有关事项负有审查批准和监督职责的行政部门的责任，对有失职、渎职行为的，依照《中华人民共和国安全生产法》的有关规定追究法律责任。

事故处理结束后，事故发生单位或其主管部门应对事故责任者的处理及防范措施落实情况等向组织该起事故调查的质量技术监督部门书面报告。质量技术监督部门应在收到书面报告30天内以书面的形式批复结案。压力容器事故处理应在事故发生之日起90天内结案。调查、分析难度较大的事故，经负责结案的质量技术监督部门批准，结案期限可以适当延长，但不得超过180天。

## 8.2 压力容器爆炸能量及事故危害

压力容器之所以作为一种特种设备，除了因为它比较容易发生爆炸事故外，更主要是因为事故的危害性严重。运行中的压力容器一旦发生爆炸破裂，不但设备本身遭到破坏，而且往往波及更大范围，毁坏周围的设备或建筑物，致使人员被击伤、烧伤和中毒等，甚至还会导致严重的火灾事故。

压力容器发生爆炸而破裂时，容器内的高压流体介质突然解除了器壁的约束，瞬间膨胀卸压，以极高的速度释放出内在的大量能量，这就是通常所说的物理爆炸现象，这种内在的能量称为爆炸能量。如果容器内充装的是可燃液化气体，容器破裂后，液化气立即蒸发并与周围的空气形成爆炸性混合气体，遇到明火、容器碎片撞击设备产生的火花或高速气体所产生的静电作用，会立即发生化学爆炸，即通常所说的二次爆炸。因此，压力容器破裂时，其爆炸能量的大小不但与原有的压力和容器的容积有关，而且还与介质的化学性质及在容器内的物态有关。

## 8.2.1　永久气体容器爆炸能量估算

压力容器破裂时，压缩气体由破裂前的高压力降至大气压力，是一个简单膨胀过程。爆炸过程发生在极短时间内，因而不管工作介质与周围大气存在多大温差，均可认为没有热量传递，即气体的膨胀过程是在绝热状态下进行的。因此，压缩气体容器的爆炸能量即为气体绝热膨胀所做的功，即

$$E_g = \frac{pV}{\kappa - 1}\left[1 - \left(\frac{0.1013}{p}\right)^{\frac{\kappa-1}{\kappa}}\right] \times 10^3 \qquad (8-7)$$

式中　$E_g$——压缩气体膨胀功，即爆炸能量（kJ）；

$p$——爆炸前容器内气体绝对压力（MPa）；

$V$——气体的体积，即容器的容积（$m^3$）；

$\kappa$——气体的等熵指数。

气体的等熵指数可按其分子组成近似确定。如双原子气体，$\kappa = 1.4$，三原子和四原子气体，$\kappa = 1.2 \sim 1.3$。压力容器中常用压缩气体等熵指数见表 8-2。

**表 8-2　常用压缩气体的等熵指数**

| 气体名称 | $\kappa$ | 气体名称 | $\kappa$ |
|---|---|---|---|
| 空气 | 1.4 | 甲烷 | 1.315 |
| 氮气 | 1.4 | 乙烷 | 1.18 |
| 氧气 | 1.397 | 一氧化碳 | 1.395 |
| 氢气 | 1.412 | 二氧化碳 | 1.295 |

由表 8-2 可见，空气、氧气、氮气及一氧化碳等常用气体的等熵指数 $\kappa$ 均为 1.4 或近似为 1.4，则用 $\kappa = 1.4$ 代入式（8-7），即得这些压缩气体容器的爆炸能量为

$$E_g = 2.5pV\left[1 - \left(\frac{0.1013}{p}\right)^{0.2857}\right] \times 10^3 \qquad (8-8)$$

## 8.2.2　蒸汽爆炸能量估算

压缩气体容器爆炸能量的计算式（8-7）也可用于水蒸气容器爆炸能量的计算，但水蒸气的等熵指数与一般压缩气体差别较大，它的等熵指数与饱和蒸汽的干度及过热状态有关：对于过热蒸汽，$\kappa = 1.3$；对于干饱和蒸汽，$\kappa = 1.135$；对于湿饱和蒸汽，$\kappa = 1.035 + 0.1x$（$x$ 为蒸汽干度）。如将 $\kappa = 1.135$

代入式（8-7），可得干饱和蒸汽的爆炸能量为

$$E_g = 7.4pV\left[1 - \left(\frac{0.1013}{p}\right)^{0.1189}\right] \times 10^3 \quad (8-9)$$

## 8.2.3 液化气体容器爆炸能量估算

工作介质为液化气体的压力容器，破裂时除了气体迅速膨胀以外，还有处于过热状态的液体急剧蒸发。因此，容器在破裂时所释放出的能量包括容器内饱和蒸汽绝热膨胀产生的爆炸能量，以及饱和液体急剧蒸发产生的爆炸能量。而大多数情况下，容器内饱和液体占绝大部分，其爆炸能量比饱和蒸汽大得多，所以计算时，饱和蒸汽往往可忽略不计。

容器破裂导致气体膨胀，从而使容器内压力瞬时降至大气压力，也使容器内饱和液体的温度高于其大气压下的沸点而处于过热状态。于是，气液两相失衡，液体迅速大量蒸发，内部充满气泡，体积剧烈膨胀，并很快充满整个容器空间，容器壳体受到很高的压力冲击，促使其进一步破裂。这种由于压力突然下降，使原来处于平衡状态的饱和液体在大气压下过热而迅速蒸发沸腾，体积剧烈膨胀而产生的爆炸现象称为蒸汽爆炸。蒸汽爆炸一般在很短的时间内完成，也是一个绝热过程。有压力的饱和液体在绝热条件下的爆炸能量为

$$E_L = [(h_p - h_1) - (s_p - s_1)T_b]m \quad (8-10)$$

式中 $E_L$——过热状态下饱和液体的爆炸能量（kJ）；

$h_p$——在容器破裂前的压力 $p$ 下饱和液体的焓（kJ/kg）；

$h_1$——在大气压力下饱和液体的焓（kJ/kg）；

$s_p$——在容器破裂前的压力 $p$ 下饱和液体的熵［kJ/(kg·℃)］；

$s_1$——在大气压力下饱和液体的熵［kJ/(kg·℃)］；

$T_b$——介质在大气压力下的沸点（K）；

$m$——饱和液体的质量（kg）。

## 8.2.4 爆炸产生的危害

压力容器爆炸所造成的危害主要有爆炸冲击波及碎片的破坏作用、有毒介质容器破裂后造成的毒害作用，以及可燃气体容器破裂后造成的火灾等许多方面。

1. 冲击波及其破坏作用

压力容器爆炸时，爆炸能量除了很少一部分消耗于将容器进一步撕裂，并将容器或其碎片抛出以外，大部分能量都用于产生冲击波。

当容器破裂爆炸时，其周围的空气受到高压气体冲击而发生扰动，空气压力、密度、温度等发生突跃变化，这种扰动在空气中传播就成为冲击波。在离

爆炸中心一定距离的范围内，空气压力随时间发生迅速而悬殊的变化。开始时，压力突然升高，产生一个很大的正压力，接着又迅速衰减，在很短时间内正压降至零，并继续下降至负压。如此反复循环，但压力的变化一次比一次小得多。

开始时产生的最大正压力即冲击波的超压，是指冲击波波阵面上的超压 $\Delta p$。在大多数情况下，冲击波的破坏作用主要与波阵面上的超压 $\Delta p$ 的大小有关。在爆炸中心附近，空气冲击波波阵面上的超压 $\Delta p$ 较高，建筑物将被摧毁，设备、管道均会遭到严重破坏，冲击波的超压对建筑物和人身的破坏作用见表 8-3。

**表 8-3　冲击波超压对建筑物和人身的破坏作用**

| 超压 $\Delta p$/MPa | 破坏情况 | 超压 $\Delta p$/MPa | 破坏情况 |
|---|---|---|---|
| 0.005～0.006 | 门窗玻璃部分破碎 | 0.07～0.1 | 砖墙倒塌 |
| 0.006～0.01 | 受压面的门窗玻璃大部分破碎 | 0.1～0.2 | 防震钢筋混凝土破坏，小房倒塌 |
| 0.015～0.02 | 门框损坏 | 0.2～0.3 | 大型钢架结构破坏 |
| 0.02～0.03 | 墙产生裂缝 | 0.03～0.05 | 人的听觉器官损伤或骨折 |
| 0.04～0.05 | 墙产生大的裂缝，屋瓦掉下 | 0.05～0.1 | 严重损伤人的内脏 |
| 0.06～0.07 | 木建筑厂房屋柱折断，房架松动 | >0.1 | 大部分人员死亡 |

2. 压力容器爆炸时产生的冲击波超压

冲击波超压的大小与冲击波的能量有关，气体爆炸能量越大，冲击波的强度越大，波阵面上的超压也越大。在相同的条件下，距离爆炸中心越远，波阵面上的超压就越小。

炸药爆炸时，在一定的距离范围内，超压 $\Delta p$ 的大小主要取决于药量的多少和距离的远近，即 $\Delta p$ 是药量 $q$ 和距离 $R$ 的函数。但是表达这种函数关系，目前还缺乏一个简单而精确的方程式，所以一般由试验确定。当然这种试验不可能无限地进行，因此，任意炸药量爆炸时，在任意距离下的超压就只能按比例法则（相似法则）来确定，即通过模拟试验，把有限次已知药量的爆炸过程中所测得的、在各种不同距离下产生的冲击波超压数据，按一定的函数关系进行放大或缩小，扩大到任意数量的同类炸药中去。

试验数据表明，不同药量的同类炸药发生爆炸时，如果距爆炸中心的距离之比与炸药量的三次根之比相等，则所产生的冲击波超压相同，用公式表示为

若 $\frac{R}{R_0}=\left(\frac{q}{q_0}\right)^{\frac{1}{3}}=\alpha$，则

$$\Delta p = \Delta p_0$$

式中　$\alpha$——爆炸试验模拟比；

$q$——实际爆炸的炸药量（kg）；

$q_0$——模拟试验的炸药量，$q_0 = 1000\text{kg}$；

$R$——距实际爆炸中心的距离（m）；

$R_0$——距模拟爆炸试验中心的距离（m）。

取 $q_0 = 1000\text{kg}$ 的 TNT 进行模拟爆炸试验，然后取不同 $R_0$处的距离，测得相应的超压 $\Delta p_0$，组成一组数据列于表 8-4。

**表 8-4 1000kgTNT 爆炸时的冲击波超压**

| 距离 $R_0$/m | 超压 $\Delta p_0$/MPa | 距离 $R_0$/m | 超压 $\Delta p_0$/MPa | 距离 $R_0$/m | 超压 $\Delta p_0$/MPa | 距离 $R_0$/m | 超压 $\Delta p_0$/MPa |
|---|---|---|---|---|---|---|---|
| 5 | 2.94 | 12 | 0.50 | 25 | 0.070 | 55 | 0.021 |
| 6 | 2.06 | 14 | 0.33 | 30 | 0.057 | 60 | 0.018 |
| 7 | 1.67 | 16 | 0.235 | 35 | 0.043 | 65 | 0.016 |
| 8 | 1.27 | 18 | 0.17 | 40 | 0.033 | 70 | 0.0143 |
| 9 | 0.95 | 20 | 0.126 | 45 | 0.027 | 75 | 0.013 |
| 10 | 0.76 | | | 50 | 0.024 | | |

3. 爆炸碎片的破坏作用

压力容器爆炸破裂时，壳体可能裂成碎块或碎片向四周飞散。这些碎片具有较大的动能，因而对周围设施可能造成严重危害，如果爆炸碎片损坏了附近的设备或管道，还会引起连锁爆炸或酿成火灾，造成更大的危害。

碎片对人的伤害程度或对设备的损坏程度主要取决于它的动能，碎片所具有的动能与它的质量及速度的平方成正比。压力容器碎片在离开壳体时常具有 80～120m/s 的初速度，飞离到较远的地方仍有 20～30m/s 的速度。此时质量为 1kg 的碎片动能即可达到 200～450J，足以造成人身伤亡。碎片对钢板等弹塑性材料的穿透能力可按下式计算，即

$$S = \kappa \frac{E}{A} \tag{8-11}$$

式中 $S$——碎片对材料的穿透能力（mm）；

$\kappa$——材料的穿透系数，对于钢板，$\kappa = 1$；对于钢筋混凝土，$\kappa = 10$；对于木材，$\kappa = 40$；

$E$——碎片击中时具有的动能（J）；

$A$——碎片穿透方向的截面积（$\text{mm}^2$）。

4. 有毒液化气体容器破裂时的毒害区

压力容器所盛装的许多液化气体是有毒的，如液氨、液氯、二氧化硫、二氧化氮和氢氰酸等。当盛装这样介质的容器发生破裂时，大量液体会很快蒸发成气体，有毒蒸气随着气流方向不断向周围环境扩散，从而造成大面积的毒害区域。

液化气体容器破裂时，虽然容器内的液体不可能立即全部蒸发，但绝大部分液体在容器破裂时就立即蒸发，生成大量蒸气。有毒蒸气的体积可由下式估算，即

$$V_g = \frac{22.4mc(t - t_b)}{Mq}\frac{273 + t_b}{273} \tag{8-12}$$

式中 $V_g$——有毒蒸气的体积（$m^3$）；

$m$——容器内液化气体的质量（kg）；

$c$——介质的比热容［kJ/(kg·℃)］；

$t$——容器破裂时器内介质的温度（℃）；

$t_b$——介质的标准沸点（℃）；

$M$——介质的相对分子质量；

$q$——介质的汽化热（kJ/kg）。

从式（8-12）中可以看出，液化气体在容器破裂时蒸发出的气体体积与当时的液体温度有关。一般在常温下破裂的容器，爆炸后生成的蒸气体积约为液体体积的100～250倍。毒害区域的面积除了与容器内液化气体的质量有关，还与该介质的毒性有关。表8-5列出了容器中经常盛装的有毒液化气体的中毒含量（体积分数，下同）。如果容器内的液化气体量已知，则可以按式（8-12）算出容器破裂时蒸发生成的毒气体积 $V_g$，然后根据表8-5中各种含量算出可以造成中毒的空气体积，即为毒害区。

**表8-5 容器中经常盛装的有毒液化气体的中毒含量**

| 名称 | 吸入5～10min致死的含量（%） | 吸入0.5～1min致死的含量（%） | 吸入0.5～1min致重伤的含量（%） |
|---|---|---|---|
| 氨 | 0.5 | | |
| 氯 | 0.09 | 0.0035～0.005 | 0.0014～0.021 |
| 二氧化硫 | 0.05 | 0.053～0.065 | 0.015～0.019 |
| 硫化氢 | 0.08～0.1 | 0.042～0.06 | 0.036～0.05 |
| 二氧化氮 | 0.05 | 0.032～0.053 | 0.011～0.021 |
| 氢氰酸 | 0.027 | 0.011～0.014 | 0.01 |

5. 可燃液化气体容器破裂时的燃烧区

当充装可燃液化气体（如液化石油气等）的压力容器破裂时，一部分液体蒸发成气体，并与周围空气混合，遇到适当条件在器外发生燃烧爆炸，从而促使未被蒸发而以雾状液滴散落在空气中的液体也着火燃烧。爆炸燃烧后生成的高温燃气（水蒸气、二氧化碳等）和空气中的氮气升温膨胀，形成体积巨大的高温燃气团，使周围很大一片地区变成火海。

可燃液化气体容器破裂时产生的高温燃气的体积及其燃烧范围可通过计算求得。已知容器内所装液化气体的质量，若容器破裂后可燃液化气体完全燃烧，则可根据燃烧化学反应式计算出燃烧所需空气量和燃烧后生成燃气的质量；再由可燃液化气体的燃烧热值和燃气的比热容，计算出可升高多少度；最后根据燃气在标准状态下的密度，计算出液化气体完全燃烧生成的燃气在高温下的体积。假如这些燃气以半球状向地面扩散，由高温燃气的体积可求出高温气体的扩散半径。由此可知，以容器为中心，在扩散半径的范围内，所有可燃物都将着火燃烧，在此范围内人员也会被烧伤。

## 8.3 压力容器连锁事故定量风险评价

化工装置具有危险能量及危险介质，在事故状态下除了能够导致直接的显著事故后果外，爆炸产生的冲击波、碎片乃至泄漏出的物料燃烧产生的热辐射，往往也可能引发周边装置破裂，进而导致连锁事故，引发更为严重的财产损失和人员伤亡。相关研究者将这一现象定义“发生于某一装置的事故导致周边其他一个或多个装置的失效，最终导致二次乃至更深层次的事故的现象，或称之为事故链（Chains of Accidents）”。比较而言，压力容器在事故状态下具有更明显的事故连锁传递效应。该类事故发生的必要条件以及一般过程归纳如下（图8-3）：

（1）某一装置发生初始事故产生破坏作用。

（2）在破坏作用的作用范围内存在其他装置，该装置内含足够的危险物质或能量，在装置结构失效事故状态下能够引发严重的事故后果。

（3）破坏作用从初始事故装置出发，经过一定空间距离（初始事故装置与二次事故装置之间的距离）的传递衰减后作用于二次事故装置，此时仍然能够导致二次事故装置结构失效。

（4）二次事故装置内危险物质泄漏或危险能量释放，进而发生二次事故。

该类事故具有事故后果严重、发生概率低的特点，因此，对该类事故危险程度的度量在国内外相关研究中多采用风险指标对其进行评价。目前常用的风险指标主要包括场所风险（Local Risk）指标、个人风险（Individual Risk）指标和社会风险（Societal Risk）指标。场所风险指标主要反映临近化工装置的某一空间位置上人员无防护的个人致死风险；个人风险指标是在场所风险的基础上增加对人员出现频率和防护状况的考虑。常用的个人风险指标表述技术有两种：基于地图将风险等值点连接绘制的个人风险等值线（Iso - Risk Curves）；基于剂量—概率思想的伤害作用（超压、热辐射和毒性）下个人伤害概率公式。社会风险指标主要反映社会群体在事故作用下所面临的整体风

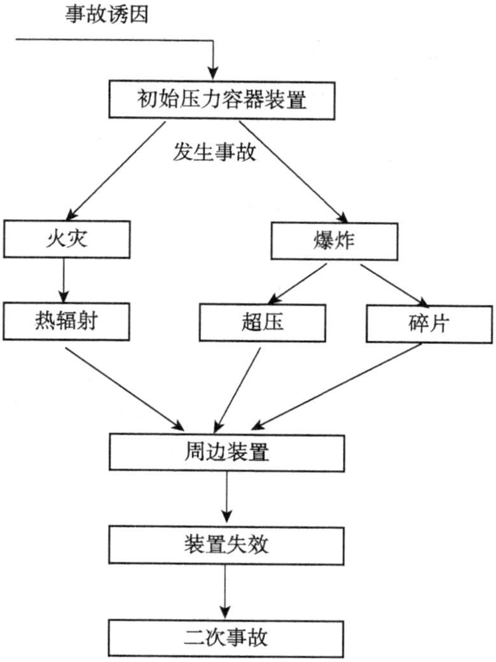


图8-3　化工装置连锁事故基本过程

险，常见形式有 $F—N$ 曲线和 $I—N$ 柱状图。$F—N$ 曲线表示该社会风险导致 $N$ 或者更多死亡人数的累计概率为 $F$。$I—N$ 曲线表示个人风险为 $I$ 的区域内受影响的人员数目为 $N$。

## 8.3.1　超压、热辐射、爆炸碎片连锁破坏概率模型的研究进展

多米诺效应发生的判定条件是破坏效应（超压、热辐射和爆炸碎片）能否使周边装置的结构失效，进而使装置内危险物质或能量泄漏，最终产生二次事故。对于装置间多米诺效应传递现象的风险研究主要经历了两个阶段。首先，研究人员试图找出不同破坏效应破坏化工装置进而引发连锁效应的阈值。由于不确定因素较多，且由于装置本身的差异以及研究人员对目标装置破坏的定义不同，基于试验和历史数据得出的破坏效应阈值具有明显的局限性，数值之间存在较大的差异，无法获得统一的认可，进而难以推广应用。之后，为了整合数据间的差异，破坏效应作用下装置的连锁破坏概率模型得到发展。

1. 超压连锁破坏概率模型的研究进展

对于超压连锁破坏概率模型的研究，研究者依据超压准则，均在远场假设的基础上仅仅将破坏效应与作用于目标装置的超压相关联，并利用历史事故数

据，建立概率经验模型。Bagster 和 Pitblado（1991 年）假定装置在冲击波超压作用下的破坏概率随装置与爆源间距的增加呈现二次方递减趋势。Gledhill 和 Lines（1998 年）将化工装置分为两类，并针对该分类提出化工装置失效的超压阈值（常压容器为 7kPa，压力容器为 38kPa）。作用于装置的超压若小于该阈值，则认为装置发生破坏的概率为 0；反之，则认为装置发生破坏的概率为 1。Eisenberg 与 Lynch（1975 年）利用概率思想对装置结构的破坏概率进行分析，并建立了相关模型。Khan 和 Abbasi（1998 年）在此基础上以 70kPa 为超压阈值，若超压小于该阈值，则认为装置的失效概率为 0；若超压大于该阈值，装置的失效概率则依据 Eisenberg 与 Lynch 建立的模型进行求解。Cozzani 和 Salzano（2004 年）在考虑装置结构特性的基础上，将装置划分为常压、压力、塔型容器及小型装置四类，基于历史事故数据，利用数据回归建立了四类装置的超压连锁破坏概率模型。张明广（2008 年）建立综合装置结构破坏程度和装置物料泄漏程度的化工装置破坏现象分级，并采用线性函数分布确定事故超压数据概率，通过对事故数据的最小二乘回归得到了超压作用下装置失效导致物料泄漏的概率公式。

上述超压连锁破坏概率模型的研究成果见表 8-6。表中，$Y$ 为装置的连锁破坏概率单位；$\Delta p$ 为超压（Pa）；$F_d$ 为装置的连锁破坏概率；$r$ 为装置与爆炸源点的间距（m）；$r_{th}$ 为超压值为 $\Delta p_{th}$ 的空间位置与爆炸源点的间距（m）。

**表 8-6 超压连锁破坏概率模型**

| 研究人员 | 装置分类 | 概率模型 |
|---|---|---|
| Eisenberg 与 Lynch（1975 年） | 未分类 | $Y=-23.8+2.92\ln(\Delta p)$ |
| Bagster 与 Pitblado（1991 年） | 未分类 | $F_d=(1-r/r_{th})^2$ |
| Khan 与 Abbasi（1998 年） | 未分类 | 若 $\Delta p<70$kPa，则 $F_d=0$；若 $\Delta p>70$kPa，则 $Y=-23.8+2.92\ln(\Delta p)$ |
| Gledhill 与 Lines（1998 年） | 常压容器 | 若 $\Delta p<\Delta p_{th}$，则 $F_d=0$；若 $\Delta p\geqslant\Delta p_{th}$，则 $F_d=1$ |
| | 压力容器 | |
| Cozzani 与 Salzano（2004 年） | 常压容器 | $Y=-18.96+2.44\ln(\Delta p)$ |
| | 压力容器 | $Y=-42.44+4.33\ln(\Delta p)$ |
| | 塔型容器 | $Y=-28.07+3.16\ln(\Delta p)$ |
| | 小型装置 | $Y=-17.79+2.18\ln(\Delta p)$ |
| 张明广（2008 年） | 常压容器 | $Y=-9.36+1.43\ln(\Delta p)$ |
| | 压力容器 | $Y=-14.44+1.82\ln(\Delta p)$ |
| | 塔型容器 | $Y=-12.22+1.65\ln(\Delta p)$ |
| | 小型装置 | $Y=-12.42+1.64\ln(\Delta p)$ |

2. 热辐射连锁破坏概率模型的研究进展

热辐射导致装置发生连锁破坏的方式主要包括两种：①火焰直接接触目标装置进而引发其结构破坏；②火焰热辐射经空间传递后，作用于目标装置，进而使装置发生结构破坏。对于内含危险物料的密闭装置，热辐射作用下其失效破坏是在两种因素同时作用下产生的：装置的材料强度由于壁温升高而降低；装置内物料由于吸收热量，气相压力急剧增加。随着热辐射作用时间的增加，当装置材料的形变累积到一定程度时，装置壁面的薄弱部位首先产生裂纹，裂纹在应力作用下扩展，当裂纹穿透装置器壁后会形成初始裂口。

装置的失效破坏方式主要包括三种：①初始裂口停止扩展，由裂口喷射物料；②初始裂口继续快速扩展，导致 BLEVE（沸腾液体扩展蒸气爆炸）的发生；③初始裂口形成后，由于装置内气相能量不足以维持裂口继续扩展，因此随着气相物质由裂口排出，装置内压降低。装置内的液相部分在内压降低后处于过热状态，此时大量的过热液体发生沸腾汽化，使装置内压恢复，而液体的过热程度决定装置内压的恢复程度。当装置内压超过此时的装置强度极限，裂口继续扩展，并引发 BLEVE。初始裂口形成后，装置的失效破坏模式主要取决于裂口形成后装置材料的强度和装置内部的压力变化，装置材料的强度取决于装置壁面的温度分布，装置的内压取决于裂口的大小、形状及储罐内部气相与液相的能量。热辐射作用下化工装置结构失效的影响因素包括装置形状、装置材料特性、热辐射强度、热辐射在装置壁面的分布、装置内的物料充装水平及物料性质等。

在目前已有的热辐射连锁破坏概率模型的研究中，Khan 和 Abbasi（1998 年）依据热辐射作用下装置内物料产生的高压导致结构破坏和装置材料强度衰减的情况，构建了装置的连锁破坏判据。Cozzani 和 Salzano（2004 年）将热辐射连锁破坏概率的影响因素归纳为三个主要方面：①不同类型火灾的热辐射特性；②在一定热辐射强度下的装置结构失效时间；③不同类别目标装置的结构特性。在常见的池火、喷射火、火球和闪火等火灾事故类型中，火球和闪火因为持续时间较短，不可能破坏目标装置而引发连锁效应，而池火和喷射火的持续时间较长，在目标装置处的热辐射强度达到一定的数值时，目标装置将发生破坏。依据一定的步骤，计算获得热辐射作用下装置的失效时间，然后通过数据拟合，建立以热辐射强度和容器体积为输入变量的装置失效时间的预测模型，并建立基于装置失效时间的热辐射连锁破坏概率模型。对于热辐射连锁破坏阈值，依据热通量准则，某些文献认为常压容器在热辐射作用时间为 30min 以上的条件下发生连锁破坏的热通量阈值是 $10kW \cdot m^{-2}$，压力容器在热辐射作用时间为 30min 以上的条件下发生连锁破坏的热通量阈值是 $40kW \cdot m^{-2}$。有的文献提出常压容器在热辐射作用时间为 10min 以上的条件下发生连锁破坏的热通量阈值是 $15kW \cdot m^{-2}$，压力容器在热辐射作用时间为 10min 以上的条件下发生连锁破坏的热通量阈值是 $50\mathrm{kW \cdot m^{-2}}$。

与 Khan 和 Abbasi 的工作相比，Cozzani 和 Salzano 建立的模型更便于热辐射连锁效应风险的评价。Landuccia 等（2009 年）建立了以热辐射强度为输入变量的储罐失效时间的简化模型，该模型可用于不同类型火灾作用下储罐的失效分析，且针对给定的火灾事故情景，利用该模型计算获得的储罐失效时间与实际参考时间的吻合性较好。

上述热辐射连锁破坏概率模型的研究成果见表 8-7。表中，$P_{\mathrm{heat1}}$ 为装置内物质产生高压导致装置破坏的概率；$P_{\mathrm{heat2}}$ 为装置材料失效导致装置破坏的概率；$P_{\mathrm{heat}}$ 为装置的连锁破坏概率；$p_2$ 为装置内物质在热辐射作用下产生的压力（MPa）；$p_{\mathrm{relief}}$ 为装置可承受的最大内压（MPa）；$E_{\mathrm{ymax}}$ 为根据最大应变理论得出的装置材料在热辐射条件下的最大允许应力（MPa）；$E_{\mathrm{y}}$ 为热辐射作用下装置材料发生破坏的极限应力（MPa）；$Y$ 为装置的连锁破坏概率单位；$t_{\mathrm{tf}}$ 为装置失效时间（s）；$I$ 为热辐射通量（$\mathrm{kW \cdot m^{-2}}$）；$V$ 为装置体积（$\mathrm{m^3}$）。

**表 8-7 热辐射连锁破坏概率模型**

| 研究人员 | 装置分类 | 概率模型 |
|---|---|---|
| Khan 和 Abbasi（1998 年） | 未分类 | $P_{\mathrm{heat1}} = (p_2 - p_{\mathrm{relief}})/p_{\mathrm{relief}}$，$P_{\mathrm{heat2}} = E_{\mathrm{ymax}}/E_{\mathrm{y}}$ |
| | | $P_{\mathrm{heat}} = \min\{1, [1-(1-P_{\mathrm{heat1}})(1-P_{\mathrm{heat2}})]\}$ |
| Cozzani 和 Salzano（2004 年） | 立式常压容器 | $Y = 12.54 - 1.847\ln(t_{\mathrm{tf}})$，$\ln(t_{\mathrm{tf}}) = -1.128\ln I - 2.667\times10^{-5}V + 9.877$ |
| | 卧式压力容器 | $Y = 12.54 - 1.847\ln(t_{\mathrm{tf}})$，$\ln(t_{\mathrm{tf}}) = -0.947\ln I + 8.835V^{0.032}$ |
| Landuccia 等（2009 年） | 常压容器 | $Y = 9.25 - 1.85\ln(t_{\mathrm{tf}})$，$\ln(t_{\mathrm{tf}}) = -1.13\ln I - 2.67\times10^{-5}V + 9.9$ |
| | 压力容器 | $Y = 9.25 - 1.85\ln(t_{\mathrm{tf}})$，$\ln(t_{\mathrm{tf}}) = -0.95\ln I + 8.845V^{0.032}$ |

### 3. 爆炸碎片连锁破坏概率模型的研究进展

化工行业中存在大量含高压气体或过热液体的密闭管道和容器，如这些装置发生爆炸，除产生冲击波外，还会产生碎片。碎片从爆炸中获得能量，能够抛射到较远的距离，如在抛射过程碰撞其他装置，则可使装置结构破坏进而引发二次事故。根据爆炸碎片的产生机理，将其分为初始碎片和次生碎片。初始碎片是发生初始爆炸事故的装置产生的碎片，次生碎片是爆炸装置附近的设施在冲击波作用下产生的碎片。与初始碎片相比，次生碎片的抛射速度、抛射距离以及对周边装置的破坏能力均小得多。

装置爆炸产生碎片的情况通常分为三种：①装置发生脆性破裂，产生数目较多但形状较小的碎片；②装置发生塑性破裂，产生数目较少但形状较大的碎片；③由于装置材料的缺陷或装置组装工艺的缺陷，导致装置材料的力学性能分布不均，当装置内压过大时，装置结构上较薄弱且形状较小的部分脱离装置主体，进而抛射，使装置发生破坏。

碎片连锁破坏概率由某一形态（确定的质量、形状以及抛射速度）碎片的产生概率、碎片碰撞目标装置的概率和碎片碰撞目标装置后对其造成破坏的概率组成。Khan 和 Abbasi（1998 年）认为应当从碎片穿透装置、由于碎片动能被目标装置的物料吸收而产生的压力增加、碎片抛射后碰撞装置三个方面考虑碎片连锁效应风险。Hauptmanns（2001 年）利用 Monte-Carlo 法克服了碎片产生、抛射、碰撞目标装置过程存在的参数不确定性。Gubinelli 等（2004 年）改进了碎片抛射后碰撞目标装置概率的计算方法，并提出了简化的碎片撞击概率模型。Pula 等（2007 年）考虑了碎片抛射方向与地面的夹角、碎片抛射轨迹与实际抛射间的差异、碎片抛射后可碰撞与其轨迹相交的任意目标装置的情况。Abbasi 等（2007 年）在前人研究成果的基础上，分析并总结了 BLEVE 产生的碎片数量、质量、抛射速度、抛射方向、抛射距离、穿透过程以及破坏目标装置的计算模型。Gubinelli 与 Cozzani（2009 年）通过历史事故数据库的分析，总结了储罐发生不同类型工业爆炸事故的数量、频率，获得了储罐的破裂形式及产生的碎片数量；在此基础上，对储罐在不同破裂形式下产生的碎片形状进行了分析，并获得碎片数量概率分布模型；同时，依据碎片的几何结构及材料特性，利用参数影响的重要度分析，获得了简化的碎片抛射阻力因子模型。Mebarki 等（2007 ~ 2009 年）建立了碎片连锁效应风险分析框架，依据最大熵原理，结合前人对卧罐与球罐爆炸碎片的产生及抛射过程涉及的随机变量的研究成果，获得了碎片数量、形状、质量、抛射速度与角度等随机变量的概率分布模型；利用 Monte - Carlo 法，对碎片数量等随机变量的概率分布进行了模拟，结果表明 1000 次模拟可获得足够精确的结果；根据碎片抛射方程，利用 Monte - Carlo 法，对碎片抛射过程进行了模拟，获得的碎片抛射距离与实际事故数据的吻合性较好；在优化碎片撞击概率计算的基础上，对碎片撞击目标装置的概率进行了分析，结果表明碎片撞击概率与目标罐和事故罐的间距及目标罐的方位有关；而后以圆柱形金属棒撞击矩形金属平板为研究对象，依据塑性理论，建立了碎片碰撞目标装置后对其穿透深度的预测模型，且模型分析结果与试验数据的吻合性较好，并由此分析了目标装置的破坏概率；最终，利用 Monte - Carlo 法模拟了碎片连锁破坏概率，并分析了碎片连锁破坏概率的影响因素及其作用。邢志祥等（2004 年）对 LPG 储罐爆炸碎片的抛射进行了 Monte - Carlo 法分析，获得了碎片抛射距离的累积概率分布。罗艳等（2008 年）应用 ANSYS 软件对碎片撞击 LPG 储罐并导致其失效的过程进行了数值模拟。张新梅与陈国华（2008 年）在分析爆炸碎片抛射规律的基础上，通过考虑碎片抛射的方位角与目标装置的大小，建立了碎片碰撞概率模型。杨玉胜与吴宗之（2008 年）在分析爆炸碎片抛射规律及抛射过程涉及的随机变量的基础上，利用 MATLAB 软件，对丙烷球罐爆炸碎片的抛射过程进行了分析，获得了碎片抛射距离的累积概率分布，针对模拟结果，利用数据拟合获得了碎片抛射距离的累积概率函数，最终通过该函数的求导，获得了可能性最大的碎片抛射距离。张永强等（2008 年）总结了碎片碰撞目标装置后对其穿透深度的计算模型，以及由碎片穿透引发的目标装置破坏的概率模型。潘旭海等（2008 年）对爆炸碎片撞击后圆柱薄壁储罐的动力学响应进行了数值模拟，获得了碎片撞击速度、碎片横截面积、碎片撞击角度以及碎片密度与形状等参数对储罐结构稳定性的影响规律。钱新明等（2009 年）以 LPG 球罐为研究对象，依据碎片产生和抛射过程涉及的随机变量概率分布模型，应用 Monte-Carlo 法获得了碎片抛射距离；在此基础上，考虑目标装置和风的影响，计算碎片撞击目标装置的概率，通过数据拟合建立了碎片撞击概率与目标罐和事故罐间距的关系式，由此发现碎片撞击不同目标装置的概率存在较大差异；但对于不同充装水平的爆炸罐，其爆炸碎片撞击给定目标装置的概率几乎相同。陈刚等（2010 年）以球罐为例，分析了爆炸球罐尺寸对抛射碎片碰撞相邻储罐概率的影响；通过与忽略爆炸球罐尺寸的情况下获得的结果进行对比分析表明，考虑爆炸球罐尺寸的情况下获得的碎片碰撞概率整体偏高，在爆炸球罐直径的 7 倍距离范围内，爆炸球罐尺寸对碎片碰撞概率的影响超过了 10%。

上述爆炸碎片连锁破坏概率模型的研究成果见表 8-8。表中，$P_M$为碎片连锁破坏概率；$P_A$为碎片穿透装置的概率；$P_B$为由于碎片动能被目标装置的物料吸收而产生的压力增加的概率；$P_C$为碎片抛射后碰撞装置的概率；$\theta$ 为碎片水平抛射角（rad）；$\Delta\theta$ 为碎片水平抛射角的变化范围，rad；$PI$ 为因子；$P_{cycle}$为碎片连锁破坏概率；$P_{gen}$为碎片产生的概率；$P_{imp}$为碎片撞击目标的概率；$P_{rup}$为碎片破坏目标的概率；$P_{propa}$为连锁事故的发生概率；$c_{ij}$为容器 $i$ 爆炸产生的碎片碰撞容器 $j$ 的概率；$P_i$为碎片碰撞容器 $i$ 的概率；$D$ 为罐间距（m）。

**表 8-8 爆炸碎片连锁破坏概率模型**

| 研究人员 | 装置分类 | 概率模型 |
|---|---|---|
| Khan 和 Abbasi（1998 年） | 未分类 | $P_M = P_A \cup P_B \cup P_C = \min\{1,[1-(1-P_A)(1-P_B)(1-P_C)]\}$ |
| Hauptmanns（2001 年） | 未分类 | 利用 Monte-Carlo 法克服了碎片产生、抛射、碰撞目标装置过程存在的参数不确定性 |
| Gubinelli 等（2004 年） | 未分类 | $P_{imp} \approx \dfrac{\Delta\theta}{2\pi}(0.5 - PI)$ |
| Pula 等（2007 年） | 未分类 | 考虑了碎片抛射方向与地面的夹角、碎片抛射轨迹与实际抛射间的差异、碎片抛射后可碰撞与其轨迹相交的任意目标装置的情况 |

（续）

| 研究人员 | 装置分类 | 概率模型 |
|---|---|---|
| Abbasi 等（2007 年） | 卧罐、球罐 | BLEVE 产生的碎片数量、质量、抛射速度、抛射方向、抛射距离、穿透过程以及破坏目标装置的计算模型 |
| Gubinelli 与 Cozzani（2009 年） | 卧罐、球罐、锥形罐 | 储罐发生工业爆炸事故的类型、数量、频率，储罐的破裂形式及产生的碎片数量（概率分布模型）与形状；简化的碎片抛射阻力因子模型 |
| Mebarki 等（2007～2009 年） | 卧罐、球罐 | $P_{cycle} = P_{gen}P_{imp}P_{rup}P_{propa}$ |
| 邢志祥等（2004 年） | 球罐 | LPG 储罐爆炸碎片抛射距离的累积概率分布 |
| 罗艳等（2008 年） | 球罐 | 爆炸碎片撞击 LPG 储罐并导致其失效的过程 |
| 张新梅与陈国华（2008 年） | 未分类 | $\sum_{i=2}^{u} c_{ij}P_i = -c_{1j}$ |
| 杨玉胜与吴宗之（2008 年） | 球罐 | 爆炸碎片抛射距离的累积概率分布函数 |
| 张永强等（2008 年） | 未分类 | 碎片碰撞目标装置后对其穿透深度的计算模型，以及由碎片穿透引发的目标装置破坏的概率模型 |
| 潘旭海等（2008 年） | 卧罐 | 爆炸碎片撞击速度、碎片横截面积、碎片撞击角度以及碎片密度与形状等参数对圆柱薄壁储罐结构稳定性的影响规律 |
| 钱新明等（2009 年） | 球罐 | $P_{imp} = 0.1639\exp(-0.0385D)$ |
| 陈刚等（2010 年） | 球罐 | 爆炸球罐尺寸对抛射碎片碰撞相邻储罐概率的影响 |

### 8.3.2　压力容器连锁事故定量风险评价程序

对于压力容器连锁事故定量风险评价，首先应明确需要定量风险评价的装置，然后辨识该装置可能发生的事故场景（火灾、爆炸或毒物泄漏扩散），判断其是否会引发多米诺效应。对于可引发多米诺效应的装置初始事故场景，应根据其产生的破坏效应，计算其导致周边装置连锁破坏的概率，辨识周边装置发生连锁破坏后可能引发的二次事故场景（火灾、爆炸或毒物泄漏扩散）。通过对装置发生的初始事故和连锁事故的概率和事故后果的综合分析，完成区域多米诺效应个人风险和社会风险的合成计算。

此处仅考虑事故源装置发生初始事故后引发的二次事故，忽略初始事故引发的更深层次的事故，原因是事故的层次越深，涉及的不确定因素越多，进而使风险评价结果的可靠性存在质疑。因此仅考虑事故源装置发生初始事故后产生的破坏效应导致周边装置失效破坏后引发的二次事故，忽略周边装置二次事故产生的破坏效应对其他装置的破坏。根据上述分析，建立区域多米诺效应定量风险评价程序，如图 8-4 所示。

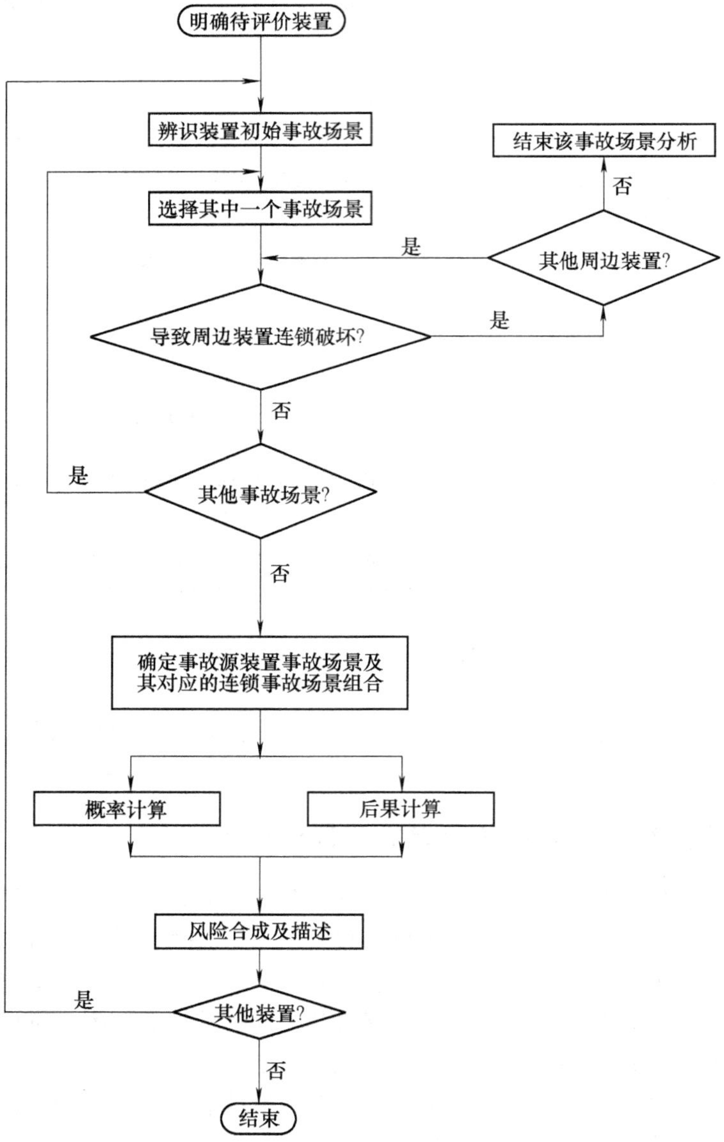


图 8-4　压力容器连锁事故定量风险评价程序

根据图 8-4，区域多米诺效应定量风险评价需要收集以下数据：

1）区域装置的空间布局，装置之间的相对空间位置。

2）装置内部的危险物料信息（储量、危险特性等），装置结构、材料以及工艺参数信息。

3）各类装置的主要事故发生概率数据。

4）区域周边人口分布信息。

## 8.4　典型压力容器事故案例分析

### 8.4.1　空压机储气罐爆炸事故分析

某工地空压机储气罐于 2006 年 10 月 21 日 16 时发生爆炸事故，一名操作工当场死亡。

1. 事故概况

（1）现场共有 4 台空压机组，配 4 个立式储气罐。4 个储气罐全部直接置放于粗糙的混凝土地面上，每个罐体 4 个支座均未设地脚螺栓紧固。机房为简易厂房。据了解，4 台空压机仅 2 台能够运行，事故发生时一台在运行。

运行空压机为 1 号机，4L－20/8 型，排气量为 $21.5m^3/min$，排气压力为 0.8MPa，无锡压缩机厂 1975 年制造。未见空压机技术档案资料及当班操作和维修保养记录。该机为事故空压机，它的整体外形、设备状态尚好，如图 8-5 所示。

图 8-5　事故空压机

此机一级安全阀型号为 A27W—10T，校验报告编号为 FSAH2006 - 0779，校验日期为 2006 年 4 月 28 日，工作压力为 0.7MPa，整定压力为 0.8MPa。该安全阀铅封有效，标志清晰，检验报告标明该安全阀安装位置在储气罐顶部。此机一级压力表量程为 0 ~ 2.5MPa，外观尚好，压力指针停在 0.6MPa 位置。二级空压机压力表量程为 0 ~ 1.6MPa，面板玻璃破碎损坏，指针超过量程位置。调压阀手拉较吃力，回流管未装设。此空压机无超温超压保护连锁装置。

（2）爆炸后的储气罐残体离现场原位置 29m。罐体内径为 1m，高度为 3.2m，容积约为 $2.5m^3$。罐体从距下封头环焊缝 50mm 处，沿周向、两侧纵向向上撕裂至上封头环焊缝 100mm 处，撕裂口呈 45°。罐体各焊缝完好，筒体、封头未见明显腐蚀，如图 8-6 所示。

图 8-6　筒体、封头形貌

离罐体中部环焊缝 150mm 处有长 700mm、宽 150mm 的鼓包。罐底有 4 个支座，其中 2 个支座被压扁，在被压扁的两个支座之间，下封头撕裂处有鼓包痕迹。下封头撕裂口拉薄处最薄厚度为 5.8mm，最厚处为 10.3mm，筒体壁厚为 7.4 ~ 7.8mm，如图 8-7 所示。

图 8-7　裂口处外形

罐体上的压力表已脱离罐体，在爆炸现场管道附近被发现，量程为 0 ~ 1.6MPa，已破损，指针已超过 1.6MPa 极限指示。安全阀尚在罐体上，与罐体的法兰联接螺栓松动，外形完好，标牌为二级安全阀，无检验标签，铅封断裂，铅封表面被油漆覆盖看不出检验标记。

该安全阀事后经校验站检测，阀体内积炭严重，动作失灵，且密封垫片内径过小，局部阻塞流通面积，在试压时，压力达0.8MPa以上仍不动作。

2. 事故原因分析

（1）操作工操作不当，在发生事故征兆压力超标时，未及时采取停机措施。

（2）空压机调压阀未装设回流管，且调压阀弹簧过紧，调整不合理，使减荷阀无法动作，以致失去压力调节能力，使空压机始终在满负荷运行，在外界不用气的情况下，造成严重超压，此时一级压力表指示压力已达0.6MPa。

（3）安全阀使用错误，将本该用在储气罐上的整定压力为0.8MPa的安全阀错用为空压机一级安全阀，安装在空压机中间冷却器上，从而导致空压机一级压力超压时，该安全阀不动作，且该空压机又未装设超温、超压连锁保护装置，使空压机在超温、超压的情况下无法自动停机。在一级压力严重超压的情况下继续运行，二级压力急剧升高，直接造成储气罐超压，此时二级压力表指示超过极限，无法正确指示。

（4）储气罐安全阀未按时清理校验，安全阀内严重积炭，同时密封垫片内径过小，造成通道堵塞。在储气罐超压时，安全阀失灵，不能及时卸压，使储气罐局部严重鼓包变形。

（5）储气罐支座未作任何固定，储气罐长期在振动载荷下运行，使得底部封头形成高应力区，在局部鼓包变形、壁厚减薄、内部温度压力急剧上升的情况下发生爆炸。

3. 整改措施

（1）对原机组按规范进行彻底整改，安全装置全部重新更换校验，储气罐全部重新由检验机构检验合格后使用。

（2）切实提高员工基本素质，加强操作维修人员在岗培训教育，坚持持证上岗，严格执行安全操作规程，指导操作维修人员正确使用和维护设备，杜绝违规维护保养、违章操作。

（3）强化员工安全教育，增强员工安全作业知识，加强员工自我安全保护意识，防止事故发生。

（4）规范空压机的日常维护保养，特别是安全装置的维护保养，确保安全装置完好。

### 8.4.2 蒸压釜爆炸事故分析

蒸压釜作为一种间歇作业的高温高压的湿热养护设备，近年来被广泛应用于混凝土与水泥制品等建筑材料制品的生产制造中。对于这样一种带压工作的大型压力容器，若使用单位对其安全性能不给予足够重视，一旦出现事故，引起的后果将是相当严重的。下面就针对某水泥制品厂一台蒸压釜发生爆炸事故的原因进行分析，也给所有使用该类设备的企业再次敲响安全生产的警钟。

1. 事故概况

（1）事故经过。2009 年 9 月，佛山市某水泥制品厂蒸养车间内一台 FJ1.5—3X23 型蒸压釜发生爆炸事故。通过现场调查了解到，该蒸压釜于上午 9：00 左右开始升压，根据生产工艺的需要，该釜的正常工作压力为 1.0MPa，9：20 左右压力升至约 0.5MPa，此时 3.4t 重的釜盖突然被冲开并飞向正前方 44m 处，并将厂房的立柱和横梁损毁，爆炸产生的巨大反冲力将釜体向后移位 5m 多，釜体支座全部损坏，附属接管全部撕裂断开，釜内部分管桩向前飞出 10m 远，并导致釜前的路轨严重扭曲变形，爆炸现场如图 8-8 所示。事故造成正在旁边工作的 5 名工人受伤，公司生产全部停工，给公司造成巨大的经济损失。

图 8-8　爆炸的蒸压釜

（2）设备概况。发生爆炸事故的蒸压釜概况见表 8-9。

表 8-9　蒸压釜概况

| 容器名称 | 蒸压釜 | 容器类别 | Ⅱ |
|---|---|---|---|
| 设计压力/最高工作压力/MPa | 1.6/1.5 | 设计温度/工作温度/℃ | 203/200 |
| 材质 | 16MnR | 规格（直径/mm×长/mm） | $\phi$3000×23000 |
| 质量/kg | 50113 | 容积/$m^3$ | 169 |
| 介质 | 蒸汽 | 制造日期 | 2000 年 4 月 |

2. 事故原因分析

经对事故现场调查取证，从事故的直接原因和间接原因及企业管理原因三个方面进行了以下分析。

（1）事故直接原因。具体分析如下：

1）从当值操作工的实际操作过程和蒸压釜当时的承压分析，蒸压釜的正常工作压力为1.0MPa，爆炸事故发生在升压过程中（压力升至0.5MPa时），是在正常供汽情况下，在额定压力范围内，因此排除了蒸压釜因超压而引起爆炸的可能。

2）从已炸飞的釜盖和向后移位的釜体检查来看，现场没有发现本体主要受压部件材料断裂失效的现象，蒸压釜内为介质蒸汽以及正在处理的管桩，两者都不是易燃物质，不可能形成爆炸浓度，因此，可排除釜内有易爆物质引起爆炸的可能。

3）根据对釜盖和釜体釜齿啮合部位的现场勘察可知，釜盖上有多个釜齿存在明显挤压变形的压痕，且均在釜齿最先啮合处，最长的压痕长达10mm。很明显导致该釜发生爆炸的直接原因是釜齿未完全啮合到位，致使釜门脱开。图8-9所示为受挤压变形的釜齿。

图8-9 釜盖上受挤压变形的釜齿

这种釜齿未闭合到位的啮合状况，在蒸汽压力的作用下，釜齿所受的圆周方向分力就形成了一个沿开启转动方向作用于釜盖的转动力矩，压力越大，沿圆周方向的分力就越大，使釜盖转动的力矩也就越大。当釜齿只有一小部分面积接触，釜内蒸汽压力达到一定数值之后，釜齿局部应力过载，该部位就会产生塑性变形，从而导致釜齿脱离啮合而转动滑脱，釜盖脱开飞出，直接酿成爆炸事故。

从上述分析可知，事故的直接原因是蒸压釜升压时釜门未完全闭合到位，导致釜门脱开。

（2）事故间接原因。事故现场可以看到该釜使用的安全阀、压力表均在检验有效期内，但蒸压釜最重要的快开门连锁保护装置功能不完善，且已失效。釜上安装的YTK—Ⅱ型零压控制柜作为釜盖快开门安全连锁装置，却只有检测釜内零压、釜盖闭合情况声光警示和闭锁釜门的功能，在蒸汽进口阀前未安装连锁装置来保证在釜盖未闭合到位时不能通蒸汽的连锁功能。而与釜盖闭合信号相连的安全手柄（排气阀杆）挡板碰撞变形，导致控制柜的釜盖锁紧信号并不能保证釜盖已真正关闭到完全啮合位置，釜门锁紧信号也经常失灵，此外与连锁动作同步的报警功能也已失效。

由此可见，事故的间接原因是该蒸压釜的快开门连锁功能不完善且已失效。

（3）企业管理原因。使用单位对该类压力容器的安全操作性能不够重视且对事故隐患整改不力，缺乏有效的安全生产管理，也为事故的发生埋下隐患。

该蒸压釜自2001年开始投入使用，至2004年进行首次全面检验时，发现釜盖未安装快开门安全连锁装置，经锅检所提出整改意见，该公司才于2005年加装了安全连锁保护装置。但该连锁保护装置功能并不完善，且使用过程中快开门连锁功能失效，而管理人员和操作人员也未及时将隐患上报主管部门，这些人为因素也间接导致了事故的发生。

3. 整改措施

（1）蒸压釜应按规定装设符合要求的安全连锁装置，并经当地检验机构验收合格后方可投入使用。

（2）使用单位应加强对特种设备的安全管理，加强对职工进行特种设备的安全教育，对快开门式压力容器，要严格遵守操作规程，加强对压力容器的定期检查和维修，绝不让有安全隐患的设备“带病”上岗。

（3）严格特种设备作业持证上岗制度，所有蒸压釜的操作人员都要受过操作技能培训及安全培训，并经考核合格后才能持证上岗。

（4）检验机构应严格按照相关安全技术规范要求进行检验，对存在安全隐患的设备决不放过，坚决要求企业立即进行整改，及时消除事故隐患。

### 8.4.3 液氯钢瓶爆炸事故分析

1. 事故概况

2003年9月6日下午1：30左右，某造纸厂院内北墙下一只露天放置的容量为800L的液氯钢瓶（实瓶）突然发生爆炸（图8-10）。钢瓶爆炸后（图8-

11和图8-12）在反作用力的作用下，瓶体向北飞出撞击在南墙上（离钢瓶放置位置7m），在距地面高600mm的墙面上留一砸痕，然后又向西弹射溅落在路面上（离第一弹射溅落点10m），钢瓶爆裂口位于封头母材与护圈附近，裂口长度为850mm，盛装的液氯全部泄漏。造成多人中毒入院观察和治疗，直接经济损失约50万元人民币。

图8-10 爆炸现场

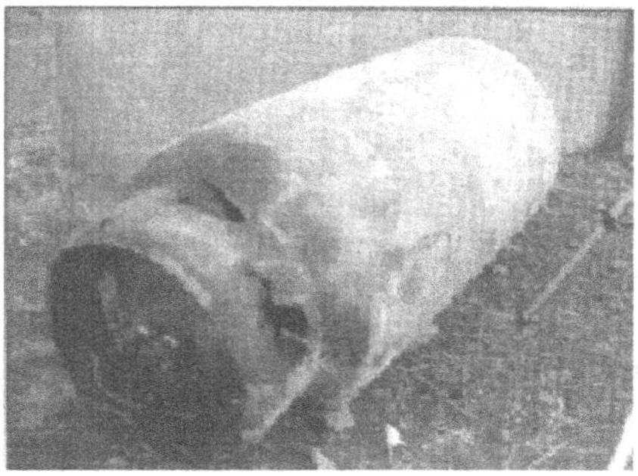

图8-11 爆炸后的钢瓶全貌

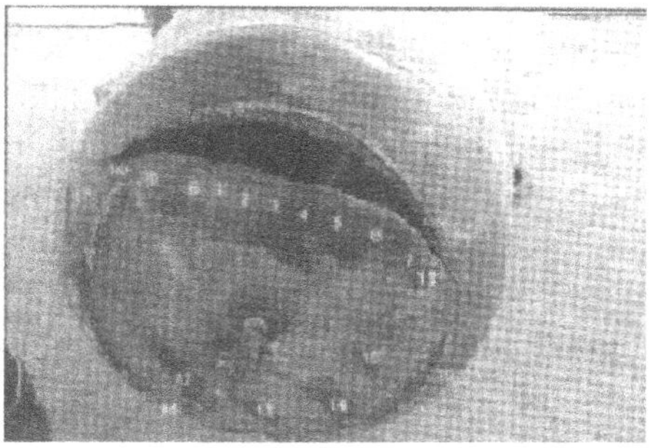

图8-12 取掉护罩后的爆裂口形貌

2. 爆炸后钢瓶检验结果

该液氯钢瓶由北京金属结构厂于1981年12月制造，其主要技术参数见表8-10。

**表8-10 钢瓶主要技术参数**

| 钢瓶质量/kg | 充液后质量/kg | 容积/L | 设计压力/MPa | 设计温度/℃ |
|---|---|---|---|---|
| 430 | 1430 | 800 | 1.98 | -40～+60 |

钢瓶爆炸后的检验结果是：

（1）空瓶称重为395kg（模拟实际充装时的状况）。

（2）外径测量。封头焊缝处周长分别为2580mm（$\phi$821mm）和2585mm（$\phi$823mm），瓶体中部为2606mm（$\phi$830mm）。

（3）角阀一侧护罩和封头连接处的角焊缝有两处开裂，长度分别为100mm和80mm。

（4）角阀一侧护罩有两处腐蚀穿透孔，直径为8mm。

（5）角阀一侧护罩腐蚀严重，最小壁厚不足1mm。

（6）封头爆裂口长度为850mm，开口最宽为110mm（图8-12）。

（7）封头爆裂口处为一腐蚀带（沿护罩角焊缝），腐蚀带长510mm、宽45mm，爆裂口在此腐蚀带中部（图8-12）。

（8）壁厚测定见表8-11，爆破口形状及测原点布置如图8-13所示。

（9）封头材质化学元素分析和力学性能试验检测见表8-12。

（10）封头爆破口金相检验如图8-14和图8-15所示。

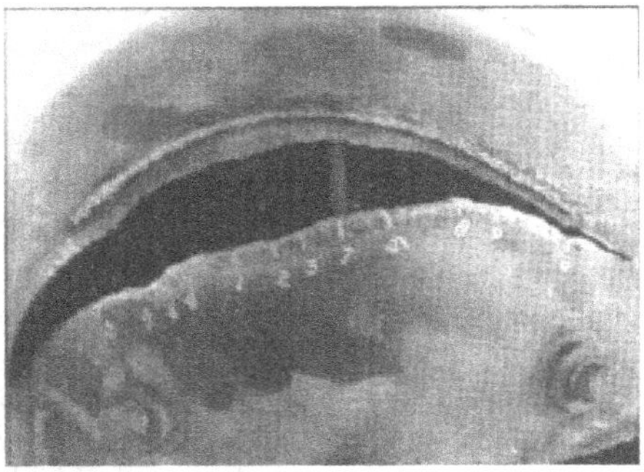

图8-13 爆破口形状及测厚点布置

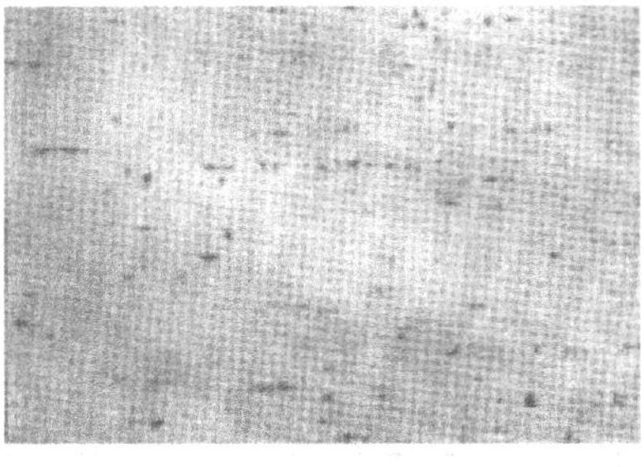

图8-14 爆破口中心点处的金相组织

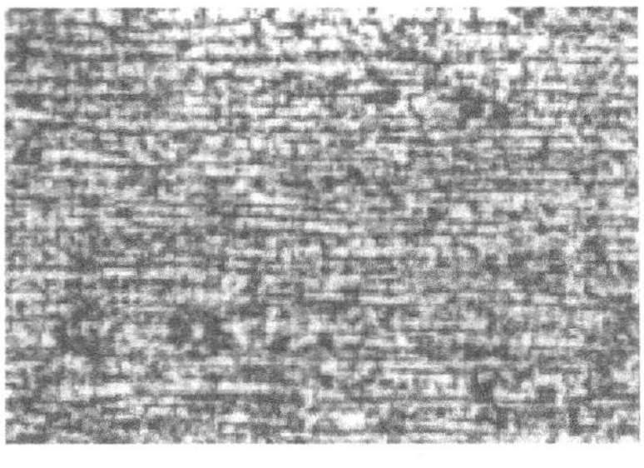

图8-15 距爆破口中心160mm处的金相组织

**表 8-11　爆炸后的壁厚测定**

| 测点编号 | 厚度值 | |
|---|---|---|
| | 封头壁厚/mm | 爆破口腐蚀带厚度/mm |
| 1 | 9.2 | 2.5 |
| 2 | 8.9 | 3.5 |
| 3 | 8.9 | 3.0 |
| 4 | 9.0 | 2.9 |
| 5 | 9.0 | 3.0 |
| 6 | 9.0 | 3.4 |
| 7 | 9.2 | 3.7 |
| 8 | 9.0 | 4.9 |
| 9 | 9.0 | 5.0 |
| 10 | 9.0 | 5.2 |
| 11 | 8.9 | 4.7 |
| 12 | 9.0 | 8.3 |
| 13 | 8.9 | |
| 14 | 9.0 | |
| 15 | 9.2 | |
| 16 | 8.9 | |
| 17 | 9.1 | |
| 18 | 9.5 | |

**表 8-12　封头材质化学成分与力学性能检测**

| 化学成分 | 检测值（%） | 力学性能 | 检测值 |
|---|---|---|---|
| $w$(C) | 0.19 | 屈服强度 $Re$/MPa | 394 |
| $w$(Si) | 0.35 | 抗拉强度 $R_m$/MPa | 560 |
| $w$(Mn) | 1.46 | 伸长率 $A$（%） | 26 |
| $w$(P) | 0.031 | | |
| $w$(S) | 0.022 | | |

3. 检验结果分析

（1）强度校核。液氯钢瓶为标准椭圆形封头，按照椭圆形封头的壁厚计算公式校核其最大许用压力为

$$p = \frac{2[\sigma]^t S\varphi}{KD_i + 0.5S} = \frac{2 \times 186.7 \times 2.5 \times 0.9}{1 \times 800 + 0.5 \times 2.5}\text{MPa} = 1.05\text{MPa}$$

式中 $[\sigma]^t$——设计温度下材料的许用应力，取值 186.7MPa；

$K$——封头形状系数，取值 1（标准形椭圆封头）；

$\varphi$——焊缝系数，取值 0.9（按 GB 5100—1994《钢质焊接气瓶》取值）；

$D_i$——钢瓶的内直径，取值 800mm；

$S$——封头实测最小厚度，取值 2.5mm，2.5mm 的壁厚在瓶内所承受的最大压力为 1.05MPa。

（2）该气瓶事故后进行宏观检查分析，破裂口发生在位于封头母材与护圈连接处附近，裂口长度为 850mm，开口最宽为 110mm。瓶体内部无腐蚀迹象，破裂口处为一腐蚀带（沿护罩焊缝），腐蚀带长 510mm、宽 45mm，爆炸裂口在此腐蚀带中部。测量钢瓶外径，瓶体中部有轻微外凸，中部直径比两端焊缝处直径大 8mm。气瓶破坏后的形状和裂口形状是典型的剪切唇，可以断定此次爆破是一起典型的塑性断裂。

（3）以瓶封头及爆破口周围的壁厚测定可以看出，该气瓶在使用过程中，由于平卧放置，护罩最低位置处无孔，以致积存在护罩内的水无法排除，若再遇到泄漏的液氯，就会形成盐酸和次氯酸。次氯酸化学性质不稳定，受热及光照后分解为氯化氢和新生态氧。新生态氧有很强的氧化性，对金属有强烈的腐蚀作用，久而久之，在此处形成一个比较严重的腐蚀带。加之护罩和钢瓶封头间采用角焊缝连接，并且在连接处形成附加应力，以及液氯泄漏后的腐蚀形成应力腐蚀，削弱了此处的强度。从裂口中心起裂点封头的厚度可以看出，该处的厚度只有 2.5mm，低于气瓶的最小设计壁厚近一半，已不能满足强度要求，发生破坏是必然的。

（4）此钢瓶出厂日期为 1981 年 12 月，到爆炸为止已使用了近 22 年。按国家标准 GB 13075—1999《钢质焊接气瓶定期检验与评定》第 4.1.2 条的规定，“对使用年限超过 12 年的盛装腐蚀性气体的气瓶按报废处理”，因此，该气瓶属应报废瓶而擅自继续使用的。

（5）该瓶的实际质量（除防振圈和瓶帽）经称重为 395kg，液氯钢瓶的充装系数为 1.25，容积为 800L 的液氯钢瓶最大充液量为 1000kg。该瓶充液后的最大总质量应小于 1395kg，而该瓶底部的喷漆标记为 458kg。但该瓶充装时，没有带防振圈和瓶帽，充装后的最大重量为 1458kg（查充装单位的充装记录），这说明该瓶在充液前未进行复称，空瓶净重以瓶底的喷漆数字为准，实际充液量为 1063kg，超装 63kg，过载量为 6.3%。由于液氯的膨胀系数较大，在此过载量下，当温度达到 40℃时，钢瓶将达到满液。此时温度每升高 1℃，压力将增加 0.87～1.42MPa，极易发生爆炸事故。

（6）该瓶于 2003 年 9 月 4 日在某制钠厂充装，2003 年 9 月 4 日下午拉回造纸厂卸放在院内，露天放置。在此过程中该瓶为裸瓶，无任何安全附件，2003年9月6日下午1：30左右突然发生爆炸。据查当日气象预报为“天气晴，最高气温28℃”。放在院内的钢瓶经9月6日上午的日晒，瓶内的温度不断地上升，加上过量充装，瓶内的压力剧增，超过了该瓶最薄处所能承受的压力，而导致钢瓶的爆裂。

4. 结论

这次事故的主要原因是该钢瓶封头腐蚀严重，剩余壁厚不能满足设计强度的要求，又过量充装；次要原因是使用前未仔细检查，未辨清检验标记，致使超过使用期限的报废钢瓶又擅自投入使用，酿成这次事故。通过此次事故的分析，将液氯钢瓶的充装使用过程中应注意的问题总结如下：

（1）使用单位应严格按照国家有关标准法规、按程序做好充装前的检查工作，认真核对检验钢印标记，仔细检查气瓶的外观，对有影响气瓶安全的缺陷的钢瓶不予充装。对充装液化气体的空瓶，应严格执行称重和复称制度，确保不超装。

（2）使用单位应对运输、管理和使用人员加强相关安全知识的培训；改善钢瓶的使用环境，应装有专门的遮阳设施，避免阳光对钢瓶的曝晒。

（3）钢瓶在充装、运输和使用过程中应配安全附件。

# 参考文献


[1] 曹福想，简志良，黄仕伟．一起蒸压釜爆炸事故的原因分析［J］．化学工程与装备，2011（5）：178－179.

[2] 陈凤棉．压力容器安全技术［M］．北京：化学工业出版社，2004.

[3] 崔克清．安全工程大辞典［M］．北京：化学工业出版社，1995.

[4] 崔政斌，王明明．压力容器安全技术［M］．2版．北京：化学工业出版社，2009.

[5] 丁伯民，黄正林，等．化工容器［M］．北京：化学工业出版社，2003.

[6] 高忠白，邱清宇，王志文．压力容器安全管理工程［M］．北京：中国石化出版社，1992.

[7] 高耀东，郭喜平．ANSYS机械工程应用25例［M］．北京：电子工业出版社，2007.

[8] 林伟明．国外压力容器法规标准体系概要［J］．中国质量技术监督，2005（7）：52－53.

[9] 廖树元，钱鼎兴．一起空压机储气罐爆炸事故的原因分析与防范措施［J］．中国设备工程，2008（4）：40－41.

[10] 饶红兵，张兴军，张建华．一起液氯钢瓶爆炸事故的原因分析［J］．宁夏工程技术，2003（4）：359－361.

[11] 刘清芳，吴孟娴．锅炉压力容器安全［M］．北京：首都经济贸易大学出版社，2000.

[12] 孟燕华，等．锅炉压力容器安全［M］．北京：中国劳动社会保障出版社，2008.

[13] 谭蔚．压力容器安全管理技术［M］．北京：化学工业出版社，2006.

[14] 吴粤燊，刘清芳．锅炉压力容器安全工程学［M］．北京：北京经济学院出版社，1991.

[15] 吴粤燊．压力容器安全技术手册［M］．北京：机械工业出版社，1999.

[16] 王志文．化工容器设计［M］．北京：化学工业出版社，1998.

[17] 王志文．压力容器安全技术及事故分析［M］．北京：机械工业出版社，1993.

[18] 魏新利，吴金星．压力容器现代设计与安全技术［M］．北京：化学工业出版社，2004.

[19] 张明广．化工连续工艺装置定量风险评价若干问题研究［D］．南京：南京工业大学，2008.

[20] 卓震．化工容器及设备［M］．北京：中国石化出版社，1998.

[21]《压力容器实用技术丛书》编写委员会．压力容器检验及无损检测［M］．北京：化学工业出版社，2006.

[22]《压力容器实用技术丛书》编写委员会．压力容器安全监察与管理［M］．北京：化学工业出版社，2005.

[23] 全国锅炉压力容器标委会．GB 150.1～GB 150.4—2011 压力容器［合订本］［S］．北京：中国标准出版社，2012.

[24] 全国锅炉压力容器标委会．JB/T 4730.1～6—2005 承压设备无损检测［合订本］

［S］. 北京：新华出版社，2005.
［25］哈尔滨焊接研究所. GB/T 3375—1994 焊接术语［S］. 北京：中国标准出版社，1994.
［26］全国锅炉压力容器标准化技术委员会. GB/T 12353—1999 拱形金属爆破片装置分类与安装尺寸［S］. 北京：中国标准出版社，1999.
［27］全国锅炉压力容器标准化技术委员会. GB 567—1999 爆破片与爆破片装置［S］. 北京：中国标准出版社，1999.